山东省职业教育规划教材
供高等职业教育各专业使用

物　理

主　编　王丽萍　王锡予
副主编　付双美　王　杰　毕岐可
编　委　(按姓氏汉语拼音排序)
毕岐可(威海卫生学校)
付双美(烟台高级师范学校)
付永存(烟台高级师范学校)
蒿东磊(聊城幼儿师范学校)
孙国防(滨州职业学院)
王　化(烟台汽车工程职业学院)
王　杰(山东淄博师范高等专科学校)
王德强(烟台高级师范学校)
王丽萍(滨州职业学院)
王锡予(济南护理职业学院)
王永强(聊城幼儿师范学校)
肖　飞(威海卫生学校)
张金兰(滨州职业学院)

科学出版社
北　京

内 容 简 介

本书共10章，主要包括物体的运动、牛顿运动定律、机械能、碰撞与动量守恒、热现象及应用、静电场和静电技术、恒定电流、磁场和电磁感应、光现象及应用、核能及应用等内容。本书中每小节后有知识巩固练习，每章后有小结、自测题；设计了学生实验；还配有用于多媒体教学的PPT课件等。

本书适合高等职业教育各专业物理课程的教学，同时也满足中职专业物理课程教学的要求。全书共需128学时，各学校可根据专业要求选择学习内容。

图书在版编目(CIP)数据

物理 / 王丽萍，王锡予主编. —北京：科学出版社，2018.8
山东省职业教育规划教材
ISBN 978-7-03-057460-2

Ⅰ. 物… Ⅱ. ①王…②王… Ⅲ. 物理学-职业教育-教材 Ⅳ. O4

中国版本图书馆 CIP 数据核字（2018）第104398号

责任编辑：刘恩茂 崔慧娴 / 责任校对：张凤琴
责任印制：李 彤 / 封面设计：图阅盛世

科学出版社 出版
北京东黄城根北街16号
邮政编码：100717
http://www.sciencep.com

天津市新科印刷有限公司 印刷
科学出版社发行 各地新华书店经销

*

2018年8月第 一 版 开本：787×1092 1/16
2023年8月第三次印刷 印张：16 1/4
字数：385 000

定价：42.80元

（如有印装质量问题，我社负责调换）

山东省职业教育规划教材质量审定委员会

Preface 前言

党的二十大报告指出："人民健康是民族昌盛和国家强盛的重要标志。把保障人民健康放在优先发展的战略位置，完善人民健康促进政策。"贯彻落实党的二十大决策部署，积极推动健康事业发展，离不开人才队伍建设。党的二十大报告指出："培养造就大批德才兼备的高素质人才，是国家和民族长远发展大计。"教材是教学内容的重要载体，是教学的重要依据、培养人才的重要保障。本次教材修订旨在贯彻党的二十大报告精神和党的教育方针，落实立德树人根本任务，坚持为党育人、为国育才。

物理学是一门基础的自然科学，主要研究物质的基本结构、物质间的相互作用、物质运动的一般规律，是其他自然科学和当代技术发展的重要基础。本书依据 2016 年山东省教育厅颁布的《山东省五年制高等职业教育物理课程标准》编写，是高等职业院校学生选修的一门公共基础课，是机械建筑类、电工电子类、化工农医类等相关专业的限定选修课。本课程与九年义务教育物理或科学课程相衔接，旨在进一步提高学生的科学素养，为后续课程学习奠定基础。

在课程结构上充分体现职业教育特色，秉承"以服务为宗旨、以就业为导向、以能力为本位"的职业教育教学理念。在课程内容上紧跟科技发展，充分联系实际生活，遵循思想性和科学性相统一、理论联系实际、稳定性和时代性相结合、系统性和接受性相结合的编写原则。在课程实施上注重自主学习，提倡教学方式多样化，结合高职学生的学习基础和年龄特点，力求概念的引入情境化，公式的推导简单化，知识的呈现直观化，以理论知识"必需、够用"为基础，强化技能训练和创新能力培养，注重物理知识的实用性和技术的应用性。在继承和借鉴传统教材优点的基础上，精选教材内容，大胆改革和创新，在遵循科学性、规范性的前提下，突出内容的趣味性，提高阅读者的学习兴趣。在课程评价上注重学生学习成果导向，促进学生发展，并注重形成性评价与终结性评价相结合，发展性评价与甄别性评价相结合。

本书在内容的选择方面，包含了力学、热学、电磁学、光学和近代物理等初步知识，共分为 10 章。在教材编写思路上，编者坚持深入浅出、图文并茂、知识性与趣味性相结合的原则，注重基本理论、基本知识和基本技能的掌握，省略复杂的理论推导和运算。每部分内容都是通过实际生活中的典型案例引出物理概念，阐述相关原理，突出在实际中的应用；教材中通过“思考与讨论”栏目设置趣味实验，在“学中做、做中学”，使“教学做一体”，进而提高学习效果；通过“知识链接”栏目扩充知识信息，介绍相关物理知识的应用、新技术的发展以及科学家事迹等。在学习效果评价中，注重边学边练，各节之后附有“知识巩固”栏目，可以帮助学生及时梳理本小节所学重点知识及需要掌握的基本技能。每章之后附有“小结”，对本章内容进行系统总结。每章的“自测题”部分可作为随堂练习或作为课外作业，帮助学生对本章知识的巩固与提高。

本书设计有七个学生实验模块，紧扣理论知识内容，目的是使学生能初步掌握一些实验设备仪器的使用，学会常用的物理实验方法和技能，验证所学的理论知识，进而激发学生对物理课程的学习兴趣，增强学生的创新意识，培养学生实事求是、严谨认真的工作态度，养成团队合作的良好习惯。

为方便广大师生的使用，本书配有多媒体教学课件。

由于编者水平有限，加之时间仓促，书中不妥之处在所难免，恳请读者批评指正。

编　者

2023 年 4 月

Contents 目录

物体的运动

在我们身边，物体的运动随处可见，如在校园行走的同学，在操场奔跑的运动员，在公路上飞驰的汽车，等等。宇宙中的一切物体都在不停地运动着，平时看起来静止不动的物体，如房屋、树木等都随着地球的自转不停地运动。我们把一个物体相对于其他物体位置的变化叫做**机械运动**，简称**运动**。

日常生活中我们经常要控制物体使它按照我们的需求来运动。如何正确地描述物体的不同运动状态？物体的运动遵循什么规律？本章从最简单的直线运动的描述开始，进而研究做直线运动的物体所遵循的规律。

第1节　质点　位移　速度

不同的物体运动状态一般不相同，同一物体的不同部位运动状态有时候也不相同。例如，汽车的车轮在随车厢一起运动的同时还在不停地转动；足球在向前运动的同时还在不停地滚动。在描述物体运动时，当物体的大小和形状对所研究问题没有影响或者影响不大时，为了研究方便，可以把整个物体看成是一个没有大小和形状而只有质量的点。

一、质　　点

用来代替物体的有质量的点叫做**质点**。

能否把物体看成质点，要看所研究问题的性质，而与物体本身无关。比如，要研究从北京开往上海的高速列车的运动速度，可以不考虑列车的形状与大小，把列车看成质点。要研究列车经过南京车站站牌所用的时间，就要考虑列车的长度而不能将列车看成质点。研究地球绕太阳公转时，由于地球的平均直径（约 1.3×10^{7} m）比地球与太阳间的距离（约 1.5×10^{11} m）小得多，地球上各点相对于太阳的运动差别极小，可以认为相同，这时，可以忽略地球的大小和形状，将地球看成质点。但在研究地球自转时，地球的大小和形状就不能忽略，不能把地球当成质点处理。

平动：运动物体上任意两点所连成的直线在整个运动过程中始终保持平行。在同一时刻，运动物体上各点的速度和加速度都相同。

做平动的物体各个部分的运动情况相同，它的任何一点的运动都可以代表整个物体的运动，这时我们也可以将物体看成是质点。例如，研究观光电梯竖直升降的运动快慢，只分析电梯厢体上一个点的运动就可以知道电梯的运行快慢。

质点是一个理想化模型，它的引入可以突出事物的主要方面，简化所要研究的问题，这是科学研究中一种常用的方法。

【思考与讨论】

下列各种运动物体中，在哪些情况下，可以把物体看成质点？

(1) 做花样滑冰的运动员；(2) 研究地球的公转；

(3) 分析高射炮弹的轨迹长度；(4) 研究风力发电机的转动快慢。

二、参 照 物

不同的观察者对同一个物体的运动情况的描述可能不同。坐在高速列车上的乘客认为自己是静止的，车窗外的房屋、树木是运动的；站在地面上的人认为乘客随着列车在高速运动。坐在教室里的同学看到雨滴是竖直下落，而坐在行驶的汽车里的同学看到雨滴是从前上方落下来的。

在描述物体的运动时，必须先假定某个物体是不动的。这种为研究物体的运动假定为不动的物体叫做**参照物**，也称**参考系**。确定了参照物后，通过观察被研究物体相对于参照物所发生的位置改变，进而可以确定物体的运动状态。参照物的选取是任意的，如果选取得当，会使问题的研究变得简洁、方便。研究列车运动时，可以假定地面及相对于地面静止的物体是不动的；描述列车上乘客的运动时，可以假定列车是不动的。在描述物体的运动时，如果不指明参照物，通常是以地球为参照物。

【思考与讨论】 如图 1-1 所示，选取不同的参照物，分析以下物体的运动状态。

(1) 空中加油机和歼击机可以实现空中加油，见图 1-1(a)。

(2) 地球同步通信卫星，见图 1-1(b)。

(3) 宇航员对哈勃望远镜进行正常维修，见图 1-1(c)。

(4) 飞行特技表演，见图 1-1(d)。

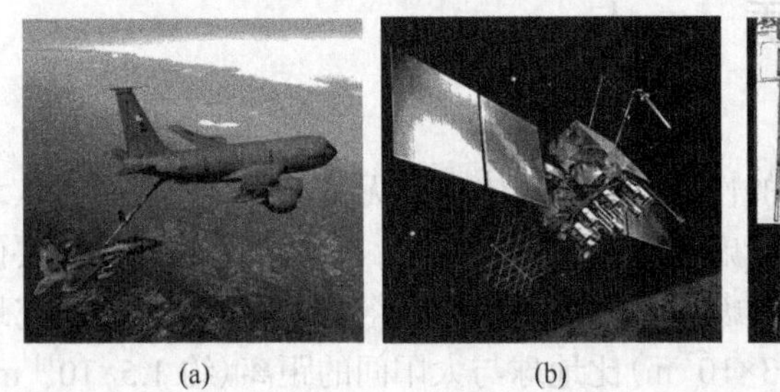

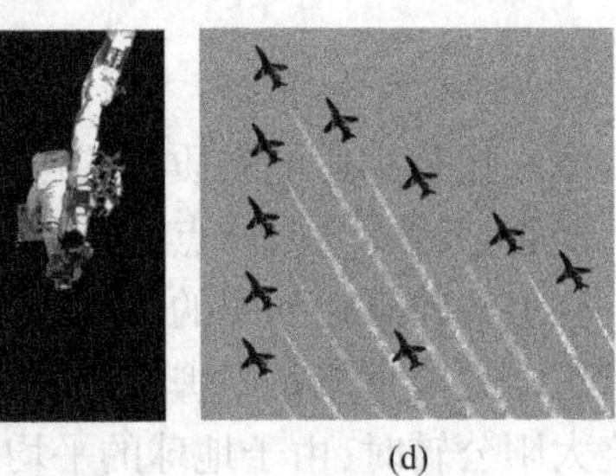

(a) (b) (c) (d)

图 1-1 分析物体的运动状态

三、路程和位移

1. 时间和时刻 时间和时刻是经常使用的概念，我们说 8 时上课，8 时 45 分下课，这里的“8 时”和“8 时 45 分”分别是第一节课开始和结束的时刻；而这两个时刻之间相隔的 45 分钟，就是这一节课所用的时间。如图 1-2 所示，在表示时间的数轴上，时刻用点来表示，

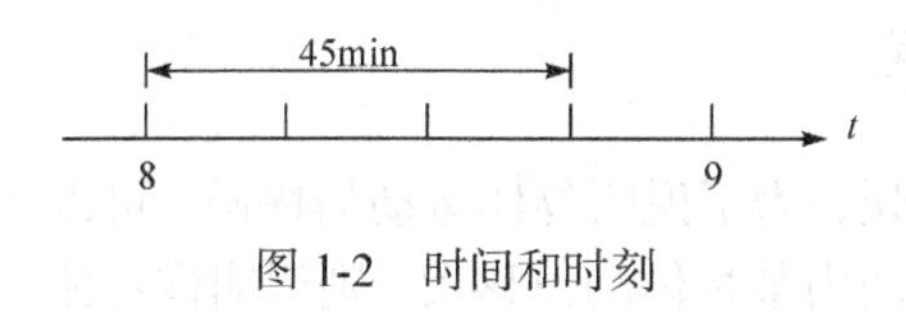

图 1-2 时间和时刻

时间用线段来表示。

时间和时刻的国际单位是秒，符号是 s，常用的单位还有分、时，符号分别是 min、h。生活中可以用各种机械表、手机或其他电子设备计时；实验室中常用节拍器、打点计时器等设备计时。

2. 路程和位移 运动物体经过的实际路径的长度叫**路程**。我们把一个物体从 A 地运往 B 地，选择不同的运输工具(如飞机、火车、汽车等)，物体所经过的路程可能不相同，但物体位置移动的直线距离是相同的。在研究物体的运动时，既要知道物体经过的路程，又要知道物体位置移动的直线距离和移动方向，从而在物理上引入了位移的概念来描述物体位置的变化。如图 1-3 所示，物体从初始位置 A 出发，沿轨迹 ACB 或 ADB 运动到末位置 B，我们把由初位置到末位置的有向线段叫做物体的**位移**，线段的长度 AB 表示位移的大小，箭头的方向表示位移的方向。

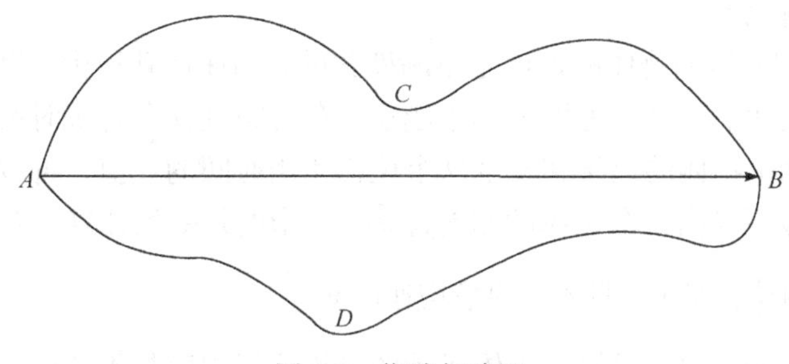

图 1-3 位移与路程

位移只与物体的位置变化情况有关，与物体运动的路径无关。比如，一个同学绕 400 m 操场跑了一圈，当回到起点时，他经过的路程为 400 m，由于终点位置和开始点的位置相同，没有发生位置的变化，所以他的位移为零。

在国际单位制中，位移和路程的单位都是米，符号是 m。

【思考与讨论】

(1) 根据山东省交通地图，说明从青岛出发到烟台，分别乘飞机、火车、汽车等不同的交通工具，经过的路程和位移有什么区别?

(2) 通过如表 1-1 所示的旅客列车时刻表，你能获得哪些信息?

表 1-1 济南站部分列车时刻表

车次	始发站	始发时间	查询站			终点站	终到时间	运行时间	里程/km
			火车站	到站时间	开车时间				
1337	青岛	17:08	济南	22:11	22:21	南宁	16:56	47 小时 48 分	2916
1391	佳木斯	10:15	济南	13:33	13:49	烟台	20:45	34 小时 30 分	2623
1024	青岛	12:03	济南	17:20	17:37	西安	10:52	22 小时 49 分	1572
N397	济南	08:19	济南	始发站	08:19	日照	13:40	5 小时 21 分	472
1407	青岛	09:12	济南东	14:02	14:14	通化	11:10	25 小时 58 分	1823
D6011	济南	13:42	济南	始发站	13:42	青岛	16:28	2 小时 46 分	393
D603	济南	10:40	济南	始发站	10:40	四方	13:24	2 小时 44 分	387
D6063	泰山	19:15	济南	19:58	20:00	青岛	22:42	3 小时 27 分	466

四、速度和速率

我们知道，骑自行车比步行快，开汽车比骑自行车快，为了说明物体运动的快慢，可以比较在相同时间内不同物体位移的大小，若在相同的时间内某物体的位移大，则说明该物体运动得快。

位移跟发生这个位移所用时间的比值叫做**速度**。速度通常用 v 表示。如果在时间 t 内物体的位移是 s，它的速度就是 $v=\frac{s}{t}$。

速度既有大小又有方向，它的方向与物体的运动方向相同。速度的大小叫**速率**。速率只有大小，没有方向。速度的国际单位为米/秒，读作“米每秒”，符号是 m/s，常用的单位还有千米/时，读作“千米每时”，符号是 km/h。

物体在一条直线上运动，如果在任何相等的时间里发生的位移都相等，这种运动叫**匀速直线运动**，简称**匀速运动**。

我们日常所见到的运动物体的速度是不断变化的，匀速运动很少。例如，公共汽车从车站出发时速度越来越大，到站时速度又越来越小，在行驶过程中时快时慢，这些运动都是变速运动。在变速运动中物体的位移和发生这个位移所用时间的比值，叫做这段时间内的**平均速度**。通常说在一段距离内一个物体的速度是多大，指的是平均速度。做变速直线运动的物体，如果在时间 t 内位移是 s，那么它的平均速度 $\bar{v}=\frac{s}{t}$。

要精确地描述变速运动，只知道物体运动的平均快慢程度是不够的，还要知道运动物体在某一时刻或经过某一位置时的速度，这个速度叫做**瞬时速度**，简称**速度**。高速上安装的测速仪，如图 1-4 所示，是交通警察用来测定汽车在经过测速仪时的瞬时速度，进而确定汽车是否超速行驶。装在汽车、摩托车上的速度表就是一种自行测量车辆瞬时速度大小的仪表。

图 1-4　高速上安装的测速仪

【思考与讨论】

观察如图 1-5 所示的汽车里程表，理解速率和速度的意义。

图 1-5　汽车里程表

五、矢量和标量

既有大小，又有方向的物理量，叫做**矢量**(在数学中称为向量)，如速度、位移等；只有大小，没有方向的物理量，叫做**标量**，如路程、质量、时间等。

矢量和标量在书写时也有明显的区别，如路程或位移的大小可以用字母 s 表示，位移通常用带有箭头的字母 $\vec{s}$ 表示；速率用字母 v 表示，速度通常用带有箭头的字母 $\vec{v}$ 表示。

矢量和标量的计算方法也不一样。标量可以直接相加，比如，某个人先向东走了 300 m，然后又向南走了 400 m，此人经过的路程为：300 m+400 m=700 m。他第一次移动的位移大小是 300 m，第二次移动的位移大小是 400 m，他经过两次移动后的位移和显然不能用两次位移的大小直接相加，应该用作图法求出是 500 m。你能总结求位移和的方法吗?

知识巩固 1

1. (单选)夜晚，人们看到天空中的云和月亮，常常感到月亮在云中穿行，选取的参照物是(　　)。

A. 月亮　　B. 云　　C. 地面　　D. 观察者

2. 以下各种说法中，哪些指时间？哪些指时刻？

(1)下午 2 点上课；

(2)教师在课堂上讲了 20 min；

(3)某同学用 15 s 跑完 100 m；

(4)“您这么早就来了，等了很久了吧”。

3. 某同学沿 400 m 跑道跑了 3 圈，他的路程是__________m，位移是__________m。

4. (多选)在下列运动物体中，可看成质点的有(　　)。

A. 研究花样滑冰运动员的动作是否优美

B. 确定远洋航行中的巨轮的位置

C. 研究运行中的人造卫星的公转轨迹

D. 研究转动着的砂轮上不同点的运动情况

5. 市内的出租汽车司机是按照位移收费还是按照路程收费？为什么？

第 2 节 匀变速直线运动 加速度

火箭发射升空、物体在空中自由下落、子弹从枪膛射出、火车从车站发车，这些物体在运动过程中，速度都在不断地变化。它们运动速度变化有什么规律？如何描述速度的变化？

一、匀变速直线运动

物体在一条直线上运动，如果在任意相等的时间间隔内速度的变化都相等，这种运动叫做**匀变速直线运动**。如表 1-2 所示，火车进站前开始减速，初速度为 20 m/s，每经过 1 s，速度减小 0.8 m/s，直到停止，这时火车的速度随时间均匀变化，是匀变速直线运动。石块从不太高的地方落下，子弹在枪筒里运动，汽车和火车等交通工具在启动或刹车的一小段时间内的运动都可以近似看成匀变速直线运动。

表 1-2 速度与时间的对应变化

刹车后的时间 t/s	瞬时速度 v/(m/s)	刹车后的时间 t/s	瞬时速度 (v/m/s)	刹车后的时间 t/s	瞬时速度 (v/m/s)
0	20	2	18.4	4	16.8
1	19.2	3	17.6	5	16

二、匀变速直线运动的加速度

高速火车开动时，它的速度从零增加到 50 m/s 需要 2 min，炮弹的速度从零增加到 50 m/s 只需要千分之一秒。可见，不同的变速运动，它们速度改变的快慢程度常常是不同的。为了更好地描述速度变化的快慢，引入了加速度的概念。

在匀变速直线运动中，速度的改变量跟发生这个改变所用时间的比值，叫做匀变速直线运动的**加速度**。它是表示速度改变快慢的物理量，用 a 表示。物体做匀变速直线运动，如果在 t 秒内，速度由初速度 v_0 变为末速度 v_t，则速度的改变量为 v_t-v_0，加速度为

$$a=\frac{v_t-v_0}{t} \tag{1.1}$$

加速度的国际单位是米/秒^2，读作“米每二次方秒”，符号是 m/s^2。

加速度有大小和方向，是矢量。加速度的大小在数值上等于单位时间内速度的变化量，它的方向与速度变化的方向相同。如果末速度大于初速度，物体的速度在增加，加速度为正值，加速度方向与初速度方向相同，物体做匀加速直线运动；如果末速度小于初速度，物体的速度在减小，加速度为负值，加速度方向与初速度方向相反，物体做匀减速直线运动。

【例题 1-1】 一列火车在 40 s 内速度从 10 m/s 增加到 20 m/s，并以此速度运行了 5 min

后，遇到紧急情况刹车，在 10 s 内速度从 20 m/s 减小到零，求火车在这三段时间内的加速度。

已知：$t_1 = 40\,\text{s}$，$v_0 = 10\,\text{m/s}$，$v_1 = 20\,\text{m/s}$，$t_2 = 5\,\text{min}$，$t_3 = 10\,\text{s}$，$v_2 = 0$；

求：a_1、a_2、a_3。

解：(1) 由 $a = \dfrac{v_t - v_0}{t}$ 得

$$a_1 = \frac{v_1 - v_0}{t_1} = \frac{20 - 10}{40} = 0.25\,(\text{m/s}^2)$$

(2) 由于列车在第二段时间内速度没有变化，所以加速度 $a_2 = 0$。

(3) 由 $a = \dfrac{v_t - v_0}{t}$ 得

$$a_3 = \frac{v_2 - v_1}{t_3} = \frac{0 - 20}{10} = -2\,(\text{m/s}^2)$$

答：火车在三段时间内的加速度分别为 0.25 m/s^2，0，–2 m/s^2。

【思考与讨论】

用打点计时器、频闪照片或其他方法研究匀变速直线运动。

知识巩固 2

1. (单选) 下列关于加速度的说法正确的是(　　)。

A. 加速度就是物体增加的速度

B. 加速度反映物体速度变化的大小

C. 加速度反映物体速度变化的快慢

D. 加速度的方向总与速度的方向相同

2. 表示物体的速度变化最快的加速度是：(1) a=6.0 m/s^2，(2) a= –12 m/s^2，(3) a=0。

3. 汽车紧急刹车时加速度的大小是 5 m/s^2，汽车原来的速度是 10 m/s，问刹车后经多少时间汽车停止运动？

4. 做匀变速直线运动的火车，在 50 s 内速度由 8 m/s 增加到 18 m/s，火车的加速度的大小是多少？

第 3 节　匀变速直线运动规律

在公路上经常能见到限速 80 km/h、限速 60 km/h 等不同的限速标志，你知道为什么要限制机动车的行驶速度吗？交通警察在处理交通事故时必须测量机动车的刹车距离，作为处理事故的主要依据，这有什么根据？本节我们通过研究做匀变速直线运动物体的运动规律，学会解释生活中遇到的实际问题。

一、速度和时间的关系

(一)速度和时间的关系式

在匀变速直线运动中，速度是均匀变化的，加速度的大小和方向都不改变，因此，匀变速直线运动的加速度是恒定的，由加速度公式 $a=\frac{v_t-v_0}{t}$ 可得

$$v_t=v_0+at \tag{1.2}$$

这是匀变速直线运动的速度公式，它表示匀变速直线运动的速度和时间的关系。只要知道初速度 v_0 和加速度 a，就可以求出物体在 t 秒末的速度 v_t。

【例题 1-2】 某质点做匀变速直线运动，初始速度为 10 m/s，加速度为 3 m/s²，它 3 s 末的速度是多少？

已知：v_0=10 m/s，a=3 m/s²，t=3 s；

求：v_t。

解：根据速度公式 $v_t=v_0+at$，代入数据，可得

$$v_t=v_0+at=10+3\times3=19\,(\text{m/s})$$

答：质点在 3s 末的速度是 19 m/s。

(二)速度-时间图像

物理图像法是运用数学图像，比较直观形象地展示物理规律、分析解决问题的一种重要方法。如图 1-7 所示，横坐标表示从计时开始的各个时刻，纵坐标表示从计时开始任意时刻物体的瞬时速度，图像上各点的坐标 (t, v) 表示 t 时刻物体的瞬时速度是 v，这就是速度-时间图像，简称速度图像，它可以直观地反映速度随时间变化的规律。

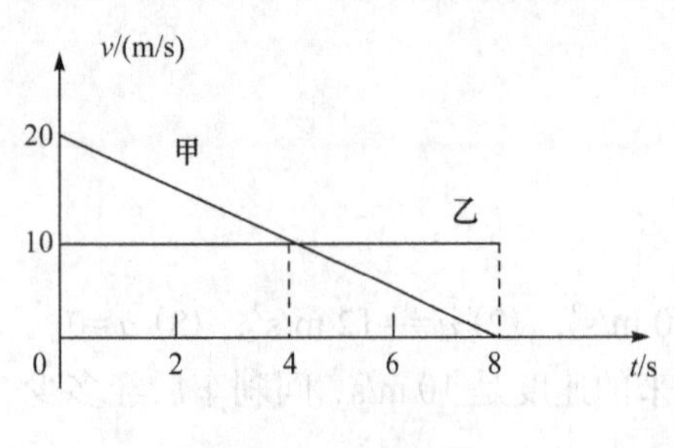

图 1-6 速度图像

如图 1-6 所示的图像为甲、乙两物体从同一地点沿直线向同一方向运动的速度图像，根据图像可以得到以下结论：①甲物体做初速度为 20 m/s 的匀减速直线运动；②乙物体做速度为 10 m/s 的匀速直线运动；③4 s 末甲、乙两物体的速度相等且为 10 m/s；④8 s 末甲物体的速度为零。

因为速度是矢量，速度图像上只能表示物体运动的两个方向，t 轴上方速度为正值代表物体沿“正方向”运动，t 轴下方速度为负值代表物体沿“负方向”运动，所以速度图像只能描述物体做直线运动的情况。

二、位移和时间的关系

(一)位移和时间的关系式

做变速运动的物体在时间 t 内的位移 $s=\bar{v}t$。由于匀变速直线运动的速度是均匀改变的，所以它在时间 t 内的平均速度 $\bar{v}$，就等于初速度 v_0 和末速度 v_t 的平均值(在数学中可以证明

凡是均匀变化的量，它的平均值等于初始值与末值和的一半），即$\bar{v}=\dfrac{v_0+v_t}{2}$。

把上式代入$s=\bar{v}t$中，得到$s=\bar{v}t=\dfrac{v_0+v_t}{2}t$，其中$v_t=v_0+at$，代入后得到

$$s=v_0t+\frac{1}{2}at^2 \tag{1.3}$$

这是匀变速直线运动的位移公式，它表示出匀变速直线运动的位移和时间的关系。只要知道物体的初速度v_0和加速度a，就可以求出物体在t时间内的位移。

【例题 1-3】 一个小学生从滑梯的上端由静止开始下滑，用了 2 s 滑到末端。已知滑梯长 4 m，求他在滑行过程中的加速度和到达末端时的速度。

已知：$v_0=0\text{m/s}$，$t=2\text{s}$，$s=4\text{m}$；

求：a，v_t。

解：由$s=v_0t+\dfrac{1}{2}at^2$得$a=\dfrac{2s}{t^2}=\dfrac{2\times4}{2^2}=2\,(\text{m/s}^2)$

由$v_t=v_0+at$得$v_t=at=2\times2=4\,(\text{m/s})$

答：他在滑行过程中的加速度是 2 m/s^2，到达末端时的速度为 4 m/s。

（二）位移-时间的图像

表示位移与时间的关系的图像叫位移-时间图像，简称位移图像。它表示做直线运动的物体的位移随时间变化的关系。如图 1-7 所示，横坐标表示从计时开始的各个时刻，纵坐标表示从计时开始任一时刻物体的位移，位移图像上各点的坐标(t, s)表示t时刻物体的位移是s。

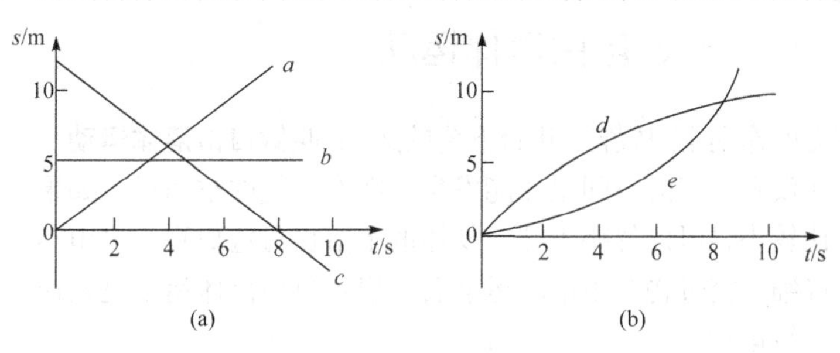

图 1-7 位移图像

在位移图像中图线的斜率表示速度，图线倾斜得越厉害，斜率越大，表示物体的速度越大。若图线是曲线，在不同点切线的斜率会不同，表示物体做变速直线运动。从图 1-7 中可以看出，a 图线表示位移随时间均匀增加，所以物体做匀速直线运动；b 图线表示物体位移不发生变化，物体静止；c 图线表示位移随时间均匀减小，表示物体沿反方向做匀速直线运动，8 s 后物体越过初始位置往反方向运动；d 图线表示位移增加变慢，速度逐渐变小，物体做减速直线运动；e 图线表示位移增加变快，速度逐渐变大，物体做加速直线运动。

知识巩固 3

1. 汽车从静止开始以 1 m/s^2 的加速度做匀加速直线运动，求：

(1)汽车在前 2 s 内通过的位移；

(2)汽车在第 2 s 内的位移和平均速度。

2. 一人骑自行车做匀加速直线运动，加速度为 $1.5\ m/s^2$，他骑行多长距离时，自行车的速度由 2 m/s 增加到 5 m/s？

3. 自行车以 3 m/s 的初速度做匀减速直线运动。如果加速度的大小为 $0.1\ m/s^2$，问 20 s 后自行车的速度是多少？

4. 图 1-8 为一辆汽车的速度图像，你能根据图像说出这辆汽车的运动情况吗？

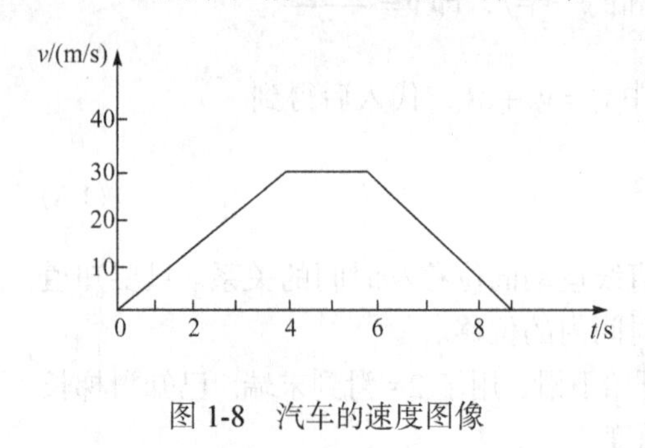

图 1-8　汽车的速度图像

第 4 节　自由落体运动

生活中我们知道，不同材质和重量的物体从同一高度自由下落，它们落地的时间会有差别。若把它们放在真空中从同一高度自由下落，情况会怎样？拿一个长约 1.5 m，两端封闭且已抽成真空的玻璃管(牛顿管)，管内装有形状和轻重不同的一些物体，如金属片、小羽毛、小软木塞等，把玻璃管快速倒立过来，就会看到这些物体下落速度相同，如图 1-9 所示。

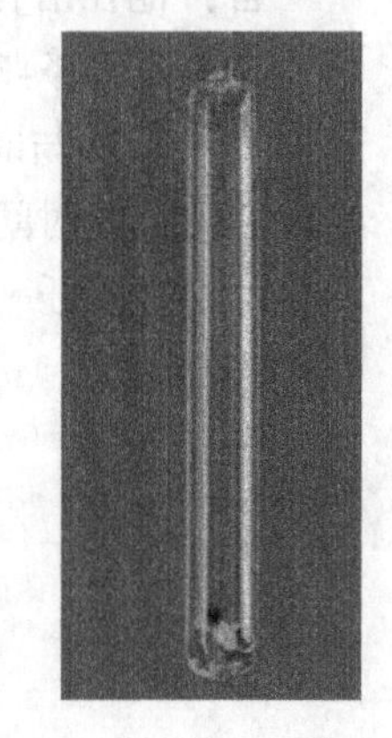

图 1-9　牛顿管

一、自由落体运动

物体只在重力的作用下，从静止开始下落的运动，叫做**自由落体运动**。自由落体运动仅在没有空气的空间里才能发生。在有空气的空间里，如果空气阻力的作用比较小，可以忽略不计，物体的下落也可近似看成自由落体运动。伽利略仔细研究过物体下落的运动后指出：自由落体运动是初速度为零的匀加速直线运动。

二、自由落体运动的加速度

在牛顿管内形状和轻重不同的物体，能同时下落到底部，根据匀加速直线运动的位移公式 $s = v_0 t + \frac{1}{2}at^2$ 可知，物体的加速度必定相同。即在地球上的同一地点，不同物体做自由落体运动的加速度相同，这一加速度叫做**自由落体加速度**，也叫**重力加速度**，用 g 表示，它的方向总是竖直向下的。

精确的实验发现，在地球上不同的地方，g 的大小是不同的。在赤道 $g=9.780\ m/s^2$，北京 $g=9.801\ m/s^2$。一般计算中，取 $g=9.8\ m/s^2$，在粗略的计算中，取 $g=10\ m/s^2$。表 1-3 列出了一些地点的重力加速度值。

表 1-3 一些地点的重力加速度 g （单位：m/s^2）

地点	赤道	广州	上海	北京	纽约	莫斯科	北极
纬度	0°	N23°06′	N31°12′	N39°56′	N40°40′	N55°45′	90°
重力加速度	9.780	9.788	9.794	9.801	9.803	9.816	9.832

三、自由落体运动的规律

自由落体运动是初速度为零的匀加速直线运动，它遵守匀变速直线运动的规律。用 g 代替加速度 a，用自由下落的高度 h 代替位移 s，且已知 $v_0=0$，可以由匀变速直线运动的规律得到自由落体运动的速度和位移公式：

$$v_t = gt \tag{1.4}$$

$$h=\frac{1}{2}gt^2 \tag{1.5}$$

【例题 1-4】 如图 1-10 所示，某同学要估算一悬崖的高度，他站在悬崖的突出端放下一石块，3 s 后听到石块落水的声音，悬崖离水面多高？

分析：忽略空气阻力的影响，石块的运动可以看成是自由落体运动。

已知：$t=3\text{s}$；

求：h。

解：由 $h=\frac{1}{2}gt^2$ 得

$$h=\frac{1}{2}gt^2=\frac{1}{2}\times10\times3^2=45\,(\text{m})$$

答：悬崖离水面大约 45 m。

若考虑空气阻力和声音传播时间等因素的影响，会对估算结果产生怎样的影响？

图 1-10 测高度

【思考与讨论】

如图 1-11 所示，观察生活中的落体运动。

(a) 打夯机

(b) 蹦极

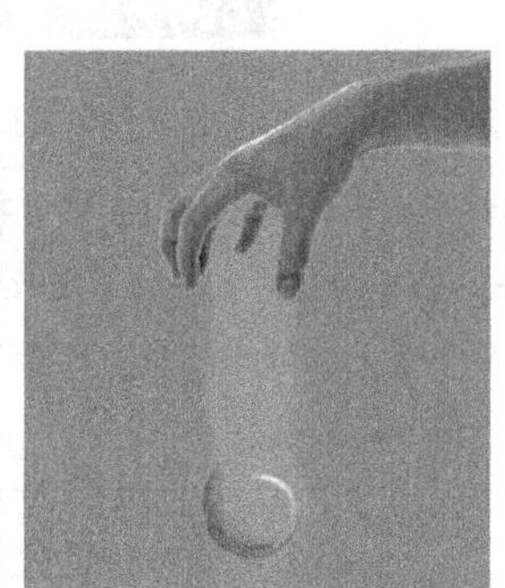

(c) 自由下落的小球

图 1-11 生活中的落体运动

知识链接 伽利略与自由落体运动

伽利略(Galileo Galilei，1564-1642)，意大利数学家、物理学家、天文学家，科学革命的先驱。他发明了摆针和温度计，在科学上为人类做出过巨大贡献，是近代实验科学的奠基人之一。

伽利略所用到的理想实验方法是在可靠事实基础上进行抽象思维而创造出来的一种科学推理方法，是科学研究中的一种重要方法。

以古希腊哲学家亚里士多德为代表的古代学者普遍认为，物体下落的快慢是由它们的重量大小决定的，物体越重，下落得越快。伽利略用简单明了的科学推理，巧妙地揭示了亚里士多德的理论内容包含的矛盾。他在1638年写的《两种新科学的对话》一书中指出：根据亚里士多德的论断，一块大石头的下落速度要比一块小石头的下落速度大，假定大石头下落速度为8m/s，小石头下落速度为4m/s，当我们把两块石头拴在一起时，下落快的会被下落慢的拖着而变慢，下落慢的会被下落快的拖着而加快，结果整体系统的下落速度应该小于 8m/s。但是，两块石头拴在一起，加起来比大石头还要重，根据亚里士多德的理论，整个系统的下落速度应该大于8m/s。这样就使得亚里士多德的理论陷入了自相矛盾的境地。

传说1590年，伽利略曾在比萨斜塔上将两个重量不同的铅球从相同的高度同时松手，结果两个铅球几乎同时落地，由此发现了自由落体定律，推翻了亚里士多德认为的重的物体会先到达地面，落体的速度同它的质量成正比的观点，如图1-12所示。

图1-12 比萨斜塔

伽利略在比萨斜塔做自由落体实验的故事，记载在他的学生维维安尼(Vincenzo Viviani，1622-1703)在1654年写的《伽利略生平的历史故事》(1717年出版)一书中，但伽利略、比萨大学和同时代的其他人都没有关于这次实验的记载。对于伽利略是否在比萨斜塔做过自由落体实验，历史上一直存在着支持和反对两种不同的看法。

知识巩固 4

1. 把一张纸片和一段粉笔头从同一高度同时释放，哪个落得快？把纸片捏成一个很紧的小纸团和粉笔头同时释放，下落快慢有什么变化？怎样解释这个现象？

2. 一小球由静止开始自由下落，试确定它在第 1 s 末、第 2 s 末和第 3 s 末时的位置和速度。

3. (多选)从楼顶开始下落的物体落地用时为 2 s，若要让物体在 1 s 内落地，应该从哪儿开始下落(取 $g=10\ m/s^2$)(　　)。

A. 从离地高度为楼高一半处开始

B. 从离地高度为楼高 1/4 处开始

C. 从离地高度为楼高 3/4 处开始

D. 从离地高度为 5 m 处开始

4. 物体从离地面 5 m 高的地方由静止开始下落，用了 1 s 落到地面。若空气阻力可忽略不计，求当地的重力加速度和物体落到地面时的速度。

小　结

时刻表示某一瞬间，常与位置相对应用来描述运动。时间指的是先后两个时刻之间的间隔长短，常与位移相对应用来描述运动。

质点是一种理想化模型，若物体的大小、形状等对所研究运动没有影响或影响极其微小，就可以把物体看成质点。描述物体的运动必须选择参照物，同一物体的运动选择不同的参照物，得到的结论不同。

位移是由物体运动的起点指向终点的有向线段；路程是物体所经路径的长度，只有在单向直线运动中，位移的大小才等于路程。

速度是描述物体运动快慢的物理量。在变速直线运动中，平均速度只能描述物体在某段时间(某段位移)内运动的平均快慢程度，瞬时速度才能准确描述物体在某时刻或某位置运动的快慢。在匀速直线运动中，平均速度和瞬时速度相等。

矢量和标量是两个性质完全不同的物理量，其计算方法也不相同。标量只有大小，求和时可以直接相加；矢量既有大小，又有方向，求和时不能直接相加。

加速度是速度的变化量与时间的比值，是描述物体运动速度改变快慢的物理量，与速度大小无关。加速度是矢量。

在匀变速直线运动中，若选取初速度方向为正方向，则加速度的方向可以用正负号表示。$a>0$，表示加速度的方向与初速度方向相同，物体做匀加速直线运动；$a<0$，表示加速度的方向与初速度方向相反，物体做匀减速直线运动。同一匀变速直线运动中，加速度的大小和方向保持不变。

自由落体运动是质点只在重力作用下，从静止开始的竖直下落运动。它的初速度为零，加速度为重力加速度 g。

自测题

一、填空题

1. 指出以下所描述的各运动的参照物。

(1) 太阳从东方升起到西方落下，参照物为__________。

(2) 人造地球同步卫星是静止的，参照物为__________。

(3) 车外的树木向后倒退，参照物为__________。

2. 加速度是表示物体速度__________的物理量。当 $v_t > v_0$ 时，表明__________与__________同向，物体做__________运动；当 $v_t < v_0$ 时，表明__________与__________反向，物体做__________运动。

二、选择题(1～6 为单选，7～11 为多选)

1. 下列物理量不是矢量的是(　　)。

A. 瞬时速度　　B. 位移

C. 路程　　D. 加速度

2. 关于速度和加速度的关系，下面说法正确的是(　　)。

A. 物体的速度越大，则加速度也越大

B. 物体的速度变化越大，则加速度越大

C. 物体的速度变化越快，则加速度越大

D. 物体的加速度为零，则速度也为零

3. 关于重力加速度的说法中，不正确的是(　　)。

A. 重力加速度 g 是标量，只有大小没有方向，通常计算中 g 取 9.8 m/s²

B. 在地球上不同的地方，g 值的大小不同，但它们相差不是很大

C. 在地球上同一地点，一切物体在自由落体运动中的加速度都相同

D. 在地球上同一地方，离地面高度越高重力加速度 g 越小

4. 若规定向东方向为位移正方向，现有一个皮球停在坐标原点处，轻轻踢它一脚，使它向东做直线运动，经过 5 m 与墙相碰后又向西做直线运动，运动了 7 m 后停下，则上述过程中皮球通过的路程和位移分别是(　　)。

A. 12 m，2 m　　B. 12 m，−2 m

C. −2 m，−2 m　　D. 2 m，2 m

5. 关于位移和路程，下列说法正确的是(　　)。

A. 在某一段时间内物体运动的位移为零，则该物体一定是静止的

B. 在某一段时间内物体运动的路程为零，则该物体一定是静止的

C. 在直线运动中，物体的位移大小一定等于其路程

D. 在曲线运动中，物体的位移大小可能等于路程

6. 关于质点做匀速直线运动的位移图像，以下说法正确的是(　　)。

A. 图线代表质点运动的轨迹

B. 图线的长度代表质点的路程

C. 图像是一条直线，其长度表示质点的位移大小，每一点代表质点的位置

D. 利用位移图像可知，质点任意时间内的位移及发生任意位移所用的时间

7. 关于参照物，下列说法正确的是(　　)。

A. 描述一个物体的运动情况时，参照物可以任意选取

B. 研究物体的运动时，应先确定参照物

C. 参照物必须选地面或相对地面静止不动的其他物体

D. 实际选取参照物的原则是对运动的描述尽可能简单

8. 下面描述的几个速度中属于瞬时速度的是(　　)。

A. 子弹以 790 m/s 的速度击中目标

B. 信号沿动物神经传播的速度大约为102 m/s

C. 汽车上速度计的示数为 80 km/h

D. 台风以36 m/s的速度向东北方向移动

9. 若汽车的加速度方向与速度方向一致，当加速度减小时，则(　　)。

A. 汽车的速度也减小

B. 汽车的速度仍在增大

C. 当加速度减小到零时，汽车静止

D. 当加速度减小到零时，汽车的速度达到最大

10. 下列关于质点的说法中，正确的是(　　)。

A. 质点是一个理想化模型，实际上并不存在

B. 只有体积很小的物体才能被看成质点

C. 凡轻小的物体，皆可被看成质点

D. 如果物体的形状和大小与所研究的问题无关或属于次要因素，可把物体看成质点

11. 关于自由落体运动，下列说法正确的是(　　)。

A. 物体竖直向下的运动一定是自由落体运动

B. 自由落体运动是初速度为零、加速度为 g 的竖直向下的匀加速直线运动

C. 物体只在重力作用下从静止开始自由下落的运动叫自由落体运动

D. 当空气阻力的作用比较小，可以忽略不计时，物体自由下落可视为自由落体运动

三、计算题

1. 一辆卡车，它急刹车时的加速度的大小是 5 m/s^2，如果要求它急刹车后在 22.5 m 距离内必须停止，它的行驶速度不能超过多少？

2. 为了测出井口到水面的距离，让一个小石块从井口自由落下，经过 2 s 后听到石块击水的声音，估算井口到水面的距离。考虑到声音在空气中传播需用一定的时间，估算结果偏大还是偏小？

3. 从离地面 80 m 的空中自由落下一物体，取 g=10 m/s^2，求：

(1) 物体经过多长时间落到地面？

(2) 自开始下落计时，在第 2 s 内的位移是多少？

(3) 下落时间为总时间的一半时的位移是多少？

4. 如图 1-13 所示，一辆小车从长为 1.5 m 的斜面顶端自由滑下，2 s 末到达斜面底端，接着沿水平桌面运动，经 3 s 后停下，小车在斜面与水平面上的运动可以看成是匀变速直线运动，求：

(1) 小车在斜面上的加速度；

(2) 小车在水平桌面上的加速度；

(3) 小车在水平桌面上的运动距离。

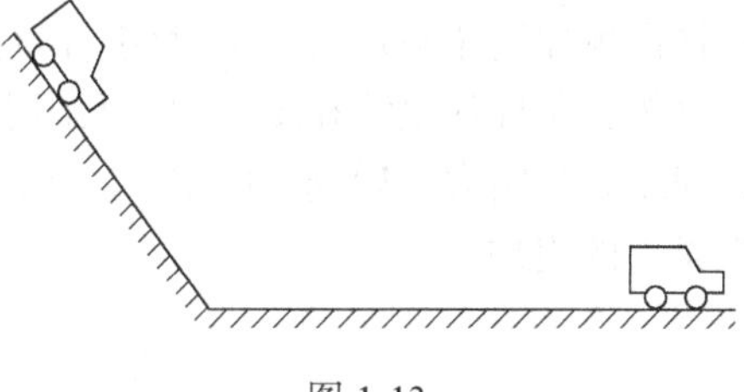

图 1-13

牛顿运动定律

在日常生活中，物体的运动随处可见：蜗牛在地上爬，小鸟在天上飞，足球射向球门，标枪掷向远方，汽车在公路上跑，火车在轨道上飞驰等，物体的运动有快有慢。我们也会遇到这样一些情况：用手击打物体时手会感到疼，乘坐电梯时会失重和超重，汽车在运行过程中突然刹车乘客会前倾等；同时也会存在一些疑问：运动员为何要穿钉子鞋？汽车刹车后为何能快速停下来？宇宙飞船是怎么被送上太空的？带着这些问题，让我们通过学习运动与力的关系，运用牛顿运动定律寻找答案吧。

牛顿运动定律包括第一定律、第二定律和第三定律。牛顿运动定律阐述了经典力学中基本的运动规律，揭示了力和运动的关系，揭示了物体间相互作用的规律，使我们能够明白如何从物体和物体之间的相互作用出发，去控制物体的运动。本章我们通过系统学习牛顿运动定律，理解、掌握自然界中运动的原理和规律。

第1节　力

在体育运动中，举重运动员奋力将杠铃高高举过头顶，撑杆跳运动员借助撑杆的弯曲高高跃起跨过横杆，在跳板跳水中运动员通过跳板弹跳到一定高度后完成一定难度的动作入水，在花样滑冰比赛中运动员完成旋转、滑行等优美动作，在拔河比赛中双方对峙一段时间后一方获胜等；在日常生活和工作中，人们手提物品会感到重量，手拿水杯时要握紧避免水杯滑落，划船时要用力向后划动船桨，汽车停在坡道上会向下滑动，利用传输带输送物品等，以上都是力的表现。

一、力的概念

(一) 力是物体间的相互作用

在初中我们已经学过，力是物体与物体间的相互作用。如用手提重物，手对重物施加了力，同时我们感到重物对手向下的拉力；用手使劲击打桌面，手对桌面施加了力，同时我们感到手很疼，说明桌面对手也施加了力；用手拉弹簧，手对弹簧施加了拉力，同时我们感到弹簧对手也施加了拉力；运动员踢球，球由静止变为运动等。

一个物体受到力的作用，一定是由另外的物体施加的。前者是受力物体，后者是施力物体。只要有力发生，就一定有施力物体和受力物体同时存在。

力对物体的作用效果：一是使物体发生形变；二是使物体运动状态发生改变。

力是矢量，既有大小，又有方向。力的方向不同，它的作用效果也不一样。作用在运动物体上的力，如果力的方向与运动方向相同，将加快物体的运动；如果力的方向与运动方向相反，将阻碍物体的运动。由此可见，要把一个力完全表达出来，除了力的大小外，还要标明力的方向。

在国际单位制中，力的单位是牛顿，简称牛，符号是N。

（二）力的图示

在研究力学问题时，通常用带箭头的线段来表示力。线段是按一定比例（标度）画出的，它的长短表示力的大小，它的指向表示力的方向，箭尾（或箭头）表示力的作用点，线段所在的直线叫做力的作用线。这种表示力的方法，叫做**力的图示**。如图2-1所示，作用在木块上的力为40 N，方向水平向右。

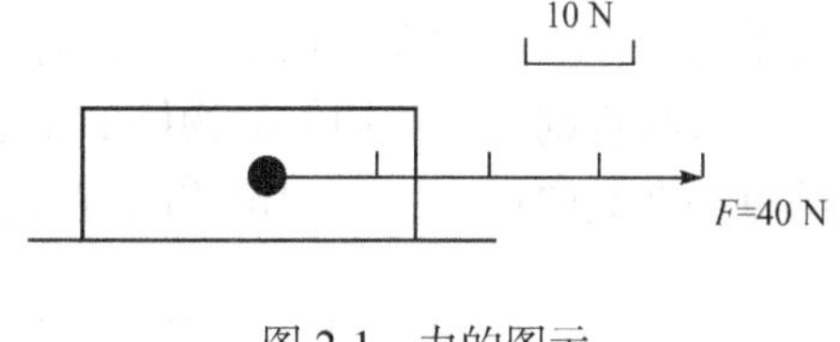

图2-1　力的图示

力对物体的作用效果，与力的大小、方向和作用点有关，通常把力的大小、方向和作用点，称为力的三要素，在做力的图示时需要将三要素画出。

在分析物体受力过程中，有时只需定性画出力的示意图，即只画出力的方向和作用点，表示物体在这个方向上受到了力，而长短不需要按比例画出。

二、力学中的常见力

由于物体之间相互作用的方式不同，自然界中存在不同类型的力。在力学中常见的力有重力、弹力和摩擦力。

（一）重力

树上成熟的苹果落到地上，落叶在空中摇曳着飘落，用力向上抛出的东西会落到地面；还有不倒翁能不倒，走钢丝的演员要握一根长杆等。想一想，这些是为什么呢？

1. 重力的定义　物体由于地球的吸引而受到的力叫做重力。地球表面和附近的一切物体都要受到地球的吸引作用，即使质量很小的分子也会受到重力的作用。所以说重力具有特别重要的意义。

2. 重力的大小和方向　物体所受到的重力G的大小与物体的质量m成正比，物体的质量越大，受到的重力越大，即

$$G=mg \tag{2.1}$$

在国际单位制中，重力G和质量m的单位分别是N和kg。

比例系数g=9.8 N/kg，称为重力加速度，它在数值上等于1 kg的物体受到的重力的大小。在地球上不同的位置，g的值略有差异，所以同一物体在地球上不同的地点所受重力略有不同，但差异不会超过0.51%。

重力的大小可以用弹簧秤测出。

重力的方向　重力是矢量，方向总是竖直向下，如图 2-2 所示。

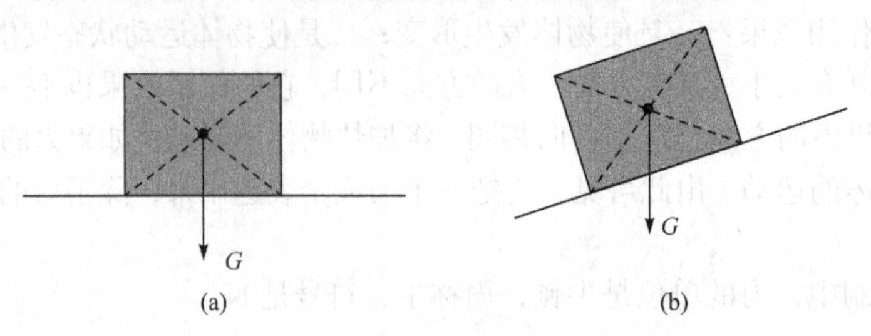

图 2-2　重力的方向

需要注意的是，举重运动员的成绩是我们初中学习过的质量，而不是这里学习的重力。

3. 重心　一个物体的各部分都要受到地球的吸引，在研究问题时为方便起见，可以认为重力的作用集中在一点上，该点称为物体的重心，也就是重力的作用点。

形状规则、质量均匀的物体的重心，就在物体的几何中心上。如图 2-3 所示，均匀直棒的重心在其中点上，均匀球体的重心在其球心上，均匀圆柱体的重心在其轴线的中点。

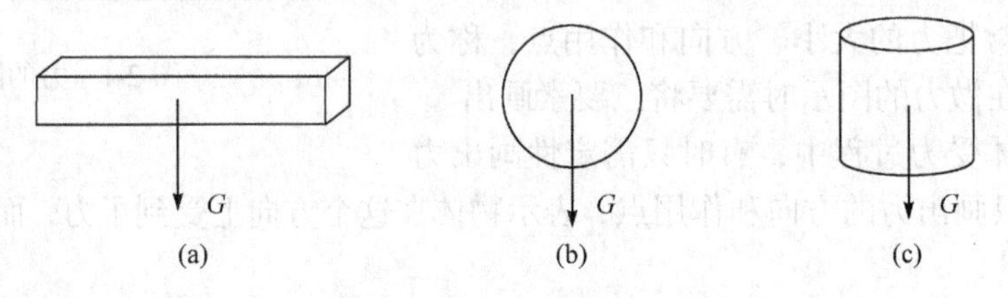

图 2-3　均匀物体的重心

质量分布不均匀的物体，重心位置除了与物体的形状有关外，还与它的质量分布情况有关。物体的重心越低，越稳定。

【思考与讨论】

如图 2-4 所示，如何确定不规则物体的重心？

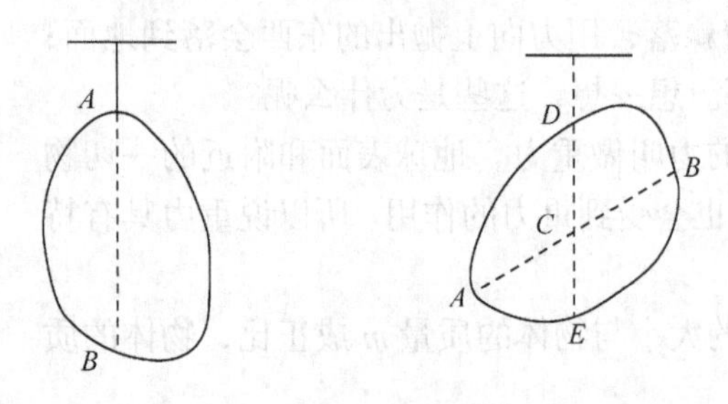

图 2-4　不规则物体的重心

不规则物体重心可以通过两次悬挂来确定。先在 A 点把物体悬挂起来，通过 A 点画一条竖直线 AB，然后再选另一处 D 点把物体悬挂起来，同样画一条竖直线 DE，AB 和 DE 的交点 C 就是不规则物体的重心。

说明用这种方法确定不规则物体重心的合理性。

(二) 弹力

如在撑杆跳运动中，被压弯的撑杆对与它接触的运动员产生弹力的作用，将运动员高高弹起，如图 2-5 所示。被拉开的弓发生形变，对搭在弦上与它接触的箭产生弹力的作用，可以把箭弹射出去，如图 2-6 所示。

图 2-5 撑杆跳

图 2-6 射箭

【想一想】 还有哪些体育运动项目中利用了弹力的作用?

1. 弹力的定义 撑杆受力会弯曲，弓弦受力会伸长，弹簧受力会伸长或缩短等。我们把物体在外力作用下发生的形状或体积的改变，叫做**形变**。在外力作用下发生形变的物体，当外力停止作用后能够恢复原状的形变，叫做**弹性形变**。如果物体发生的形变过大，超过一定限度，外力停止作用后，物体也不能恢复原状，这个限度叫做**弹性限度**。

发生形变的物体，由于要恢复原状，对与它接触的物体会产生力的作用，这种力叫做**弹力**。

2. 弹力的方向 弹力产生在彼此接触而又发生形变的物体之间。弹力的方向与它的形变方向相反，如图 2-7 所示，悬挂重物的绳子的拉力指向绳子收缩的方向，弹簧的弹力与外力方向相反，书放在桌面上对桌子产生压力，桌面的形变对书形成向上的弹力等。

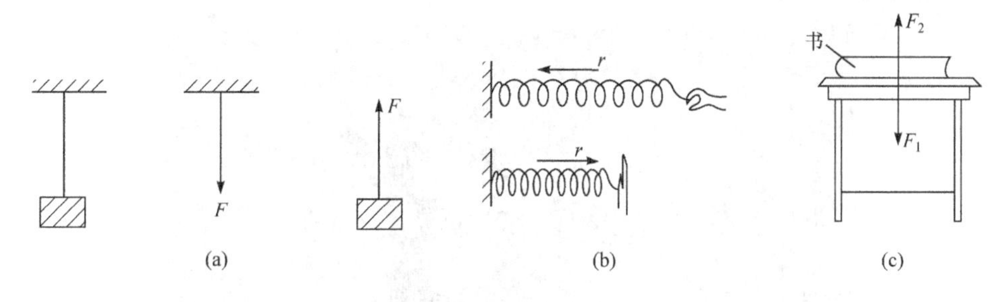

图 2-7 弹力的方向

3. 弹力的大小 图 2-7(c)中，书放在水平桌面上，在重力作用下，书和桌面都会发生微小形变。由于书的形变，书对桌面产生向下的弹力，即书对桌面的压力 F_1；桌面的形变对书产生了向上的弹力 F_2，这就是桌面对书的支持力。压力、支持力、绳的拉力、弹簧的推力等，都是弹力的不同表现。总之，两个物体直接接触而又彼此发生形变时，它们之间就有相互作用的一对弹力，这对弹力大小相等，方向相反。

英国科学家胡克发现，弹簧发生形变时，在弹性限度内，弹力 F 的大小和弹簧伸长或缩短的长度 x 成正比，即

$$F = kx \tag{2.2}$$

这个定律称为**胡克定律**。

在式(2.2)中，k 称为劲度系数，它与弹簧的材料、大小和形状等因素有关，单位是牛顿每米，符号用 N/m 表示。

【思考与讨论】

弹簧测力计的工作原理？使用弹簧测力计应注意的事项(图 2-8)。

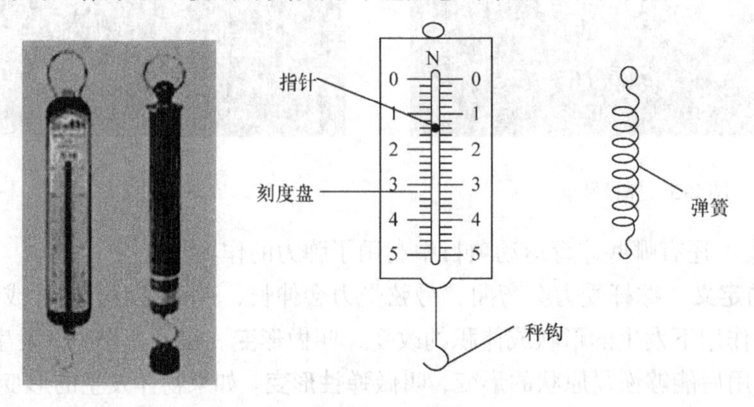

图 2-8　弹簧测力计

(三)摩擦力

图 2-9 所示为花样滑冰。滑冰是运动员穿上冰鞋，靠自身力量在冰上滑行的一种运动。花样滑冰是一种被称为体育与艺术完美结合的运动项目，运动员在音乐的伴奏下，在洁白的冰面上表演各种技巧和舞蹈动作。双人花样滑冰可以通过男女运动员的合作完成传统舞蹈动作，如华尔兹、狐步舞、探戈等。

图 2-9　花样滑冰

冰上舞蹈柔美飘逸的动作，就是靠运动员利用冰刀的不同位置来控制人与冰面间的摩擦力大小和方向完成的。

【想一想】

日常生产生活、体育运动中的摩擦力。

摩擦是一种常见现象，摩擦力在日常生活和生产中普遍存在。两个相互接触的物体，当它们发生相对运动或具有相对运动趋势时，就会在接触面上产生阻碍相对运动或相对运动趋势的力，这种力叫**摩擦力**。摩擦力有静摩擦力、滑动摩擦力和滚动摩擦力。

1. 静摩擦力　如图 2-10(a)所示，小孩轻推箱子时，箱子对地面有相对运动的趋势，但没有推动，箱子与地面仍然保持相对静止。根据初中所学的二力平衡的知识，这时一定有一个力与推力平衡。这个力与推力的大小相等、方向相反。由于这时两个物体之间只有相对运动的趋势，而没有相对运动，所以这时的摩擦力叫做**静摩擦力**。

静摩擦力的方向总是沿着接触面，并且跟物体相对运动趋势的方向相反(如果接触面是曲面，静摩擦力的方向与接触面相切)。

如图 2-10(b)所示，当小孩用更大的力推木箱时，箱子还是不动。同样，根据二力平衡的知识，这时箱子与地面间的静摩擦力还跟推力大小相等。只要箱子与地面间没有产生相对运动，静摩擦力的大小就随着推力的增大而增大，并与推力保持大小相等。

当推力增大到某一数值时，木箱将要开始滑动，这说明静摩擦力增大到某一数值后不再增大，这时的静摩擦力达到最大值，叫做**最大静摩擦力**。

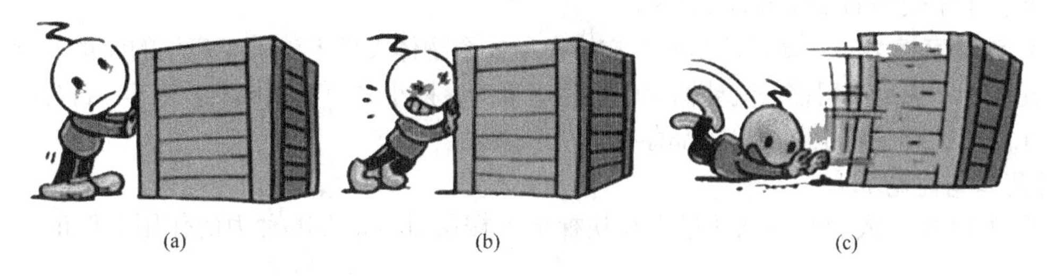

图 2-10　摩擦力

2. 滑动摩擦力　当推力 F 的大小超过最大静摩擦力时，木箱开始运动，木箱与地面间有相对运动。相互接触的两个物体发生相对运动时，在接触面上产生的阻碍相对运动的力叫做**滑动摩擦力**。滑动摩擦力的方向总是沿着接触面，并且跟物体的运动方向相反。

实验表明，滑动摩擦力 f 的大小跟物体间的压力 F_N 成正比，即

$$f=\mu F_N \tag{2.3}$$

其中，μ 是比例常数，叫做**动摩擦因数**。它的数值跟相互接触的两个物体的材料有关，材料不同，两物体间的动摩擦因数也不同。动摩擦因数还跟接触面的情况有关。表 2-1 是几种材料间的动摩擦因数。

表 2-1　几种材料间的动摩擦因数

材料	动摩擦因数	材料	动摩擦因数
钢-钢	0.25	钢-冰	0.02
木-木	0.30	皮革-铸铁	0.28
木-金属	0.20	橡皮轮胎-路面	0.71
木-冰	0.03	润滑的骨关节	0.003

【例题 2-1】　放在水平面上的木箱的重力 G=900 N，与地面的动摩擦因数μ=0.47，用 F=600 N 的力，沿着与水平面成θ=30°的角度拉动木箱，如图 2-11 所示，求木箱受到的摩擦力f。

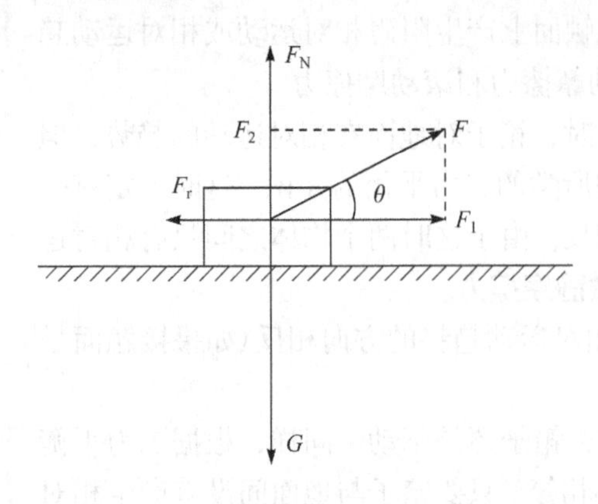

图 2-11　木箱受力分析

解：木箱受力如图 2-11 所示，力 F 可以分解为沿水平方向的分力 F_1 和沿竖直方向的分力 F_2。木箱在竖直方向处于平衡状态，所以地面对木箱的支持力为

$$F_N = G - F_2$$

其中，$F_2 = F\sin\theta$ 。

所以我们得到

$$\begin{aligned} F_1 = \mu F_N &= \mu(G - F\sin\theta) \\ &= 0.47(900 - 600\sin 30°) \\ &= 282\,(\text{N}) \end{aligned}$$

答：木箱受到的摩擦力为 282 N。

3. 滚动摩擦力　滚动摩擦是一个物体在另一个物体表面上滚动时产生的摩擦。滚动摩擦力比滑动摩擦力小得多，滚动轴承就是利用滚动摩擦小的原理制成的，汽车、自行车的轮胎，压力机的碌子碾压路面等，都存在滚动摩擦。

【思考与讨论】

图 2-12 中，人们在商场通过电动扶梯上下楼层时，是在哪种力的作用下保证人不会下滑？

图 2-12　电动扶梯

知识链接

双人智能型温热牵引系统如图 2-13 所示。力学知识在医疗工作中也有很多应用，如对骨折病人，外科常用外力牵引患部来平衡伤部肌肉的回缩力，以利于骨折的复位。颈椎骨质增生的疾病，使用颈部牵引效果较好，在医疗中已有广泛的应用。图为双人智能型温热牵引系统，是医疗康复设备。拥有“内置式硅导片”腰部加热器、塑料晶片颈部加热袋、旋转气闸式滑行安全保护装置、新型背挎式腋窝固定等，且牵引力精确。旋转气闸式滑行安全保护装置，确保整个牵引过程和紧急停止时牵引床都安

全有效地缓慢滑行，确保患者安全。电脑控制的三种牵引模式包括主副牵引、持续牵引、间歇牵引。

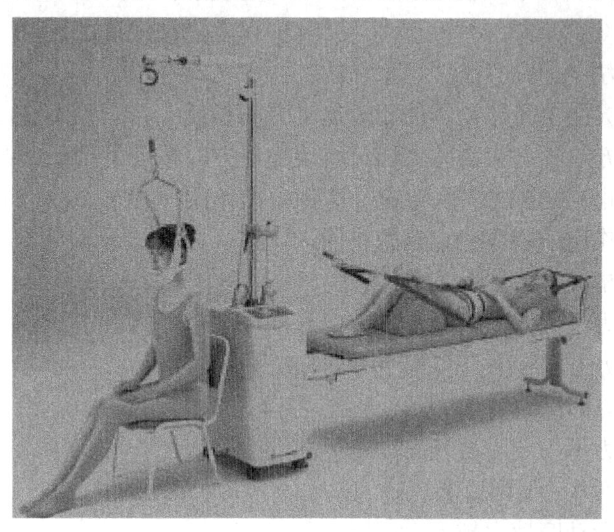

图 2-13　双人智能型温热牵引系统

知识巩固 1

一、填空题

1. 力的__________、__________、__________称为力的三要素。

2. 物体所受的重力 G 的大小跟物体的__________成正比，表达式为__________，其中 g=__________N/kg。重力的方向总是__________。

3. 发生形变的物体，在外力停止作用后能够恢复原状的形变，叫做__________。

4. 在弹性限度内，弹簧弹力 F 的大小与__________成正比，这个定律称为胡克定律，其表达式为__________，其中 x 为__________，k 称为弹簧的__________。

5. 相互接触的两个物体发生相对运动时，在接触面上产生的阻碍相对运动的力，称为__________。

6. 滑动摩擦力 f 的大小跟两物体间__________的大小成正比。其表达式为__________。

7. 静摩擦力随外力的增大而__________，始终与外力保持平衡。

二、选择题(单选)

1. 关于物体的重心，下列说法中正确的是(　　)。

A. 任何有规则形状的物体，它的几何中心必然与重心重合

B. 重心就是物体内最重的一点

C. 重心总是在物体上，不可能在物体之外

D. 重力在物体上的作用点，叫做物体的重心

2. 一个铁球沿斜面滚下，铁球所受重力的方向是(　　)。

A. 沿斜面向下　　　　　　　　　　B. 垂直于斜面向下

C. 竖直向下　　　　　　　　　　　D. 以上三种说法都不对

3. 关于静摩擦力的说法，下列正确的是(　　)。

A. 静摩擦力的方向总是与物体的相对运动方向相反

B. 静摩擦力的方向总是与物体的相对运动趋势方向相反

C. 两个相对静止的物体之间一定有静摩擦力的作用

D. 受静摩擦力作用的物体一定是静止的

4. 关于弹力的方向下列说法正确的是(　　)。

A. 物体所受弹力方向，同自身形变方向相同

B. 物体所受弹力方向，同自身形变方向相反

C. 绳中的弹力方向沿着绳

D. 轻杆中的弹力不一定沿着杆

5. 关于滑动摩擦力，下列说法正确的是(　　)。

A. 压力越大，滑动摩擦力越大

B. 压力不变，动摩擦因数不变，接触面积越大，滑动摩擦力越大

C. 压力不变，动摩擦因数不变，速度越大，滑动摩擦力越大

D. 动摩擦因数不变，压力越大，滑动摩擦力越大

第2节　力的合成与分解

图 2-14 所示为斜拉桥。斜拉桥是一种用许多根在索塔上的斜向拉索拉住桥身的桥梁。斜拉桥由拉索、索塔、主梁和桥面组成，每根拉索与桥身的连接处都是一个承重点，因此斜拉桥有很多承重点。桥面负荷由主梁传给拉索，再由拉索传到索塔。根据力的合成与分解原理，这样桥的负荷便会巧妙地加到桥墩上。这样只需要几个支撑索塔的桥墩就可以使桥的主跨度很大。

图 2-14　斜拉桥

在多数实际问题中，作用在物体上的力不止一个。如一个重物，两个人一起提起时，重物就受到两个拉力的作用，一个人提起时，重物只受到一个力的作用，这就说明前两个力共同作用的效果与后一个力的作用效果相同。

如果一个力作用在物体上产生的效果与几个力共同作用的效果相同，这一个力就叫做那几个力的合力，那几个力叫做这一个力的分力。求几个力的合力叫做**力的合成**，求一个已知力的分力叫做**力的分解**。

如果几个力作用于物体的同一点上，或者它们的作用线相交于同一点，这几个力称为共点力。现在我们来学习共点力的合成与分解法则。

一、力 的 合 成

经验告诉我们，当两个力不在同一条直线上时，其合力不能简单地将两个力的数值相加减，那么两个力的合成遵循什么定律呢？下面我们通过实验来研究两个互成角度的共点力的合成法则。

【演示实验】

如图2-15(a)所示，橡皮筋 GE 在两个斜拉力力 F_1 和 F_2 的共同作用下，沿直线 GC 伸长了 EO。图2-15(b)是撤去 F_1 和 F_2 后，用另一个力 F 作用在橡皮筋上，使橡皮筋沿着相同的直线伸长相同的长度。显然，力 F 对橡皮条产生的效果跟力 F_1 和 F_2 共同产生的效果相同，所以力 F 是力 F_1 和 F_2 的合力。

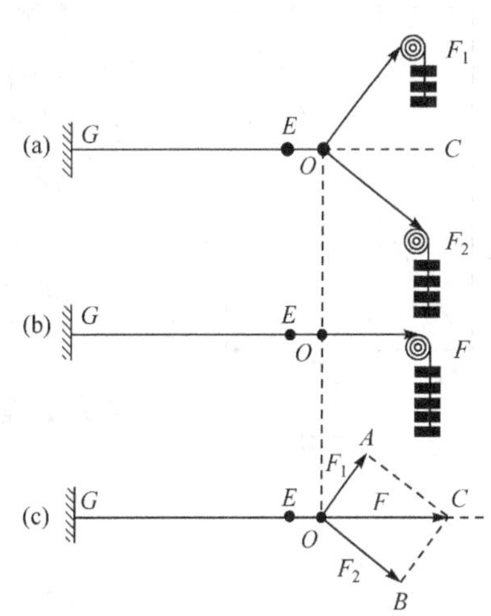

图2-15　力的合成示例图

合力 F 跟 F_1 和 F_2 有什么关系呢？在力 F_1、F_2 和 F 的方向上各作线段 OA、OB 和 OC，根据选定的标度，使 OA、OB 和 OC 的长度分别表示力 F_1、F_2 和 F 的大小，如图2-15(c)所示，连接 AC 和 BC，可以看到，$OACB$ 是一个平行四边形，OC 是它的对角线。

改变力 F_1 和 F_2 的大小和方向，重做上述实验，仍可以得到相同的结果。

通过以上实验可以得到合成力的普遍法则——**力的平行四边形法则**：两个互成一定夹角的共点力，它们合力的大小和方向，可以用表示这两个力的线段做邻边画出的平行四边形的对角线来表示。

在图2-16中，根据力的平行四边形法则作图可以看出，力 F_1 和 F_2 的合力 F 的大小和方向随着 F_1 和 F_2 之间夹角的变化而变化，夹角越大，合力越小。

如图2-17所示，当两个力的夹角为0°时，F_1 和 F_2 在同一条直线上且方向相同，则 $F=F_1+F_2$，合力的大小等于两个分力大小之和，合力达到最大值，合力的方向跟两个分力的方向相同。当两个力的夹角为180°时，F_1 和 F_2 在同一条直线上且方向相反，$F=F_1-F_2$，合力的大小等于两个分力大小之差，合力最小，方向跟两个分力中较大的那个力的方向相同。

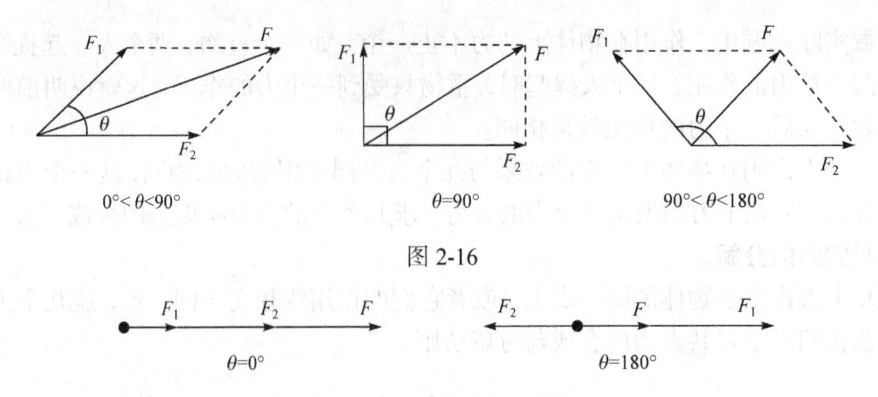

图 2-17 合力与分力的关系

平行四边形法则是矢量合成的普遍法则，适用于任何矢量的合成，如位移、速度、加速度等的合成同样适用。

当求两个以上共点力的合力时，可以用平行四边形法则求出任意两个力的合力，再求这个力与第三个力的合力，以此类推，直到把所有的力都合成进去，最后得到的结果就是这些力的合力。

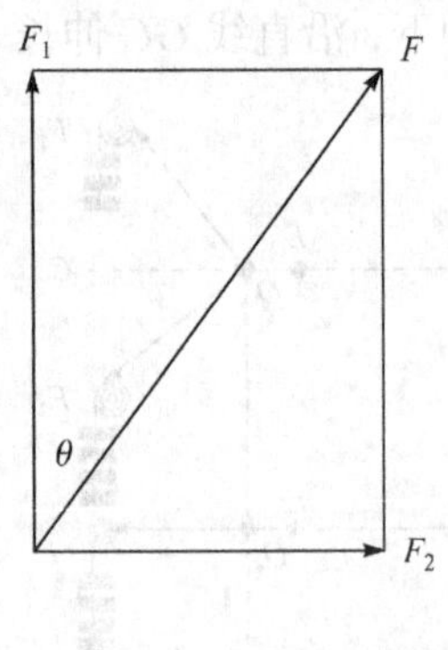

图 2-18

【例题 2-2】 图 2-18 中，一个物体受到 F_1 和 F_2 两个相互垂直的力的作用，F_1 的大小为 40 N，F_2 的大小为 30 N，利用力的平行四边形法则求两个力的合力的大小和方向。

解：利用力的平行四边形法则，作出力的示意图，如图 2-18 所示。

则合力为

$$F=\sqrt{F_1^2+F_2^2}=\sqrt{40^2+30^2}=50\ (\mathrm{N})$$

合力 F 与 F_1 的夹角 θ 为

$$\tan\theta=\frac{F_2}{F_1}=\frac{30}{40}=\frac{3}{4},\qquad \theta=37°$$

二、力的分解

如图 2-19 所示，斜拉桥拉索拉力有两个力的作用效果，一个是在竖直方向的分力与桥面的重力平衡，一个是水平方向的分力作用在桥梁上，所以在许多实际问题中，常常需要求出一个力的分力。

求一个已知力的两个(或两个以上)分力，**叫做力的分解**。力的分解是力的合成的逆运算，同样遵守平行四边形法则。把一个已知力 F 作为平行四边形的对角线，与力 F 共点的平行四边形的两个邻边就表示力 F 的两个分力。

以一个力为对角线作平行四边形，可以有无数个，如图 2-20 所示。也就是说，同一个力 F 可以分解为无数对大小、方向不同的分力。因此，在对一个已知力进行分解时，必须根据力的作用效果，明确分力的一些信息(分力方向和分力大小等)，才能根据平行四边形法则确定分力。

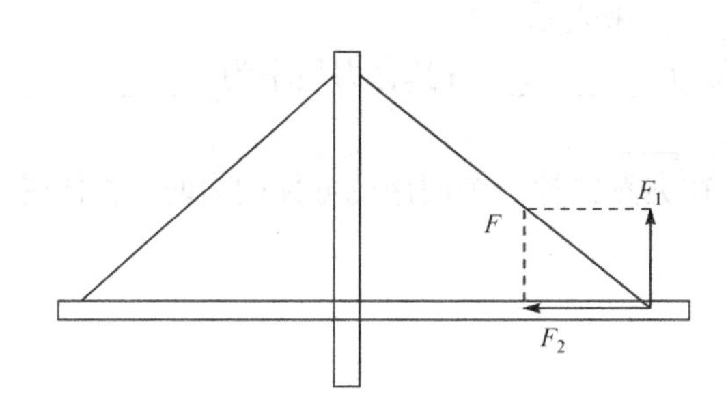

图 2-19　斜拉桥拉索拉力

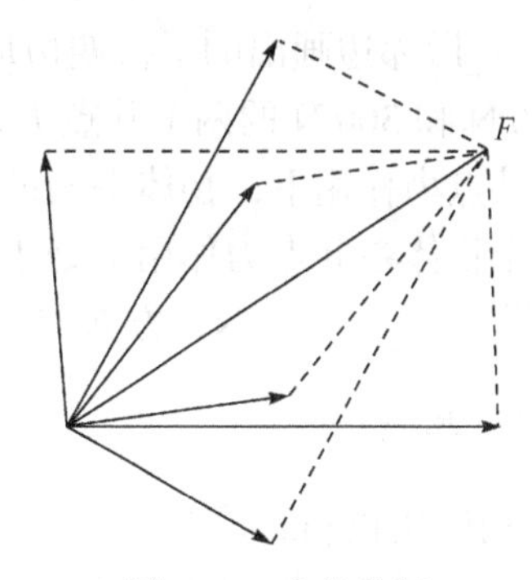

图 2-20　力的分解

【例题 2-3】把一个重量为 G 的物体放在如图 2-21 所示的倾角为 θ 的斜面上，问物体沿斜面的下滑力和正压力各是多少？（不计摩擦力）

解：把物体放在斜面上，物体受到竖直向下的重力，但它并不能竖直下落，而要沿斜面下滑，同时使斜面受到压力。这时重力产生两个效果：使物体沿斜面下滑以及使物体紧压斜面。因此重力 G 可以分解为这样两个力：平行于斜面使物体下滑的分力 F_1 和垂直于斜面使物体紧压斜面的分力 F_2。利用几何知识可得

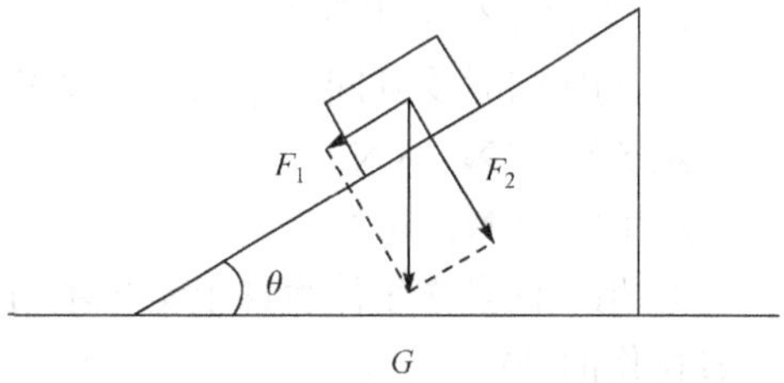

图 2-21

$$F_1=G\sin\theta,\qquad F_2=G\cos\theta$$

三、物体的平衡

在初中已经学习过，物体在两个共点力作用下，如果两个力大小相等、方向相反，则物体保持平衡。这两个力是一对平衡力，其合力为零。可见物体在两个共点力作用下的平衡条件是合力为零。

在物体受到三个共点力的作用时，如果其中两个力的合力与第三个力大小相等、方向相反，这两个力的合力与第三个力是平衡力，则物体同样保持平衡。可见物体在三个共点力作用下的平衡条件也是合力为零。同理，物体在三个以上的共点力作用下的平衡条件仍是合力为零。

所以，在共点力作用下物体的平衡条件是**合力为零**，即

$$F_{合}=0 \tag{2.4}$$

【思考与讨论】　准备好一瓶矿泉水，两个同学每人拿一个弹簧测力计共同拉起物体，当改变两个拉力的夹角时，观察拉力大小的变化，并说明原因。

知识巩固 2

一、填空题

1. 力的平行四边形法则：两个互成一定夹角的共点力，它们合力的大小和方向，可以用

__________做邻边画出的平行四边形的__________来表示。

2. 200 N 和 300 N 的两个共点力,其合力最大为__________;其合力最小为__________。

3. 在共点力作用下，物体平衡的条件是__________。

4. 一个物体在共点力作用下处于平衡状态，在突然去掉一个向南的 6 N 的力时，物体受到的合力为__________N，方向向__________。

二、选择题(单选)

1. 下列说法正确的是(　　)。

A. 分力和合力同时作用在物体上，它们都是物体实际受到的力

B. 合力总是大于分力，不可能小于分力

C. 两个分力大小不变，若夹角越大，则合力越小，若夹角越小，则合力越大

D. 合力至少大于其中一个分力

2. 物体同时受到同一平面内三个共点力的作用，其合力不可能为零的是(　　)。

A. 5 N，7 N，8 N　　B. 5 N，2 N，3 N

C. 1 N，5 N，10 N　　D. 10 N，10 N，10 N

3. 吊双杠是学生体育课上常见项目，如图 2-22 所示为几种挂杠方式，其中最容易导致手臂拉伤的是(　　)。

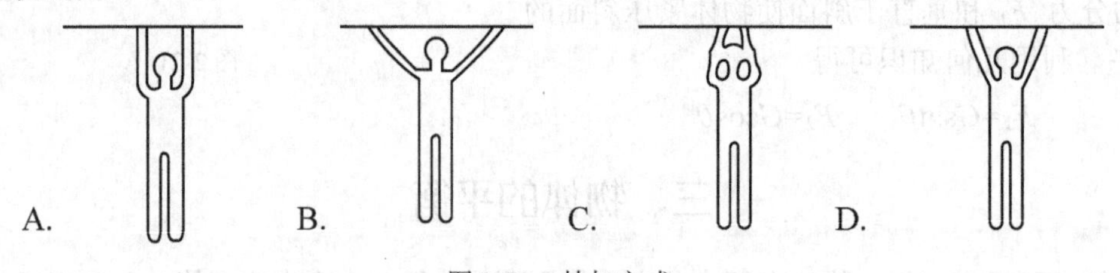

图 2-22　挂杠方式

第3节　牛顿第一定律

冰壶运动起源于苏格兰，冰壶与奥运会的渊源开始于 1924 年，当年冰壶首次以表演项目的形式在奥运会上亮相。1966 年国际冰壶联合会成立，1991 年改为世界冰壶联合会，同时获得了国际奥委会的承认。从 1998 年开始，冰壶被列为冬奥会正式比赛项目，设男女 2 个小项。在亚洲，从第五届亚冬会开始冰壶被列为正式比赛项目。

冰壶比赛过程中，当一名运动员将冰壶投出去以后，另两名队友在冰壶前用特制的冰刷刷冰面，使冰壶在冰面上受到的阻力很小，可以较长时间保持一定的运动速度和方向不变。

一、惯　　性

我们乘坐汽车会遇到突然开动或突然刹车的情况，当汽车突然开动时，汽车里的乘客会向后倾倒，汽车突然刹车时，汽车里的乘客会向前倾倒，汽车向左急拐弯时，车内的乘客身体会倒向右方，汽车向右急转弯时，车内的乘客身体会倒向左方；在匀速运行的列车上，一

人竖直上跳，当他下落时仍落在原处。

1. 惯性的概念 物体的这种保持原来的匀速直线运动状态或静止状态的性质叫做**惯性**。实践表明，惯性是物体的固有性质，自然界中的物体都有惯性，无论物体是否运动。

2. 惯性大小的量度 物体的惯性与其质量有关，物体的质量越大，惯性越大，这就是质量大的物体更不容易改变其原有运动状态的原因。当我们用相同的力推质量不同的车，比如一辆空车和一辆装满货物的重车，空车质量小，速度增加得快，获得的加速度大，运动状态容易改变，我们说它的惯性小；重车质量大，速度增加得慢，获得的加速度小，运动状态难改变，我们说它的惯性大。可见，质量是物体惯性大小的量度。

二、牛顿第一定律

一切物体总保持匀速直线运动状态或静止状态，直到有外力迫使它改变这种状态为止。这就是**牛顿第一定律**。牛顿第一定律又叫做**惯性定律**。

牛顿第一定律明确了力和运动的关系。利用牛顿第一定律解释冰壶运动等现象，可以得出以下结论：力不是维持物体运动的原因，即维持物体的运动不需要力；力是改变物体运动状态的原因。

牛顿第一定律成立的参考系为惯性参考系，简称惯性系。

牛顿第一运动定律描述的是一种理想状态，即物体不受其他作用力的状态。实际上，不受其他力作用的物体是不存在的，只有当物体间的作用力相互抵消，即物体所受合力为零时，该物体的运动状态才保持不变。

【思考与讨论】

(1) 取一个饮料瓶和一张纸条放在桌面上，将瓶子倒扣在纸条上，快速抽出纸条，观察饮料瓶的变化。

(2) 将饮料瓶竖直放在桌面上，瓶盖上放一张纸条，纸条上面放一枚硬币，快速抽出纸条，观察硬币的变化。

动手做上面的实验，说明原理。

知识链接

ABS防抱死系统原理

制动防抱死系统(antilock brake system，ABS)，是一种具有防滑、防锁死等优点的安全刹车控制系统。作用就是在汽车制动时，自动控制制动器制动力的大小，使车轮不被抱死，处于边滚边滑(滑移率在20%左右)的状态，以保证车轮与地面的附着力在最大值。

ABS系统的工作原理是，依靠装在各车轮上高灵敏度的车轮转速传感器以及车身上的车速传感器，通过计算机控制。紧急制动时，一旦发现某个车轮抱死，计算机立即指令压力调节器使该轮的制动分泵泄(减)压，使车轮恢复转动。ABS的工作过程实际上是抱死—松开—抱死—松开的循环工作过程，使车辆始终处于临界抱死的间隙滚动状态，有效地克服紧急制动时的跑偏、侧滑、甩尾，防止车身失控等情况的发生。没有安装ABS系统的车，在遇到紧急情况时，来不及分步缓刹，只能一脚踩死。这时车轮容易抱死，加之车辆冲刺惯性，便可能发生侧滑、跑偏、方向不受控制等危险状况。而装有ABS的车，当车轮即将到达下一个锁死点时，刹车在1 s内可作用60～120次，相当于不停地刹车、放松，即类似于机械的“点刹”，可以避免在紧急刹车时方向失控及车轮侧滑，使车轮在刹车时不被锁死，轮胎不在一个点上与地面摩擦，加大了摩擦力，使刹车效率达到 90%以上。一般说来，在制动力缓缓施加的情况下，ABS 多不作用，只有在制动力猛然增加使车轮转速骤消的时候 ABS 才发生效力。

ABS 的另一个主要功效是制动的同时打方向躲避障碍。因此，在制动距离较短，无法避免触障时，迅速制动转向，是避免事故的最佳选择。

知识巩固 3

一、填空题

1. 物体______________________________叫做惯性。

2. 根据牛顿第一定律，如果物体没有受到别的物体力的作用，这个物体就保持__________状态。

3. 根据牛顿第一定律，原来静止的物体在不受外力作用时将__________，原来运动的物体在不受外力时将__________。

二、判断题

1. 受外力作用的物体一定不能保持静止状态。(　　)
2. 只有静止或做匀速直线运动的物体才有惯性。(　　)
3. 速度越大惯性就越大。(　　)
4. 任何物体都有惯性。(　　)
5. 关闭油门后的汽车慢慢地停下来，是因为不再受力的作用。(　　)
6. 在匀速直线运动的火车上，竖直向上抛出一个小球后，小球仍能落回原处。(　　)

第4节　牛顿第二定律

从牛顿第一定律可知，力是改变物体运动状态的原因。如果物体没有受到外力的作用，物体的运动状态不变；如果物体的运动状态发生了变化，说明物体有了加速度，必定有力作用在物体上，也就是说，**力是物体产生加速度的原因**。那么运动的物体都受到哪些力呢？

一、运动物体受力分析

(一)水平运动的小车

如图 2-23(a)所示，水平运动的小车，受到重力 G、支持力 F_N、牵引力 F 和阻力 f(忽略空气阻力不计)。

(二)拉动物体水平运动

拉动物体水平运动时，物体受力如图 2-23(b)所示，物体受到地球的重力 G、地面的支持力 F_N、拉力 F 和摩擦力 f，拉力 F 可分解为水平方向的力 F_x 和竖直方向的力 F_y。

（三）斜面上物体的运动

图 2-23（c）中，沿着斜面拉动物体向上运动时，物体受到地球的重力 G、斜面的支持力 F_N、沿斜面向上的拉力 F 和沿斜面向下的摩擦力 f。

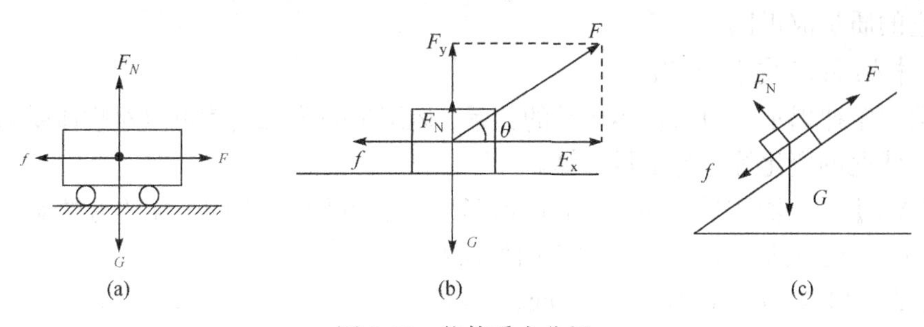

图 2-23　物体受力分析

二、牛顿第二定律

（一）牛顿第二定律内容

当我们用大小不等的力先后推同一辆车时，车运动的快慢是不一样的。力大时车的速度增加得快，获得的加速度大；力小时车的速度增加得慢，获得的加速度小。可见物体的加速度与它受到的力的大小有关。

当我们用同样大小的启动力作用在一辆空车和一辆装满重物的车时，空车比载物车速度变化快。由于空车质量小，获得的加速度大，重车质量大，获得的加速度小，这说明物体的加速度还与物体的质量有关。那么，物体的加速度与物体的质量和受到的外力有什么样的关系呢？

实验表明：物体加速度的大小跟受到的外力成正比，跟物体的质量成反比，方向与外力的方向相同。这就是牛顿第二定律，即

$$a \propto \frac{F}{m} \quad 或者 \quad F \propto ma \tag{2.5}$$

上式可改写成等式 $F=kma$，其中 k 是比例常数。在国际单位制中，力的单位是这样规定的：使质量为 1 kg 物体产生 1 m/s² 的加速度的力叫做 1 N，即

$$1\ \mathrm{N}=1\ \mathrm{kg}\cdot\mathrm{m/s^2}$$

可见，在式（2.5）中，各物理量都采用国际单位制时，则 $k=1$，这样牛顿第二定律的数学公式就可简化为

$$F=ma \tag{2.6}$$

前面讲的是物体受到一个力作用的情况。物体受到几个力的作用时，牛顿第二定律公式中的 F 表示合力。这样，牛顿第二定律可进一步表述为：物体加速度的大小跟受到的合外力成正比，跟物体的质量成反比，方向与合外力的方向相同。写成公式就是

$$F_{合}=ma \tag{2.7}$$

物体只有受到力的作用，才具有加速度，力恒定不变，加速度也恒定不变；力随时间改变，加速度也随时间改变。在某一时刻，力停止作用，加速度随即消失，物体由于具有惯性，

将保持该时刻的运动状态不再改变。

利用牛顿第二定律，我们可以分析质量与重力之间的关系。如果用 G 表示物体的重力，m 表示物体的质量，g 表示重力加速度，则 $G=mg$，表明了在离地面不太高的空间，物体所受重力和它的质量成正比。

（二）牛顿第二定律应用

牛顿第二定律揭示了力与物体运动的关系，运用牛顿第二定律可以对物体受力、物体的质量、运动状况的变化等进行定量计算。

【例题 2-4】 一辆质量为 30 kg 的护理车，在水平方向上用 40 N 的力推动它，受到的阻力是 10 N，产生的加速度是多大？方向如何？

已知：F_1=40 N，F_2=10 N，m=30 kg；

求：a。

解：物体所受的合外力 $F=F_1-F_2=40-10=30\,(\text{N})$。

由 $F=ma$ 得

$$a=\frac{F}{m}=\frac{30}{30}=1\,(\text{m/s}^2)$$

加速度的方向与运动方向相同。

答：加速度的大小为 1 m/s，方向与运动方向相同。

【例题 2-5】 一辆汽车空载时的质量是 4×10^3 kg，它能运载的最大质量也是 4×10^3 kg。要使汽车在空载时加速前进需要的牵引力是 3×10^4 N，那么满载时以同样加速度前进，需要的牵引力是多少？

已知：空载时 $m_1=4\times10^3$ kg，$F_1=3\times10^4$ N；能运载的最大质量 $m_2=4\times10^3$ kg。

求：F_2。

解：由牛顿第二定律得加速度

$$a=\frac{F_1}{m_1}=\frac{3\times10^4}{4\times10^3}=7.5\,(\text{m/s}^2)$$

满载时，总质量为

$$m=m_1+m_2=4\times10^3+4\times10^3=8\times10^3\ (\text{kg})$$

由牛顿第二定律得牵引力

$$F_2=(m_1+m_2)\,a=8\times10^3\times7.5=6.0\times10^4\ (\text{N})$$

答：需要的牵引力是 6.0×10^4 N。

知识巩固 4

一、填空题

1. 物体的加速度的大小与__________成正比，与物体的__________成反比；加速度的方向与作用力的方向__________，这就是牛顿第二定律，其表达式为__________。

2. 1 N（牛顿）的力是指______________________________。

3. 在 $F=ma$ 中，各物理量的国际单位制分别是__________、__________、__________。

4. 质量是0.2 kg的物体在10 N的恒力作用下，获得的加速度是＿＿＿＿＿＿。

二、选择题

1. (单选)关于物体运动状态的改变，下列说法中正确的是(　　)。

A. 物体运动的速率不变，其运动状态就不变

B. 物体运动的加速度不变，其运动状态就不变

C. 物体运动状态的改变包括两种情况：一是由静止到运动，二是由运动到静止

D. 物体的运动速度不变，我们就说它的运动状态不变

2. (单选)在牛顿第二定律公式 $F=kma$ 中，比例常数 k 的数值(　　)。

A. 在任何情况下都等于1

B. k 值是由质量、加速度和力的大小决定的

C. k 值是由质量、加速度和力的单位决定的

D. 在国际单位制中，k 的数值一定等于1

3. (多选)下面说法中正确的是(　　)。

A. 力是物体产生加速度的原因

B. 物体运动状态发生变化，一定有力作用在该物体上

C. 物体运动速度的方向与它受到的合外力的方向总是一致的

D. 物体受恒定外力作用，它的加速度恒定，物体受到的外力发生变化，它的加速度也变化

第5节　牛顿第三定律

当我们坐着竹筏游江或乘小船游湖时，只要将竹篙或船桨向岸边用力推，竹筏或船就会离开岸边；我们乘船在湖中游玩时，需要船桨不停向后划水，船才能向前行进。

一、作用力与反作用力

坐在椅子上用力推桌子，会感到桌子也在推我们，我们的身体要向后。用手拉弹簧，手对弹簧施加了拉力，同时我们感到弹簧对手也施加了拉力。用拳头使劲打墙，拳头对墙施加了力，同时我们感到手很疼，说明墙对手也施加了力。

物体之间的作用总是相互的。一个物体对另一个物体有力的作用，后一个物体一定同时对前一个物体有力的作用，物体间相互作用的这一对力，叫做作用力和反作用力。我们把其中一个力叫做**作用力**，另一个力就叫做**反作用力**。

二、牛顿第三定律

(一)牛顿第三定律内容

实验表明，两个物体之间的作用力和反作用力总是大小相等，方向相反，作用在一条直线上。这就是**牛顿第三定律**。

牛顿第三定律在现实生活中应用很广泛。人走路时用脚蹬地，脚对地面施加了一个作用力，地面同时给脚一个等值的反作用力，从而使人前进。游泳、飞机高速飞行、汽车行驶、跳高等都是作用力和反作用力应用的实例。

（二）物体间作用力、反作用力与平衡力

在前面我们学习了平衡力，平衡力也是指两个大小相等、方向相反的力，那么两物体间的作用力与反作用力和平衡力有什么异同呢？一对作用力与反作用力和一对平衡力的比较见表2-2。

表2-2 一对作用力与反作用力和一对平衡力的比较

		一对作用力与反作用力	一对平衡力
相同点		大小相等、方向相反、作用在同一条直线上	
不同点	作用点	分别作用在两个物体上，不能合成也不能平衡	作用在同一个物体上，合力为零
	性质	性质相同	不一定是同一种性质的力
	存在	同时产生、同时存在、同时消失	可以不同时消失，失去一个力，平衡被破坏

【思考与讨论】

在拔河比赛中，我们比的是力气的大小吗？很多同学都会认为在拔河过程中，哪一队的力气大，哪一队会赢！根据牛顿第三定律，对于拔河的两个队，甲对乙施加了多大拉力，乙对甲也同时产生一样大小的拉力。可见，双方之间的拉力并不是决定胜负的因素。

对拔河的两队进行受力分析就可以知道，只要所受的拉力小于与地面的最大静摩擦力，就不会被拉动。因此，增大与地面的摩擦力就成了胜负的关键。首先，穿上鞋底有凹凸花纹的鞋子或钉子鞋，能够增大摩擦系数，使摩擦力增大；还有就是队员的体重越重，对地面的压力越大，摩擦力也会增大。大人和小孩拔河时，大人很容易获胜，关键就是由于大人的体重比小孩大。

三、力学单位制

物理量是量度物理属性或描述物体运动状态及其变化过程的量。而物理量的单位是用来衡量物理量的标准。物理量的描述要同时用数字和单位来描述，否则不能产生任何物理意义。如果物理量的单位选取合适，可以使物理公式的形式最简单。例如，我们取力、质量和加速度的单位分别为牛顿(N)、千克(kg)和米/秒^2(m/s^2)时，牛顿第二定律可以写成$F=ma$的最简表达式。如果物理量的单位选取不当，就可能使运算变得十分复杂。

在力学的国际单位制(SI)中，长度单位米(m)、时间单位秒(s)和质量单位千克(kg)为基本单位。在计算物理问题时，一般要求采用国际单位制。

知识链接 科学家的故事——牛顿

艾萨克·牛顿(1643-1727，图2-24)，是英国伟大的物理学家、数学家、天文学家。他出生在英国一个普通农民的家里。牛顿出生后不久，他的父亲就去世了。童年时代，他在学校的成绩并不突出。他的特点是沉思默想，喜欢做各种复杂的机械玩具。因不善言谈，成绩平平，常受到同学们的嘲笑，为此他发奋读书，成绩一跃成为最优。19岁时，牛顿进入剑桥大学“三一学院”学习。在大学的两年时间里，牛顿开始接触到大量自然科学著作，经常参加学院举办的各类讲座，包括地理、物理、天文和数学。

牛顿勤奋好学，具有严谨的科学态度，所以在科学上取得了重大成就。在力学、光学、天文学以及数学方面有很多贡献，他系统地总结了伽利略、开普勒和惠更斯等的工作，得到了著名的万有引力定律和牛顿运动三定律。牛顿有一句名言："如果说我比别人看得更远些，那是因为我站在巨人的肩膀上。"

图 2-24 牛顿

1687 年，牛顿出版了代表作《自然哲学的数学原理》，这是一部力学的经典著作。牛顿在这部书中，从力学的基本概念(质量、动量、惯性、力)和基本定律(运动三定律)出发，运用他所发明的微积分这一锐利的数学工具，建立了经典力学完整而严密的体系，把天体力学和地面上的物体力学统一起来，实现了物理学史上第一次大的综合。

在光学方面，他用三棱镜发现了白光分解成各种单色光的色散现象，成为光谱分析的基础；他对各色光的折射率进行了精确分析，说明了色散现象的本质。牛顿还提出了光的"微粒说"，认为光是由微粒形成的，并且走的是最快速的直线运动路径。他的"微粒说"与后来惠更斯的"波动说"构成了关于光的两大基本理论。他制作了牛顿色盘和反射式望远镜等多种光学仪器，还观察到对物理光学有重要意义的牛顿环。

在天文学方面他用自己发明的能放大 40 倍的反射望远镜，初步考察了行星运动规律，解释了潮汐现象，预言地球不是正圆体等。

在牛顿的全部科学贡献中，数学成就占有突出的地位。他数学生涯中的第一项创造性成果就是发现了二项式定理；微积分的创立是牛顿最卓越的数学成就，将求解无限小问题的各种技巧统一为两类普通的算法——微分和积分，并确立了这两类运算的互逆关系，从而完成了微积分发明中最关键的一步，为近代科学发展提供了最有效的工具，开辟了数学上的一个新纪元。

牛顿奠定了力学、光学、天文学、高等数学等自然科学的基础，并使之系统化，他的贡献是很难有人与之相比的。但牛顿对自己的评价却是："我不知道世上的人对我怎样评价。我却这样认为：我好像是在海滨上玩耍的孩子，时而拾到几块莹洁的石子，时而拾到几片美丽的贝壳并为之欢欣。那浩瀚的真理的海洋仍展现在面前。"牛顿这番寓意深长的话也告诉我们：浩瀚的知识海洋还有很多的奥秘等待着我们去发现。

知识巩固 5

一、填空题

1. 物体间力的作用是__________的。一个物体对另一个物体有力的作用时，另一个物体同样对这个物体有力的作用。物体间相互作用的这一对力叫__________。

2. 两个物体间的作用力和反作用力总是__________________，作用在一条直线上。这就是牛顿第三定律。

3. 在国际单位制中，力学的基本量是__________、__________和__________，基本单位分别是__________、__________和__________。

二、选择题

1.(单选)下列的各对力中，是相互作用力的是(　　)。

A. 悬绳对电灯的拉力和电灯的重力

B. 电灯拉悬绳的力和悬绳拉电灯的力

C. 悬绳拉天花板的力和电灯拉悬绳的力

D. 悬绳拉天花板的力和电灯的重力

2.(多选)在拔河比赛中，下列各因素对获胜有利的是(　　)。

A. 对绳的拉力大于对方　　B. 对地面的最大静摩擦力大于对方

C. 手对绳的握力大于对方　　D. 质量大于对方

3.(单选)关于两个物体间作用力与反作用力的下列说法中，正确的是(　　)。

A. 有作用力才有反作用力，因此先有作用力后产生反作用力

B. 只有两个物体处于平衡状态中，作用力与反作用才大小相等

C. 作用力与反作用力只存在于相互接触的两个物体之间

D. 作用力与反作用力的性质一定相同

第6节　超重和失重

当我们乘坐电梯时，身体会有超重和失重的感觉。我们将一个体重计放在电梯里，人站在体重计上，当电梯由静止开始上升时会发现体重增加了；当电梯由静止开始下降时，会发现体重减轻了；在电梯匀速上升或下降的过程中，人的体重会保持正常。

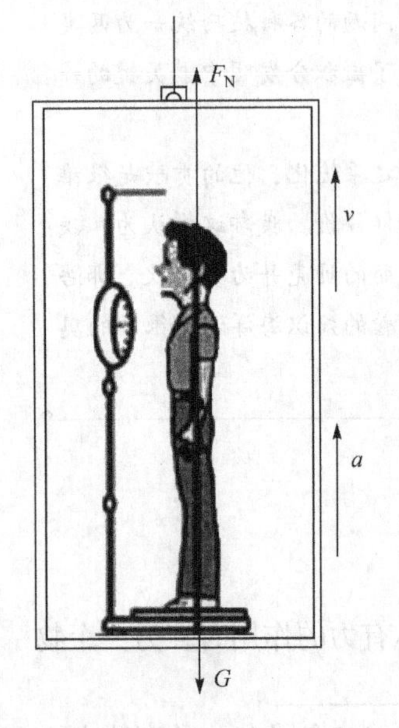

图2-25　人在电梯中的受力情况

前面我们学习了牛顿第二定律，现在我们就用牛顿第二定律，通过分析人在电梯运行过程中的受力情况，来说明电梯不同的运行状态下人的不同感受。

物体的重量等于它处于静止状态时垂直向下作用在支撑物上的压力，或是作用在秤钩上的向下的拉力，或是作用在秤盘上的向下的压力。

当人和体重计一起匀速升降时，人和秤盘的作用力和静止时一样。当人和秤盘一起快速升降时，二者间的作用力与静止时或匀速运动时不同，这时秤盘上的读数叫做这种状态下的**视重**。

现在我们来分析人在电梯中的受力情况：

如图2-25所示，设一质量为 m 的人，当他站在静止的电梯中时，会受到竖直向下的重力 G，向上的支持力 F_N，此时视重的大小等于支持力 F_N。当电梯处于不同的运行状态时，人所受到的支持力的大小也会发生变化，视重也随之改变。根据此牛顿第二定律，取向上为正方向，则有

$$F_N - G = ma \tag{2.8}$$

一、超　　重

在式(2.8)中，当电梯由静止向上加速运动时，人和电梯一同以加速度 a 上升；当电梯向下减速运动时，人和电梯的加速度 a 的方向也是向上的，所以有 $F_N = G + ma$，$F_N > G$。

通过分析可以发现，人在电梯中向上加速时的视重，比静止时的视重大了 ma，感觉体重比平常有所增加，这种物体对支持物的压力(或对悬绳的拉力)大于物体所受重力的现象叫做**超重**。

当电梯静止或匀速升降时，加速度 a 等于 0，此时就有 $F_N = G$，所以人在静止或匀速升降时，等于平时的重量。

二、失　　重

当电梯向上减速运动时，人和电梯一起做减速直线运动，加速度 a 方向向下；当电梯向下加速运动时，人和电梯一起以加速度 a 下降，加速度方向向下，所以 $F_N = G + ma$，$F_N < G$。

所以，人在电梯中向下加速运动时的视重比静止时小了 ma。这种物体对支持物的压力(或对悬绳的拉力)小于物体所受重力的现象叫做**失重**。

需要注意的是，不论失重还是超重，地球对物体的引力(重力)始终存在，且大小没有发生变化。

知识链接　　**航天梦与宇航员**

载人飞船是用多级火箭作为运载工具，从地球发射并可在宇宙空间航行，并且能保障航天员在外层空间生活和工作以执行航天任务并返回地面的航天器，又称宇宙飞船。世界第一艘载人飞船是苏联1961年4月12日发射的“东方号”，世界第一艘登月飞船是美国于1969年7月16日9时32分发射的“阿波罗11号”。

中国载人航天工程正式起步于1992年，于1999年11月20日在酒泉卫星发射中心新建成的载人飞船发射场，中国第一艘试验飞船“神舟一号”由新研制的“长征二号”F运载火箭发射升空，并准确进入轨道。经过21小时的轨道飞行，飞船返回舱在15圈时进入返回轨道，并于21日准确着陆于预定回收场，圆满地完成了试验任务。2001年1月和2002年3月“神舟二号”和“神舟三号”又相继完成了无人试验。尤其是2002年12月30日，“神舟四号”飞船搭载了2名模拟人又升入太空并安全返回，为实现载人航天打下了坚实的基础。2003年10月15日9时，中国“神舟五号”把中国第一位航天员杨利伟送上太空；2005年10月12日9时“神舟六号”载人飞船将宇航员费俊龙、聂海胜送上了太空；2008年9月25日，“神舟七号”承载翟志刚、刘伯明和景海鹏三名宇航员进入太空，成功进行出舱活动(又称太空行走)；2011年11月1日“神舟八号”顺利发射升空，与“天宫一号”成功实施首次交会对接任务等，实现了中华民族千年的飞天梦想。

宇宙载人飞船离地球足够远，重力小到对人没什么影响，人会有失重的感觉。在失重的情况下，宇航员是如何生活的呢？如图2-26所示，在太空舱内，宇航员“躺”和“站”几乎没有什么区别，人轻轻一动就可以飘浮在空中；太空餐桌是特制的，它具有磁性，能吸住刀、叉、勺、碗、盘等餐具，桌上装有水冷却器和加热器，吃饭时，宇航员必须先把脚固定在地板上，把身体固定在座椅上，以免飘动；面对摆在餐桌上的饭菜，你千万不要着急，一定要注意端碗、夹饭、张嘴、咀嚼一连串动作的协调。端碗要轻柔，动作太猛，饭会从碗里飘出去；夹饭、夹菜要果断，夹就要夹准、夹住，最好不要在碗里乱拨拉，以免饭菜飘走，使用叉子效果最好；夹住饭菜后，张嘴要快，闭嘴也要快，因为即使是放到嘴里的食物，不闭嘴它也会“飞”走；咀嚼时节奏要放慢，细嚼慢咽利于消化，还可以减少体内废气的产生和排泄，避免宇航员生活环境的污染；有些人最喜欢在吃饭时聊天神侃，而在太空吃饭最忌讳的就是边吃边说，边吃边说会使嘴里嚼碎的食物碎末飞出嘴外，飘在餐厅或生活舱里，宇航员稍不注意吸进鼻腔就容易呛到肺里发生危险。

图 2-26 宇航员在太空舱内

小 结

本章介绍了力的基本概念以及三种力学中的常见力：重力、弹力和摩擦力；介绍了关于共点力的合成与分解方法；介绍了力和运动，力和力之间的关系，即牛顿的运动三定律。

力是物体对物体的作用，有受力物体，必有施力物体；力是矢量，既有大小又有方向；力可以用力的图示表示。

三种常见力中，重力是物体由于地球的吸引而受到的力；弹力是物体由于发生弹性形变而产生的力；摩擦力是在互相接触的两个物体表面之间产生的阻碍相对运动趋势或相对运动的力，分为静摩擦力、滑动摩擦力和滚动摩擦力。

求几个已知共点力的合力叫力的合成；求一个已知力的分力叫力的分解；力的合成和分解都遵守平行四边形法则。

牛顿第一定律也叫惯性定律，正确地揭示了运动和力的关系；牛顿第二定律也叫加速度定律，揭示了加速度与力和物体质量的关系；牛顿第三定律也叫作用力和反作用力定律，揭示了物体间作用力与反作用力的关系。

自测题

一、填空题

1. 人用绳子提一物体时，绳子对物体的拉力的方向是__________的；对人的手，拉力的方向是__________的。

2. 一弹簧的劲度系数为400 N/m，它表示__________，若用100 N的力拉弹簧，则弹簧伸长__________m。

3. 甲、乙两个同学沿相反的方向拉测力计，各用力100 N，则测力计的示数为__________。

4. 力的作用效果：一是__________，二是__________。

5. 物体在受到__________的作用时，如果能保持__________称二力平衡。

6. 一切物体都有惯性，惯性大小只与__________有关，与物体__________等皆无关。

二、选择题(单选)

1. 关于惯性的说法正确的是(　　)。

A. 用力踢球，球会运动。这是因为运动员克服了球的惯性

B. 物体只有在运动状态变化时，才存在惯性

C. 两辆相同的卡车，满载的车比空载的车惯性大

D. 速度大的足球比速度小的足球惯性大

2. 小强对重力有以下四种认识，其中正确的是(　　)。

A. 重力方向总是垂直于物体的表面

B. 重力方向总是竖直向下

C. 物体的重心一定在物体上

D. 在同一地点，同一物体静止时所受的重力与其运动时所受的重力不一样

3. 对于重力的理解，下列说法正确的是(　　)。

A. 重力大小和物体运动状态有关

B. 重力是物体由于地球的吸引而受到的力

C. 重力的方向总是垂直接触面向下的

D. 超重时物体重力增大

4. 挂在树上的苹果，静止时受到的一对平衡力是(　　)。

A. 苹果受到的重力和苹果对树的拉力

B. 苹果受到的重力和树受到的重力

C. 苹果对树的拉力和树对苹果的拉力

D. 苹果受到的重力和树对苹果的拉力

5. 有一质量均匀分布的圆形薄板，若将其中央挖掉一个小圆，则薄板的余下部分(　　)。

A. 重力减小，重心随挖下的小圆板移走了

B. 重力和重心都没改变

C. 重力减小，重心位置没有改变

D. 重力减小，重心不存在了

6. 关于超重和失重现象，下列描述中正确的是(　　)。

A. 电梯正在减速上升，在电梯中的乘客处于超重状态

B. 磁悬浮列车在水平轨道上加速行驶时，列车上的乘客处于超重状态

C. 荡秋千时秋千摆到最低位置时，人处于失重状态

D. “神舟九号”飞船在绕地球做圆轨道运行时，飞船内的宇航员处于完全失重状态

三、作图题

1. 作用在同一个物体上的两个力，一个大小是 30 N，一个大小是 40 N，当两个力的夹角分别是 0°、90°、180°时，用作图法求出这两个力的合力。

2. 两个人一起提起一个重物，每个人的拉力都是 100 N，当这两个力与竖直方向的夹角都是 60°时，用作图法求出其合力的大小。

四、计算题

1. 一个质量为 100 kg 的物体，在大小为 120 N 的水平拉力作用下沿地面滑动，当受到的阻力是 70 N 时，问物体得到的加速度是多少？

2. 一质量为 m 的人站在电梯中，电梯加速上升，加速度大小为 $(1/3)g$，g 为重力加速度。求人对电梯底部的压力大小。

3. 如图 2-27 所示，两物体 A、B 受的重力分别为 300 N 和 200 N，定滑轮光滑，各物体均处于静止，试求：

(1) 物体 A 对地面的压力 F_N；

(2) 弹簧产生的弹力。

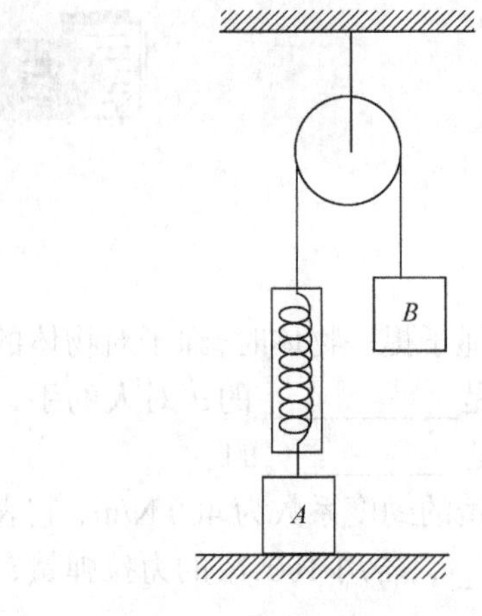

图 2-27

4. 如图 2-28 所示，质量为 1 kg 的物体放在水平地面上，受到与水平方向成 30°角的斜向上的拉力 F，在力 F 的作用下，沿水平面运动，F=8 N。物体和地面间的滑动摩擦系数为 0.78，求：

(1) 物体运动的加速度；

(2) 物体从静止开始，10 s 后前进多远。

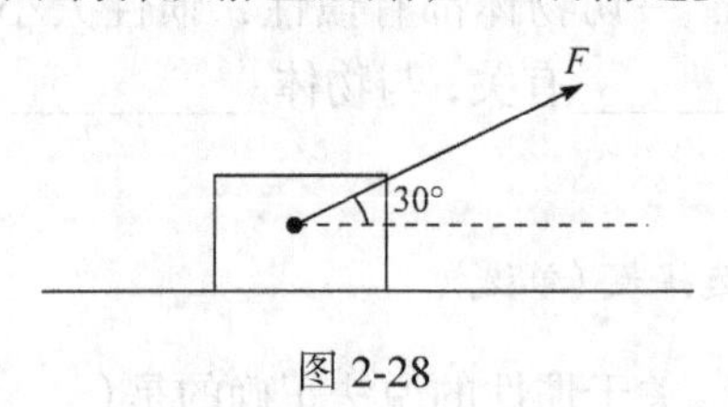

图 2-28

第3章 机 械 能

自然界存在各种各样的能量，人类的生产和生活离不开能量，电池提供了化学能，核电站利用的是原子核裂变释放的核能，风力发电机利用的是风能，外科医生利用声能击碎病人体内的结石，太阳能热水器、植物的生长等需要太阳能，等等。

“能”是物理学中最重要的概念之一，要深入了解物理现象的规律，必须了解“能”。本章在初中物理知识的基础上，进一步研究功和功率、动能、势能、机械能的概念，功和能的关系以及机械能守恒定律。

第1节 功和功率

一、功

初中已经学过，如果物体在力的作用下，并且在力的方向发生了位移，就说这个力做了功。如图 3-1 所示，物体在力 F 的作用下，沿力的方向发生了位移 s，则力 F 对物体做了功。

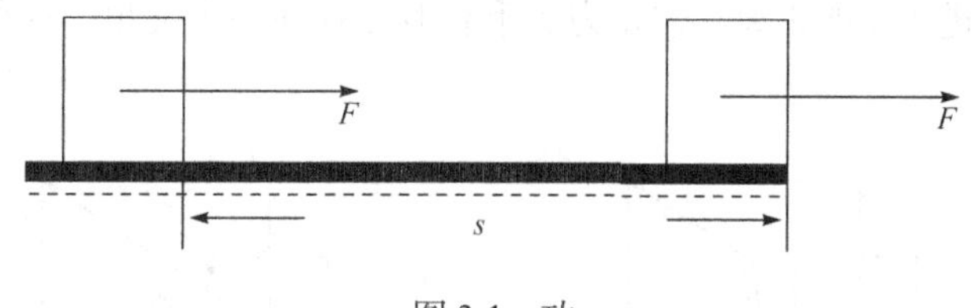

图 3-1 功

功包括两个必要的因素：一是必须有力作用在物体上，二是物体必须沿力的方向移动了一段距离。

如果没有力，或者物体没有发生位移，或者位移的方向跟力的方向垂直，就没有做功。例如，运动员举着杠铃不动时，杠铃没有发生位移，举杠铃的力就没有做功，如图 3-2(a)所示。足球在水平地面上滚动时，由于重力是竖直向下的，与足球运动的方向垂直，所以，足球受到的重力也没有做功，如图 3-2(b)所示。用绳子拴一个小球在水平面内做圆周运动时，绳子对小球的拉力也没有做功，如图 3-2(c)所示。

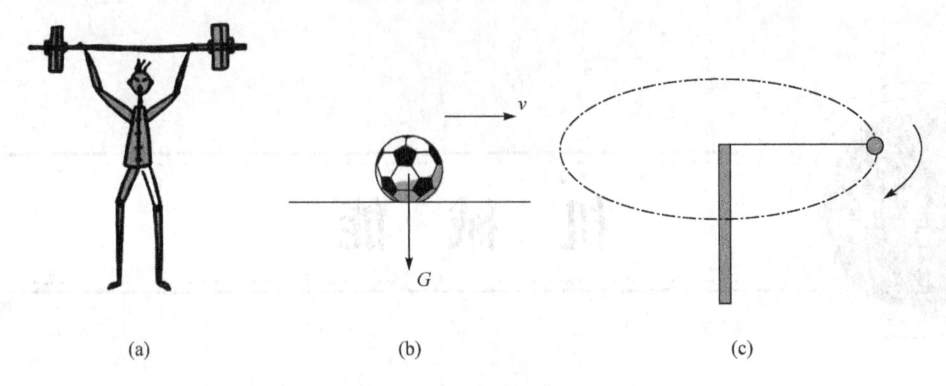

图 3-2　功的影响因素

二、功的计算

（一）力和位移方向相同时功的计算

当力跟位移的方向相同时，功等于力和位移的乘积。如果用 F 表示作用在物体上的力，用 s 表示物体在力的方向上的位移，用 W 表示力所做的功，则

$$W = Fs \tag{3.1}$$

在式(3.1)中，功 W 和力 F 是对应的，一个物体可以受到几个不同力的作用，我们可以求出每一个力所做的功，也可以求出这些力的合力所做的功。在图 3-1 中，物体除了受到力 F 的作用，还受到重力和支持力的作用，但是因为重力和支持力是在竖直方向，而位移在水平方向，重力和支持力都与位移的方向垂直，因此，重力做的功等于零，支持力做的功也等于零。

（二）力和位移方向有一定夹角时功的计算

在实际情况中，常常是力的方向与物体位移的方向不一致，如图 3-3 所示，物体在力 F 的作用下沿水平方向前进了 s 的距离。但是力 F 和位移 s 存在一个夹角。这种情况下的功怎样进行计算呢?

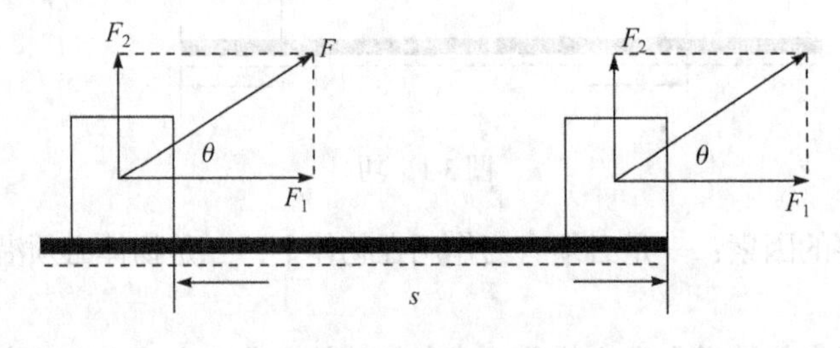

图 3-3　功的计算

已知力 F 与位移 s 的夹角为 θ，则力 F 对物体所做的功可以这样来求：首先根据正交分解法，我们可以将力 F 分解为水平方向上的分力 $F_1 = F\cos\theta$ 和竖直方向上的分力 $F_2 = F\sin\theta$；然后分别求出分力 F_1 所做的功 W_1 和 F_2 所做的功 W_2，力 F 做的功 W 就等于 W_1 和 W_2 之和，即

$$W = W_1 + W_2$$

由于物体在竖直方向上没有发生位移，分力 F_2 没有做功，所以 F_1 对物体所做的功就是 F 对物体所做的功，即

$$W=Fs\cos\theta \tag{3.2}$$

这就是说，力对物体所做的功，等于力的大小、位移的大小、力和位移夹角的余弦三者的乘积。

下面我们来分析，当θ取不同的值时，力F做功的情况：

当$0<\theta<\dfrac{\pi}{2}$时，$\cos\theta>0, W>0$，力对物体做正功，如图3-4(a)所示。

当$\theta=\dfrac{\pi}{2}$时，$\cos\theta=0, W=0$，力对物体不做功。

当$\dfrac{\pi}{2}<\theta<\pi$时，$\cos\theta<0, W<0$，力对物体做负功，如图3-4(b)所示。

(a) 力对物体做正功

(b) 力对物体做负功

图3-4 正功和负功

某力对物体做负功，往往说成“物体克服某力做功”（取绝对值）。这两种说法的意义是等同的，比如竖直向上抛出的球，在向上运动的过程中，重力对球做负功，可以说成球克服重力做功。汽车关闭发动机以后，在阻力的作用下逐渐停下来，阻力对汽车做负功，可以说成“汽车克服阻力做功”。

功虽然有正负之分，但功是一个标量，只有大小，没有方向。

在国际单位制中，功的单位是焦耳，简称焦，符号是J。

$$1\,\text{J}=1\,\text{N}\times1\,\text{m}=1\,\text{N}\cdot\text{m}$$

（三）合力的功

当物体在几个力的共同作用下发生一段位移时，这几个力对物体所做的总功等于各个力分别对物体所做功的代数和。

比如，一个物体受到n个力$F_1,F_2,\cdots,F_n$的作用，其中，F_1做的功为W_1，F_2做的功为W_2，$\cdots,F_n$做的功为W_n。设F为这些力的合力，W为合力的功，则有

$$W=W_1+W_2+\cdots+W_n$$

计算合力的功有两种方法：第一种方法是，根据力的合成法则，先计算出$F_1,F_2,\cdots,F_n$的合力F，然后，计算合力F做的功W；第二种方法是，先计算每个力的功$W_1,W_2,\cdots,W_n$，然后求出这些功的代数和(正功取正值，负功取负值)。这两种方法计算得到的结果是一样的。

【例题3-1】 如图3-5所示，一辆小车在水平拉力为20 N的作用下，前进了10 m，拉力对小车做了多少功？如果拉力与车的前进方向夹角为37°，拉力对小车做的功是多少？

解：已知：$F=20\text{ N}$，$s=10\text{ m}$，$\theta_1=0°$，$\theta_2=37°$；

由$W=Fs\cos\theta$，得

(1) $W_1 = Fs\cos\theta_1 = 20\times10\times\cos0° = 200$ J

(2) $W_2 = Fs\cos\theta_2 = 20\times10\times\cos37° = 160$ J

答：(1)拉力对小车做功 200 J。

(2)拉力对小车做功 160 J。

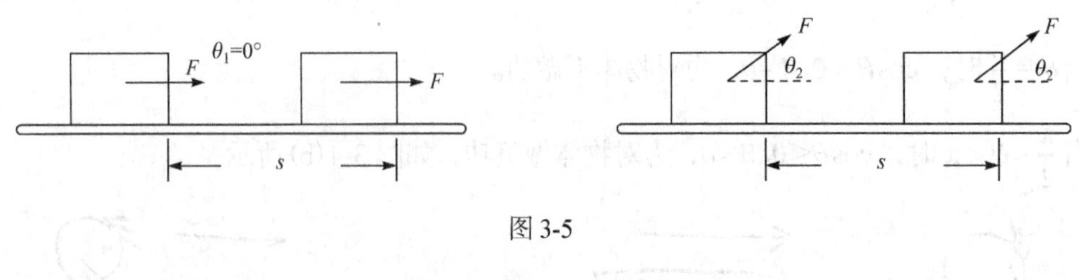

图 3-5

三、功 率

建筑工地欲将 1000 kg 的水泥砂浆匀速提升到 10 m 高处，分别用电动吊车和定滑轮装置(分几次)完成，它们做的功是否相同？通常我们用哪种装置完成工作快些？

不同的机器完成同样多的功，有的需要时间长，有的需要时间短，这说明不同机器做功的快慢不同，物理学中用**功率**表示物体做功的快慢。功率等于功跟所用时间的比值。功率用符号 P 表示，如果在时间 t 内所做的功是 W，那么功率就是

$$P = \frac{W}{t} \tag{3.3}$$

在国际单位制中，功率的单位是瓦特，简称瓦，符号是 W，如果一个力在 1 s 内做了 1 J 的功，这个力做功的功率就是 1 W，即

$$1\ \text{W} = 1\ \text{J/s}$$

常用的功率单位还有千瓦(kW)、马力(hp)等。

$$1\ \text{kW} = 1000\ \text{W}$$

$$1\ \text{hp} = 735\ \text{W}$$

四、功率和速度的关系

当力 F 和位移 s 的方向一致时，由于 $W = Fs$，根据 $v = \frac{s}{t}$，功率的表达式可以表示为

$$P = \frac{W}{t} = \frac{Fs}{t}$$

$$P = Fv \tag{3.4}$$

式(3.4)可以变形为 $F = \frac{P}{v}$，可以看出，当汽车发动机的功率一定时，力和速度成反比。如果汽车发动机产生的功率是 P，推动汽车前进的力是 F，速度是 v 时，那么汽车发动机的功率 P 就等于 Fv。当需要的牵引力较小(阻力较小)时，汽车和拖拉机可以较高的速度行驶。而在爬坡或作业时，由于需要的牵引力较大(阻力较大)，就只能低速行驶了，否则发动机的功率超过额定功率，就会使发动机受到损害。汽车速度的改变，是通过换挡的方法来实现的，司机更换挡位，

就是要在发动机功率一定的情况下，产生不同的牵引力。

【例题 3-2】 某汽车发动机的额定功率为 60 kW，在水平路面上行驶时，受到的阻力是 1800 N，求：(1)发动机在额定功率下汽车匀速行驶的速度。

(2)在同样的阻力下，如果行驶速度只有 54 km/h，发动机输出的实际功率。

分析：发动机的额定功率是汽车长时间行驶时所能发出的最大功率，实际功率不一定总等于额定功率，大多数情况下，输出的实际功率都比额定功率小。

解：(1)已知 $P=60\text{ kW}$，$f=1800\text{ N}$。

由公式 $P=Fv$，得

$$v=\frac{P}{F}=\frac{60000}{1800}=33.3\text{m/s}=120\text{ kW/h}$$

汽车以额定功率匀速行驶时的速度为 120 kW/h。

(2)汽车以较低速度行驶时

$$v=54\text{km/h}=15\text{m/s}$$

因此

$$P=Fv=1800\times 15\text{ W}=27\text{ kW}$$

答：汽车以 54 km/h 的速度行驶时，发动机输出的实际功率为 27 kW。

知识巩固 1

一、填空题

1. 功包括两个必要的因素，一个是__________，另一个是__________。

2. 质量是 5 kg 的物体自由下落了 10 m，重力做的功是__________J。(g 取 10m/s^2)

3. 质量为 200 kg 的小船浮在水面上 1 h，浮力做的功是__________J。

4. 一物体在拉力 F 的作用下，在水平面上做匀速直线运动，已知拉力和水平方向的夹角是 60°，运动的位移是 60 m，拉力 F 做了 240 J 的功，拉力是__________N。

5. 电车的牵引力是 10^4 N，运动速度是 6 m/s，电车的功率是__________kW。

6. 甲同学体重 600 N，乙同学体重 500 N，他们进行爬楼比赛，甲跑上五楼用 30 s，乙跑上五楼用 24 s，则__________同学做功较多，__________同学功率大。

二、选择题(单选)

1. 下列有关力做功的说法中正确的是(　　)。

A. 用水平力推着购物车前进，推车的力做了功

B. 把水桶从地面上提起来，提水桶的力没有做功

C. 书静止在水平桌面上，书受到的支持力做了功

D. 挂钩上的书包静止时，书包受到的拉力做了功

2. 一木块重 30 N，在大小为 10 N 的水平拉力作用下，10 s 内沿水平地面匀速前进 5 m，则重力对木块做的功是(　　)。

A. 0 J　　B. 150 J　　C. 50 J　　D. 200 J

3. 关于功的概念，下列说法中正确的是(　　)。

A. 力对物体做功多，说明物体的位移一定大

B. 力对物体做功少，说明物体的受力一定小

C. 力对物体不做功，说明物体一定无位移

D. 功的大小是由力的大小和物体在力的方向上的位移的大小确定的

4. 甲、乙二人的体重相同，同时从一楼开始登楼，甲比乙先到三楼，则他们二人(　　)。

A. 做的功相同，但甲的功率较大

B. 做的功相同，功率也相同

C. 功率相同，但甲做的功较多

D. 甲做的功较多，功率也较大

5. 汽车上坡时，驾驶员要换成低挡，以减小汽车的行驶速度，这样做的目的是(　　)。

A. 省功　　B. 安全　　C. 减小摩擦　　D. 增加爬坡的牵引力

三、简答题

运动员用 F=100 N 的力向足球踢了一脚，踢出的距离是 s=50 m，根据功的公式 $W=Fs$ 可计算出运动员踢球所做的功为 5000 J。这样算对吗？为什么？

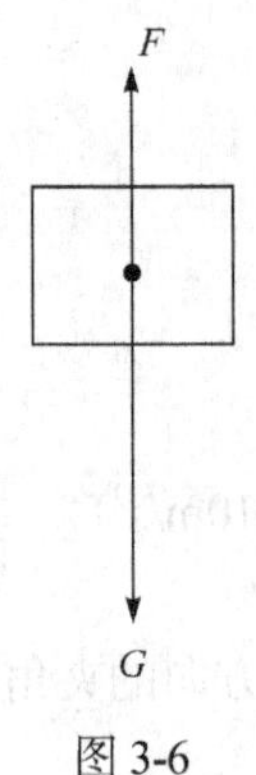

图 3-6

四、计算题

1. 一辆汽车装满货物共重 4.9×10^4 N，在平直的公路上匀速行驶，10 min 内前进了 6 km，这时发动机的功率为 6.6×10^4 W。求：(1) 在这段路程中，汽车的牵引力做的功；(2) 汽车受到的阻力。

2. 一台电动机的功率为 10 kW，用它提起 2.7×10^4 kg 的重物，提升速度可达多大？(不计空气及其他阻力，g 取 10 m/s^2)

3. 如图 3-6 所示，质量是 2 kg 的物体，受到 24 N 竖直向上的拉力，由静止开始运动，经过 5 s，求：

(1) 5 s 内拉力做的功；(2) 5 s 内拉力的功率。(g 取 10 m/s^2)

第2节　动能　动能定理

每年 12 月 2 日是“全国交通安全日”。在各种交通安全事故中，超载超速是主要原因之一。那么，为什么超载超速会引发严重的交通事故呢？物理学的知识会给我们一个正确的答案！

飞出的子弹能够击中靶心；骑自行车下坡时，不用蹬车也可以加快速度；保龄球运动中，技术高超的运动员，能够将球瓶全部打倒。如果一个物体能做功，就表明它具有能。运动的物体可以做功，因此也具有能。本节我们将讨论动能和动能定理的相关知识。

一、动　能

物体由于运动而具有的能，叫做动能。行进中的火车、汽车，流动的水，吹来的风(即流

动的空气)，都具有动能。

通过初中物理的学习我们还知道，动能的大小跟物体的质量和速度有关系，下面我们设法找出它们之间的定量关系。

如图 3-7 所示，光滑水平面上一物体原来静止，质量为 m，此时动能是多少？(因为物体没有运动，所以没有动能) 在恒定外力 F 作用下，物体发生一段位移 s，得到速度 v，这个过程中外力做功多少？物体获得了多少动能？

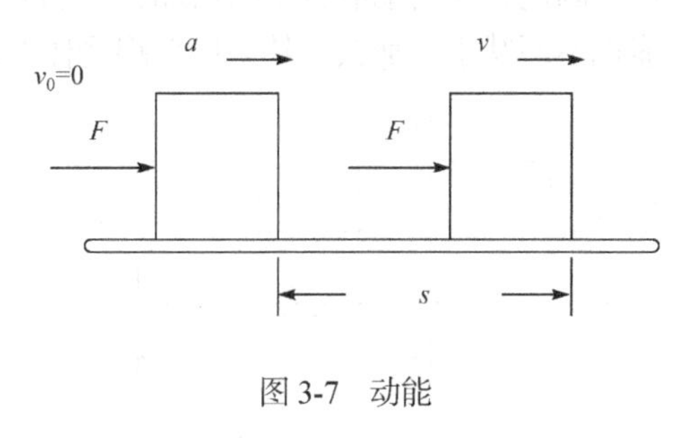

图 3-7 动能

外力做功为

$$W = Fs = ma \times \frac{v^2}{2a} = \frac{1}{2}mv^2$$

由于外力做功，物体得到动能，所以 $\frac{1}{2}mv^2$ 就是物体获得的动能，这样我们就得到了动能与质量和速度的定量关系。物体的动能等于它的质量跟速度平方的乘积的一半。用 E_k 表示动能，则计算动能的公式为

$$E_k = \frac{1}{2}mv^2 \tag{3.5}$$

由以上推导过程可以看出，动能与功一样，也是标量，只有大小，没有方向，因此动能的大小不受速度方向的影响。一个物体处于某一确定的运动状态，它的动能也就对应于某一确定值，因此动能是状态量。

动能的单位与功的单位相同，在国际单位制中都是焦耳(J)。

$$1\,kg^2 \cdot s^{-2} = 1\,N \cdot m = 1\,J$$

知识链接 **鸟撞飞机，威力堪比“炮弹”**

在一般人看来，“血肉之躯”的小鸟和飞机相撞，则如以卵击石。然而，事实却并非如此。1988 年一架埃塞俄比亚的波音 737 客机，爬升阶段遭到鸟儿撞击后发生空难，最终造成了 85 人死亡，21 人受伤的惨剧。

我们知道，运动是相对的。当鸟儿与飞机相对而行时，虽然鸟儿的速度不是很大，但是飞机的飞行速度很大，这样对于飞机来说，鸟儿的速度就很大，具有很大的相对动能，当两者相撞时，会造成严重的空难事故。

一只 0.45 kg 的鸟，撞在速度为 80 km/h 的飞机上时，就会产生 1500 N 的力，要是撞在速度为 960 km/h 的飞机上，那就要产生 21.6 万 N 的力。如果是一只 1.8 kg 的鸟，撞在速度为 700 km/h 的飞机上，产生的冲击力比炮弹的冲击力还要大。所以浑身是肉的鸟儿也能变成击落飞机的“炮弹”。

在飞机的起飞降落阶段是最容易遭受鸟儿撞击的。这与鸟儿的活动范围有关，它们喜欢在超低空活动。一架高速滑行的飞机哪怕是撞上一只 100 g 重的麻雀都可以造成发动机的损坏，坚硬的叶片被撞碎后进入发动机内部，后果不堪设想。

二、动能定理

我们已经知道，外力做功可以改变物体的动能。当外力对物体做正功时，它的速度不断增加，因此，它的动能也不断增加；当物体克服外力做功时，它的速度不断减小，因此，它的动能也不断减小。那么，外力做功跟物体的动能之间是怎样的关系呢？

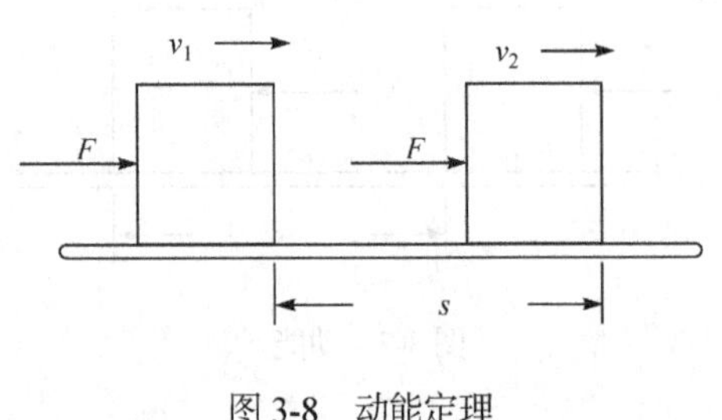

图 3-8　动能定理

如图 3-8 所示，质量为 m 的物体，在力 F 的作用下，在光滑的水平桌面上运动，已知物体的初速度为 v_1，沿着力 F 的方向发生一段位移后，速度增大为 v_2。很明显，在这一过程中，力 F 对物体所做的功为 $W=Fs$，根据牛顿第二定律 $F=ma$ 和运动学公式 $v_t^2-v_0^2=2as$，可得

$$W=Fs=ma\times\frac{v_2^2-v_0^2}{2a}$$

$$W=\frac{1}{2}mv_2^2-\frac{1}{2}mv_1^2 \tag{3.6}$$

如果我们用 E_{k1} 表示物体的初动能 $\frac{1}{2}mv_1^2$，用 E_{k2} 表示物体的末动能 $\frac{1}{2}mv_2^2$，式(3.6)就可以写成

$$\mathrm{W}=E_{k2}-E_{k1} \tag{3.7}$$

这表明，合力对物体做的功等于物体动能的变化。这个结论叫做**动能定理**。这里所说的力指的是物体所受全部力的合力，它可以是重力、弹力、摩擦力，也可以是任何其他的力。

在式(3.7)中，动能的变化等于末动能减去初动能，这说明外力做功只跟初、末状态有关，和过程无关，因此计算时只需要考虑物体的初状态和末状态，不必考虑中间过程，这样解决问题时会非常方便。

【例题 3-3】　一辆货车的质量 $m=2\times10^6$ kg，受到的拉力 $F=2\times10^5$ N，求货车运动了多大位移 s 后，速度达到 10 m/s？

解：已知 $m=2\times10^6$ kg，$F=2\times10^5$ N，$v=10\text{m/s}$。

货车的初动能 $E_{k1}=0$，拉力 F 对它做功后，末动能 $E_{k2}=\frac{1}{2}mv^2$，根据动能定理，有

$$Fs=\frac{1}{2}mv^2$$

$$s=\frac{mv^2}{2F}=\frac{2\times10^6\times10^2}{2\times2\times10^5}=500\text{ m}$$

答：经过 500 m 的位移，货车的速度可达到 10 m/s。

本题还可以用牛顿运动定律的方法进行求解，同学们可以自行尝试。同一道题目有不同的解法，除了可以开拓解题的思路，还可以帮助我们检验解答问题的正确性。

【例题 3-4】　质量是 0.05 kg 的子弹，以 200 m/s 的速度射入一固定木板，穿入 4 cm 深处

后静止，求木板对子弹的平均阻力。

解：已知$m=5\ \text{g}=5\times10^{-3}\ \text{kg}$，$v_1=200\ \text{m/s}$，$v_2=0$，$s=4\ \text{cm}=4\times10^{-2}\ \text{m}$。设木板对子弹的平均阻力为$F_{阻}$，根据动能定理可知，子弹克服阻力做的功等于子弹减少的动能，即

$$F_{阻}s=\frac{1}{2}mv_1^2$$

$$F_{阻}=\frac{mv_1^2}{2s}=\frac{5\times10^{-3}\times200^2}{2\times4\times10^{-2}}\ \text{N}=2.5\times10^3\ \text{N}$$

答：木板对子弹的平均阻力是2.5×10^3 N。

我们来总结一下应用动能定理解题的一般步骤：

首先，明确研究对象及所研究的物理过程。

其次，对研究对象进行受力分析和做功分析，确定哪些力做功，哪些力不做功。

第三，确定初、末状态的动能(未知量用符号表示)，根据动能定理列出方程。

最后，求解方程，分析结果。

知识链接

风力发电

风能是一种巨大的能源，它远远超过矿物能源所提供的能量总和，是一种取之不尽、用之不竭的能源。全球的风能约为2.74×10^9 MW，其中可利用的风能为2×10^7 MW，比地球上可研发利用的水能总量还要大10倍。

风力发电的原理　把风的动能转变成机械动能，再把机械能转化为电力动能，这就是风力发电。风力发电是利用风力带动风车叶片旋转并通过增速机将旋转的速度提升，来促使发电机发电，它能够将风能转化为机械能，再由机械能转化为电能。

风力发电机的结构　风力发电所需要的装置，称为风力发电机组。风力发电机一般由风轮、发电机(包括装置)、调向器(尾翼)、塔架、限速安全机构和储能装置等组成。

风力发电机(图3-9)用风力带动风车叶片旋转，再通过增速机将旋转的速度提升，来促使发电机发电，它能够将风能转化为机械能，再由机械能转化为电能。

风推动风轮做功将风能转换为机械能，低速转动的风轮通过传动系统由增速齿轮箱增速后，将机械能传递给发电机。整个机舱由高大的塔架举起，由于风向经常变化，为了有效地利用风能，风力发电设备上还安装了迎风装置。根据风向传感器测得的风向信号，迎风装置中的由控制器控制偏航电机驱动与塔架上大齿轮啮合的小齿轮转动，保证机舱始终迎风。

图3-9　风力发电机

风力发电机的分类　风力发电机的分类方法很多，按风力发电机的输出容量，可将其分为小型、中型、大型、兆瓦级系列。小型风力发电机是指发电机容量为0.1～1 kW的风力发电机。中型风力发电机是指发电机容量为1～100 kW的风力发电机。大型风力发电机是指发电机容量为100～1000 kW的风力发电机。兆瓦级风力发电机是指发电机容量为1000 kW以上的风力发电机。

风能是一种清洁、可再生的能源，风力发电本身有许多其他发电方式无法相比的优点，如建设周期短，装机规模灵活，不消耗燃料，不污染环境，不淹没土地等，是一种优良的新能源。

我国拥有丰富的风电资源，我国陆上 50 m 高度年平均风功率密度大于等于 300 W/m² 的风能资源理论储量为 73 亿 kW。风能资源丰富和较丰富的地区主要分布在以下区域：第一是三北(东北、华北、西北)地区丰富带，如阿拉山口、达坂城、辉腾锡勒、锡林浩特的灰腾梁等，主要与三北地区处于中高纬度的地理位置有关；第二是沿海及其岛屿地丰富带，包括山东、江苏、上海、浙江、福建、广东、广西等省(市、自治区)；第三是在一些地区由于湖泊和特殊地形的影响，风能也较丰富，成为内陆风能丰富地区。另外，近海地区，我国东部沿海水深 5～20 m 的海域面积辽阔，是良好的海上风能资源。

知识巩固 2

一、填空题

1. 在下列几种情况中，汽车的动能各是原来的几倍?

(1) 质量不变，速度增大到原来的 2 倍，动能增大到原来的__________倍。

(2) 速度不变，质量增大到原来的 2 倍，动能增大到原来的__________倍。

(3) 质量变为原来的1/2，速度增大到原来的 2 倍，动能增大到原来的__________倍。

(4) 速度变为原来的1/2，质量增大到原来的 2 倍，动能增大到原来的__________倍。

2. 一质量为 5 g 的子弹，以 200 m/s 的速度射出，子弹的动能是__________J。质量为 60 kg 的百米运动员以 10 m/s 的速度冲刺，运动员的动能为__________J。

3. 质量为 m 的物体，其速度从 10 m/s 增加到 20 m/s，或者从 30 m/s 增加到 40 m/s，这两种情况，动能增加比较多的是__________。

4. 一个原来静止的物体，在力 F 的作用下沿力的方向移动 s 距离，得到速度 v，如果移动的距离不变，力 F 增大为 $4F$，则物体的速度为__________v。

5. 运动员踢球的平均作用力为 200 N，把一个静止的质量为 1 kg 的球以 10 m/s 的速度踢出，在水平面上运动 60 m 后停下，球开始的动能是__________J，停止时球的动能是__________J，球减少的动能是__________J。运动员对球做的功是__________J。

二、选择题(单选)

1. 关于做功和物体动能变化的关系，正确的是(　　)。

A. 只有动力对物体做功时，物体动能可能减少

B. 物体克服阻力做功时，它的动能一定减少

C. 动力和阻力都对物体做功，物体的动能一定变化

D. 外力对物体做功的代数和等于物体的末动能和初动能之差

2. 水平地面上，一运动物体在 10 N 摩擦力的作用下，前进 5 m 后停止，在这一过程中物体的动能改变了(　　)。

A. 10 J　　B. 25 J　　C. 50 J　　D. 100 J

3. 一质量为 2 kg 的滑块，以 4 m/s 的速度在光滑的水平面上滑动，从某一时刻起，给滑块施加一个与运动方向相同的水平力，经过一段时间，滑块的速度大小变为 5 m/s，则在这段时间

里，水平力做的功为（　　）。

A. 9 J　　B. 16 J　　C. 25 J　　D. 41 J

4. 一学生用 100 N 的力将质量为 0.5 kg 的球以 8 m/s 的初速度沿水平方向踢出 20 m 远，则这个学生对球做的功是（　　）。

A. 200 J　　B. 16 J　　C. 1000 J　　D. 无法确定

三、简答题

1. 大货车与小汽车以相同的速率行驶时，谁具有的动能大？同一辆小汽车，分别以 60 km/h 和 110 km/h 的速率行驶，哪种情况具有的动能大？

2. 体积相同的铁块和木块从同一高楼上掉下，铁块掉到地面上砸出的坑比木块深，为什么？

四、计算题

1. 我国第一颗人造地球卫星的质量是 173 kg，速度是 7.2 km/s，它具有的动能是多少？

2. 在平直的公路上，一辆汽车正以 20 m/s 的速度匀速行驶；因前方出现事故，司机立即刹车，直到汽车停下，已知汽车的质量为 3.0×10^5 kg。刹车时汽车所受的阻力为 1.5×10^4 N，求汽车向前滑行的距离。

第3节 势　　能

最美妈妈吴菊萍的故事：2011 年 7 月 2 日下午 1 点半左右，杭州滨江区的一处住宅小区内，一名两岁女孩突然从 10 楼坠落，这时，刚好路过的吴菊萍立刻冲了过去，徒手接住了女孩，女孩得救了，但是吴菊萍的左臂瞬间被巨大的冲击力撞成粉碎性骨折。10 层楼的高度大概有 27 m，为什么从高处落下来的小孩会有这么大的冲击力呢？

一、势能　重力势能

通过初中物理的学习我们知道，高处的物体落下时能做功，例如，举到高处的重锤具有能量，从高处落下时能把木桩打进地里。物体这种由于被举高而具有的能量叫做**重力势能**。下面我们就来研究一下物体的重力势能与哪些因素有关。

通常我们把物体在地面上的重力势能规定为零，因此，位于某一高度的物体的重力势能，就可以用它从这个高度落到地面时所做的功来量度。

如图 3-10 所示，设某物体原来位于离地面高度为 h 的地方，通过一个定滑轮，让它在下落的过程中拉着桌面上的木块运动。选择好物体的重量 G，使它等于木块跟桌面的摩擦力 f，就可以使物体和木块都做匀速运动。物体落到地面所通过的距离为 h，木块在桌面上通过的距离 s 也等于 h。因此物体从 h 高处落到地面的过程中克服阻力所做的功为

$$W=fs=Gh=mgh$$

所以该物体在 h 高处所具有的重力势能也为 mgh。如果用 E_p 表示重力势能，则

$$E_p=mgh \tag{3.8}$$

上式表明，物体的**重力势能**等于物体的重量和它的高度的乘积。

重力势能也是标量，它的单位和功的单位相同，在国际单位制中都是焦耳(J)。

需要注意的是，重力势能的大小与参考平面的选取有关，同一个物体，选的参考平面不同，其相对高度就不相同，故重力势能也不相同。我们规定参考平面的势能为零，所以参考平面又叫**零势能面**。

当物体由高处向低处运动时，重力对物体做正功，物体的重力势能减小，其减小量等于重力所做的功。当物体由低处向高处运动时，物体克服重力做功，物体的重力势能增加，其增加量等于物体克服重力所做的功。

水流从高处落下时，速度逐渐增大，形成了壮观的瀑布景象，如图3-11所示。水力发电就是利用高处下落的水流冲击水轮机，将机械能变成电能。

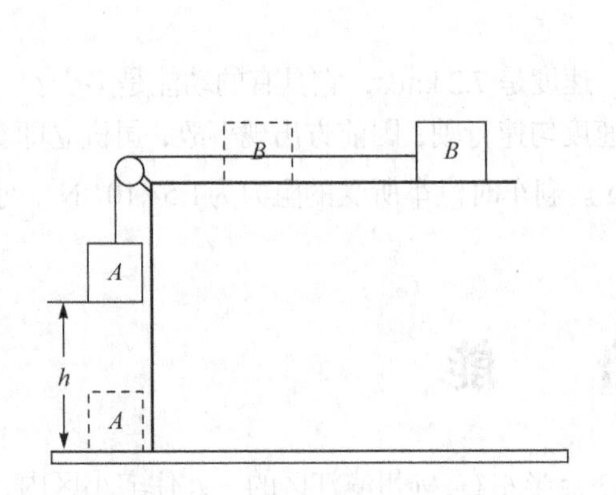

图3-10 重力势能

图3-11 瀑布

知识链接 **水力发电**

水力发电是利用河川湖泊、海洋等位于高处具有势能的水流至低处将其中所含的势能转换成水轮机的动能，再以水轮机为原动机，推动发电机产生电能。水力发电从某种意义上讲是水的势能变成机械能，又变成电能的转换过程。

水力电站分类

按照水源的性质，一般为常规水电站，即利用天然河流、湖泊等水源发电。其次为抽水蓄能电站，利用电网负荷低谷时多余的电力，将低处下水库的水抽到高处上存蓄，待电网负荷高峰时放水发电，尾水收集于下水库。

按水电站水头开发的手段可分为坝式水电站、引水式水电站和混合式水电站三种基本类型。

按水电站利用水头的高低，分为高水头(70 m以上)、中水头(15～70 m)和低水头(低于15 m)水电站。

按水电站装机容量的大小，可分为大型、中型和小型水电站。一般装机容量5000 kW以下的为小水电站，5000 kW到10万kW为中型水电站，10万kW以上为大型水电站或巨型水电站。

三峡水电站

三峡水电站位于中国湖北省宜昌市三斗坪镇境内，距下游葛洲坝水利枢纽工程 38 km。长江三峡工程于 1994 年 12 月 14 日正式动工兴建，2003 年开始蓄水发电，2009 年基本完工。

三峡工程是迄今世界上综合效益最大的水利枢纽，发挥巨大的防洪效益和航运效益。工程竣工后，水库正常蓄水位 175 m，防洪库容 221.5 亿 m^3，总库容达 393 亿 m^3，装机容量达到 2240 万 kW。可充分发挥其长江中下游防洪体系中的关键性作用，并将显著改善长江宜昌至重庆 660 km 的航道，万吨级船队可直达重庆港，将发挥防洪、发电、航运、养殖、旅游、南水北调、供水灌溉等十大效益，是世界上任何巨型电站无法比拟的。

二、弹性势能

发生弹性形变的物体在恢复原状的过程中能够做功，说明它具有能量。物理学中，把物体因为发生弹性形变而具有的能量叫做**弹性势能**。拉开的弓，如图 3-12(a)所示，撑杆跳运动员手中弯曲的杆，如图 3-12(b)所示，跳水运动员弹起的跳板等，都具有弹性势能。在弹簧被拉长或被压缩时，弹簧中就存储了弹性势能，弹簧在恢复原状的过程中就对外做功。

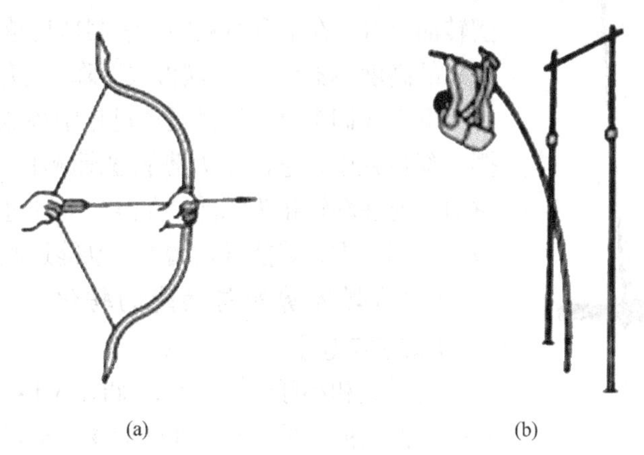

图 3-12 弹性势能

弹性势能的大小和弹性形变的大小有关，弹性形变越大，在恢复原状时它对外做的功越多，具有的弹性势能就越大。

对于拉伸和压缩形变的弹簧，在弹性限度内，弹性势能 E_s 由劲度系数 k 和形变量(弹簧伸长量或缩短量) x 决定，

$$E_s = \frac{1}{2}kx^2 \tag{3.9}$$

弹性势能的零点通常选在弹簧原长的位置。

弹性势能和重力势能一样，都与物体间的相对位置有关：重力势能是由地球表面附近物体与地球间的相对位置决定的，弹性势能是由发生弹性形变的物体各部分的相对位置决定的。我们把这类由相对位置决定的能统称为势能。

三、势能和动能的转化

(一)重力势能与动能的转化

骑自行车上坡时，如果我们不再用力蹬车，随着高度的增加，车速会逐渐减小。骑自行车下坡时，即使不再用力蹬车，随着高度的降低，速率也会逐渐增大。该如何解释这个现象呢？在这个过程中能量是如何转化的？

骑自行车上坡时，要克服重力做功，随着高度的增加，车速会越来越小，说明动能越来越小。而高度在逐渐增大，人和自行车的重力势能也逐渐增大。在这个过程中，动能减小，同时重力势能增加，动能逐渐转化为重力势能。

骑自行车下坡时，重力做正功，高度也逐渐降低，说明重力势能逐渐减小。同时，车速越来越快，说明动能越来越大。在这个过程中，重力势能逐渐转化成了动能。

【演示实验】

把一个滚摆悬在框架上，如图3-13所示。转动转轴使悬线缠在轴上，让滚摆上升到最高点。松开手，观察滚摆的运动，思考它的动能和势能的转化。

可以看到，滚摆下降过程中，越转越快，到最低点时，滚摆转而上升，在上升过程中，滚摆越转越慢，最后差不多回到原来的高度。接下来，滚摆再次下降，上升，重复原来的运动。

下面我们来分析滚摆运动过程中势能和动能的变化。在滚摆下降过程中，它的重力势能逐渐减小，同时动能越来越大，重力势能逐渐转化为动能。在滚摆上升过程中，它的动能逐渐减小，同时重力势能逐渐增大，动能逐渐转化为重力势能。

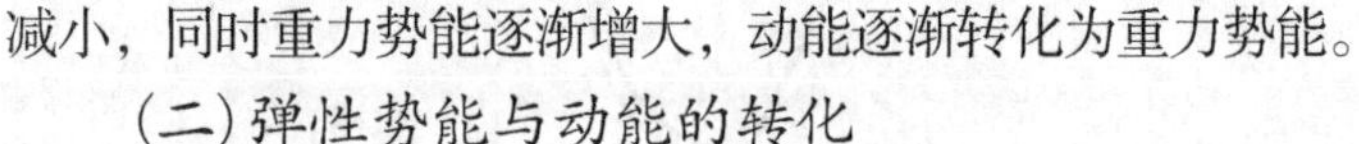

(二)弹性势能与动能的转化

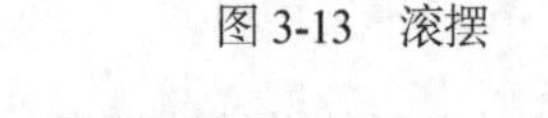

图3-13 滚摆

【演示实验】

将弹簧和小球连在一起，如图3-14所示，当把小球向右拉时，弹簧被拉长，发生弹性形变。松开手后，弹簧对小球的弹力对小球做功，弹簧的弹性势能逐渐减小，同时，小球运动得越来越快，速度逐渐增大，动能增加了。在这个过程中，弹簧的弹性势能转化为小球的动能。

在图3-15中，小球向着弹簧运动，速度越来越小，弹簧被压缩。在这个过程中，小球克服弹簧的弹力做功，动能越来越小，弹簧被压缩，弹簧的弹性势能越来越大，小球的动能转化为弹簧的弹性势能。

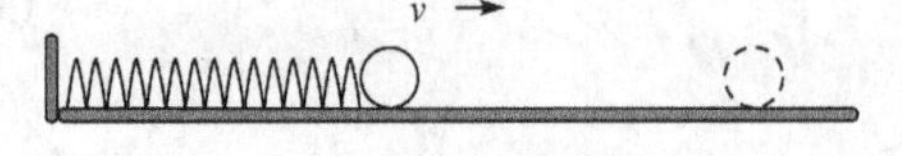

图3-14 弹性势能转化为动能

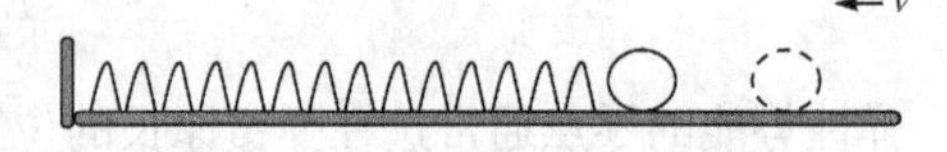

图3-15 动能转化为弹性势能

综合以上分析，动能和重力势能可以发生相互转化，动能和弹性势能也可以发生相互转化，转化过程都是通过做功实现的。重力做功，重力势能和动能相互转化。弹力做功，弹性势能和动能相互转化。

分析其他力做功的过程，也可以得到同样的结果，因此可以说做功过程的实质是物体能量的转化过程，做了多少功就发生了多少能量转化，反过来也可以说，在做功的过程中，物体的能量转化了多少，就做了多少功。从这个意义上说，**功是能量转化的量度**。

知识巩固 3

一、填空题

1. 自行车下坡时，不用蹬脚踏板，速度也会越来越大，在此过程中，自行车的动能逐渐__________，自行车的重力势能逐渐__________。(填“增大”“减小”或“不变”)

2. 2016 年 10 月 17 日，我国成功地发射了“神州十一号”载人飞船，在火箭载着飞船刚刚离开地面升空的过程中，飞船的动能逐渐__________，势能逐渐__________。(填“增大”、“减小”或“不变”)

3. 重力对物体做正功，物体的重力势能逐渐__________，物体克服重力做功，重力势能逐渐__________。(填“增大”“减小”或“不变”)

二、选择题(单选)

1. 在空中匀速竖直上升的物体，在上升的过程中，它的(　　)。

A. 动能增加，重力势能减少　　B. 动能增加，重力势能增加

C. 动能不变，重力势能增加　　D. 动能减少，重力势能增加

2. 下列过程中，属于弹性势能转化为动能的是(　　)。

A. 推开弹簧门的过程　　B. 用力拉长弹弓橡皮条的过程

C. 弹簧枪将“子弹”射出去的过程　　D. 跳水运动员将跳板踏弯的过程

3. 足球落地又弹起的过程中，有关能量转化的正确说法是(　　)。

A. 下落时，动能转化为重力势能　　B. 着地时，弹性势能转化为动能

C. 反弹时，没有能量转化　　D. 上升时，动能转化为重力势能

三、简答题

1. 分析过山车在运动过程中动能和势能的转化情况。

2. 分析儿童乐园中滑梯上的运动。一个儿童分别从高度相同，长度不相同的滑梯上滑下，他滑到滑梯底端的动能相同吗？分别从：(1)能够忽略摩擦力和其他阻力，(2)不能忽略摩擦力和其他阻力两种情况进行分析。

第 4 节　机械能守恒定律

“溜溜球”又称为“悠悠球”，是深受小朋友喜爱的玩具之一。其实，“溜溜球”被誉为“世

界上第二大古老的玩具”，它还是一种运动，是世界上花式最多最难、最具观赏性的手上技巧运动，深受世界各国青年人的喜爱。世界悠悠球大赛，每年举行一次，2018 年在中国举行。你知道“溜溜球”为什么能够自由地上下吗？

一、机 械 能

动能和势能统称机械能。如果物体的质量是 m，离地面高度为 h，运动速度为 v，这时，物体具有的机械能为

$$E=E_{\mathrm{k}}+E_{\mathrm{p}}=\frac{1}{2}mv^2+mgh$$

无论是物体的动能发生变化还是势能发生变化，都有可能引起机械能的变化，当系统的动能和势能发生变化时，机械能会怎样呢？

二、机械能守恒定律

【演示实验】

以自由落体为例，研究物体的动能和重力势能之间相互转化时所遵守的规律。

如图 3-16 所示，质量为 m 的物体自由下落，不计空气阻力，经过高度为 h_1 的 A 点（初位置）时速度为 v_1，下落到高度为 h_2 的 B 点（末位置）时的速度为 v_2。物体从 A 点下落到 B 点的位移为 $s=h_1-h_2$，下落的加速度为重力加速度 g，代入匀加速直线运动公式 $v_t^2-v_0^2=2as$ ，得

$$v_2^2-v_1^2=2g(h_1-h_2)$$

等式两边同乘以 $\frac{1}{2}m$ ，整理得

$$\frac{1}{2}mv_1^2+mgh_1=\frac{1}{2}mv_2^2+mgh_2 \tag{3.10}$$

或者

$$E_{\mathrm{k1}}+E_{\mathrm{p1}}=E_{\mathrm{k2}}+E_{\mathrm{p2}} \tag{3.11}$$

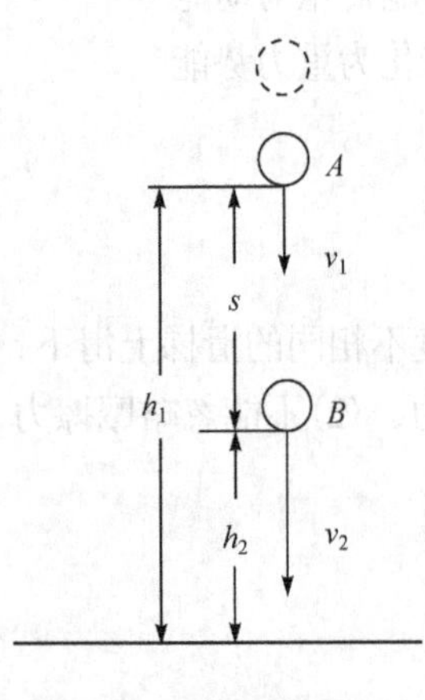

图 3-16 动能和重力势能的转化

可见，在自由落体运动中，动能和重力势能之和即总的机械能保持不变。

上述结论不仅对自由落体运动是正确的，可以证明，在只有重力或弹力做功的情形下，不论物体做直线运动还是曲线运动，上述结论都是正确的。

在只有重力（或弹力）做功的情况下，物体的动能和势能可以相互转化，但机械能的总量保持不变。这个结论叫做**机械能守恒定律**。

机械能守恒定律的条件是只有重力（或弹力）做功，具体有两种情况：第一种，物体只受到重力（或弹力）的作用，机械能守恒。例如，自由落体运动就属于这种情况，物体只受到了重力的作用，机械能守

恒。第二种，物体除了受到重力(或弹力)之外，还受到其他力的作用，但是其他力都不做功，在这种情况下，机械能也是守恒的。比如，物体在光滑斜面上运动，受到重力和斜面的支持力，斜面的支持力跟位移方向垂直，所以不做功，在这种情况下，仍是只有重力做功，机械能守恒。

应用机械能守恒定律解决问题的步骤：

第一，确定研究对象和具体的运动过程，分析物体受到的力。

第二，分析各力做功的情况，分析是不是只有重力(或弹力)做功，判断机械能是否守恒。

第三，分析研究对象的初状态和末状态，并确定初状态和末状态的机械能。

第四，根据机械能守恒定律列出方程。

第五，求解方程，并对结果进行讨论。

【例题 3-5】 如图 3-17 所示，一个物体从光滑斜面顶端由静止开始滑下，斜面高 1 m，长 2 m。不计空气阻力，物体滑到斜面底端的速度是多大？

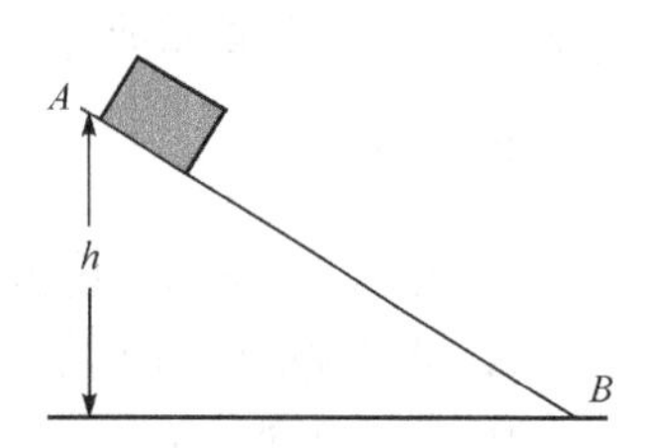

图 3-17 斜面上的物体

解：题中没有给出物体的质量，可设物体的质量为 m。物体在开始下滑时，$E_{p1}=mgh$，$E_{k1}=0$，初状态的机械能 $E_{k1}+E_{p1}=mgh$。设物体到达斜面底端时的速度为 v，则有 $E_{p2}=0$，$E_{k2}=\frac{1}{2}mv^2$，末状态的机械能 $E_{k2}+E_{p2}=\frac{1}{2}mv^2$。

根据机械能守恒定律有

$$E_{k1}+E_{p1}=E_{k2}+E_{p2}$$

所以

$$mgh=\frac{1}{2}mv^2$$

所以

$$v=\sqrt{2gh}=\sqrt{2\times9.8\times1}\ \text{m/s}=4.4\ \text{m/s}$$

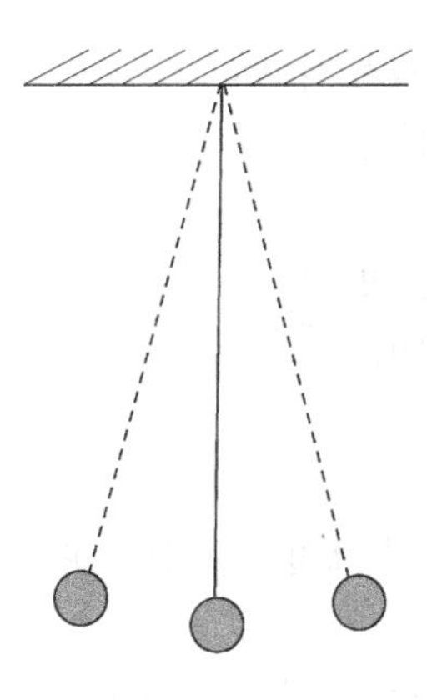
图 3-18 单摆的运动

这个问题也可以应用牛顿第二定律和运动学公式求解，请同学们比较一下两种解法的难易。

运用机械能守恒定律分析力学问题，思路很简捷，可以不必考虑物体在中间过程的运动状态，只根据物体的初始状态和末状态就可以得出结论。

需要注意的是，应用机械能守恒定律之前，首先要分析物体的受力情况，由于能量转换过程是做功过程，在只有重力或弹力做功，其他力不做功，或者可以忽略不计时才可以应用机械能守恒定律，实际上物体在运动中往往受摩擦力等其他力的作用，如果这些力对物体做了功，机械能就不守恒了。因为这时机械能跟其他形式的能发生了相互转化。比如图 3-18 中，单摆的运动，如果考虑空气阻力的影响，实际上振幅是逐渐减小的，这是因为球摆动时要克服摩擦阻力做功，一部分机械能转化成了物体的内能，使得机械能越来越少，振幅也越来越小，最后就停止摆动了。

知识巩固 4

一、填空题

1. 质量为 100 kg 的热气球，上升到 5000 m 的高空，它的重力势能增加了__________J。

2. 一个质量为 50 kg 的人从山脚走到山顶，重力势能增加了 9800 J，这座山的高度是__________m。

3. 举重运动员把一个质量是 100 kg 的杠铃举高 2 m，他克服重力做的功为__________J。杠铃增加的重力势能是__________J。(g 取 10 m/s^2)

二、选择题

1. (单选) 当重力对物体做正功时，物体的(　　)。

A. 重力势能一定增加，动能一定减少

B. 重力势能一定减少，动能一定增加

C. 重力势能一定减少，动能不一定增加

D. 重力势能不一定减少，动能一定增加

2. (单选) 某同学投掷铅球。每次出手时，铅球速度的大小相等，但方向与水平面的夹角不同。关于出手时铅球的动能，下列判断正确的是(　　)。

A. 夹角越大，动能越大　　B. 夹角越大，动能越小

C. 夹角为 45°时，动能最大　　D. 动能的大小与夹角无关

3. (单选) 小球在做自由落体运动的过程中，下列说法正确的是(　　)。

A. 小球的动能不变　　B. 小球的重力势能增大

C. 小球的机械能减小　　D. 小球的机械能守恒

4. (多选) 下列物体在运动过程中，机械能守恒的有(　　)。

A. 沿粗糙斜面下滑的物体　　B. 沿光滑斜面自由下滑的物体

C. 从树上下落的树叶　　D. 在真空管中自由下落的羽毛

5. (单选) 在下列几种运动中，机械能一定不守恒的是(　　)。

A. 质点做匀速圆周运动　　B. 物体做匀速直线运动

C. 物体做匀变速运动　　D. 子弹打入木块过程中

三、计算题

1. 以初速度 v_0 竖直向上抛一小球，若不计空气阻力，小球能达到的最大高度是多少？在上升过程中，从抛出到小球动能减少一半的高度是多少？

2. 质量为 10 kg 的物体，由静止开始，从 15 m 高处自由下落(不考虑空气阻力)，求：

(1) 物体在 15 m 的机械能；

(2) 物体落到地面时的动能和重力势能。(g 取 10 m/s^2)

小 结

本章讨论了功、功率、动能、势能、机械能等基本概念，功能关系的两个定理定律，即动能定理和机械能守恒定律。

做功有两个必不可少的因素：力跟力的方向上的位移。功的一般公式为$W = Fs\cos\theta$，功等于力的大小、位移的大小、力和位移夹角的余弦三者的乘积。功率是表示物体做功快慢的物理量。当动力机械的输出功率一定时，力和速率成反比，即$P = Fv$。

机械能包括动能和势能，物体的动能等于它的质量跟速度二次方乘积的一半。势能相对位置决定的能统称为势能，本章我们介绍了重力势能和弹性势能，物体由于被举高而具有的能量叫做重力势能，物体因为发生弹性形变而具有的能量叫做弹性势能。

动能定理揭示了合外力做功跟物体动能之间的关系。力对物体做的功等于物体动能的变化。

做功是能量转化的过程，功是能量转化的量度，做了多少功，就有多少能量发生了转化。

在只有重力或弹力做功的情况下，物体的动能和势能发生相互转化，机械能的总量保持不变，这个规律叫做机械能守恒定律。

自 测 题

一、填空题

1. 汽车发动机的功率一定时，牵引力与速度成__________比。

2. 物体在自由下落的过程中，动能逐渐__________，重力势能逐渐__________。

3. 一质量为 2 kg 物体做自由落体运动，经过 2 s，重力对该物体做的功为__________，在 2 s 末重力做功的功率为__________。

4. 两物体的质量各为m_1和m_2，它们分别在水平恒力F_1和F_2的作用下由静止开始在光滑水平面上运动。经相同的位移，它们的动能增量大小相等，则$F_1 : F_2$=__________。

二、选择题(单选)

1. 在下面实例中，机械能不守恒的是(　　)。

A. 不计空气阻力，平抛物体在空中的运动

B. 自由落体运动

C. 物体沿光滑平面滑动

D. 跳伞运动员张开降落伞后在空中匀速下落

2. 一艘轮船以速度 15 m/s 匀速运动，它所受到的阻力为 1.2×10^7 N，发动机的实际功率是(　　)。

A. 1.8×10^5 kW　　B. 9.0×10^4 kW

C. 8.0×10^4 kW　　D. 8.0×10^3 kW

3. 改变汽车的质量和速度，都能使汽车的动能发生变化。在下面 4 种情况中，能使汽车的动能变为原来的 4 倍的是(　　)。

A. 质量不变，速度增大到原来的 4 倍

B. 质量不变，速度增大到原来的 2 倍

C. 速度不变，质量增大到原来的 2 倍

D. 速度不变，质量增大到原来的 8 倍

4. 跳水运动员从 10 m 高的跳台上跳下(不计阻力)，在下落的过程中(　　)。

A. 运动员克服重力做功

B. 运动员的机械能在减少

C. 运动员的动能减少，重力势能增加

D. 运动员的动能增加，重力势能减少

5. 一个人站在阳台上，以相同的速率 v_0 分别把三个球竖直向上抛出、竖直向下抛出、水平抛出，不计空气阻力，则三个球落地时的速率（　　）。

A. 上抛球最大

B. 下抛球最大

C. 平抛球最大

D. 三个球一样大

三、计算题

1. 一个质量为 2 kg 的物体，受到与水平方向成 30°角斜上方的拉力为 10 N，在水平地面上移动 2 m 的距离，求拉力对物体所做的功。

2. 质量 m=2 kg 的物体从距地面 45 m 的高处自由下落，在 t=2 s 的时间内重力所做的功等于多少？物体落地时的动能是多少？（g 取 10 m/s^2）

3. 某人以 v_0=2 m/s 的初速度将质量为 m 的小球抛出，小球落地时的速度为 4 m/s，求：小球刚被抛出时离地面的高度。（g 取 10 m/s^2）

碰撞与动量守恒

日常生产生活中，我们发现碰撞会改变桌球运动速度的方向和大小，会造成车辆的巨大形变和人员伤害；火箭发动机通过喷射燃烧的高压高速气体能把火箭送入太空，转动的螺旋桨可以推动飞机上天、驱动轮船在大海中航行，这一切的现象都是怎样发生的？本章我们通过研究动量及动量守恒规律来揭示这些现象的本质。

在第 3 章我们学习了功和能的关系，验证了机械能守恒定律，知道了力对空间的积累效应导致物体运动状态的变化；本章我们来学习冲量和动量的概念，认识力对时间积累效应对物体运动状态的影响，探究发现运动过程中的动量守恒定律。

第1节 动　量

鸡蛋从桌面跌落在地板上会摔碎，而掉在松软的土地上或海绵垫上就不易摔破，为什么？跳高比赛时，在运动员落地的一侧都会叠放厚厚的海绵垫，为什么？游乐场中的碰碰车或碰碰船的周围都会安装一周橡胶，这又是为什么？

生活中我们骑行山地车，在某一挡位时，我们若付出较大的力，用较短的时间即可达到某一速度值；相同路况条件下，我们若付出较小的力，要达到相同的大小的速度就得骑行较长的时间。由此可见，力的作用效果不仅与力的大小有关，还与力的作用时间长短有关。

质量为 m 的小车静止在光滑的水平面上，现受到水平恒定拉力 F 作用，经历时间 t 后速度达到 v。根据牛顿第二定律，则有

$$F = ma$$

又根据加速度的公式和已知条件，则有

$$a = \frac{v}{t}$$

两式联立，可得

$$Ft=mv \tag{4.1}$$

该式表明，一定质量的物体在力的作用下从静止开始所达到的速度，不仅与力的大小有关系，还与力的作用时间有关系。同时还表明，只要力与时间的乘积为一定值，那么它们的作用效果(一定质量的物体达到相同的速度)就是一定的。

一、冲量和动量

1. 冲量 物理学中，把力 F 与时间 t 的乘积叫做冲量。

冲量是矢量，冲量的方向跟力的方向相同。冲量的单位由力的单位和时间的单位决定。在国际单位制中，力的单位是牛顿(N)，时间的单位是秒(s)，所以冲量的单位是牛秒，符号 N · s。

2. 动量 由式(4.1)分析可知，当冲量 Ft 一定时，虽然质量不同的物体达到的速度也不同，但是质量和速度的乘积 mv 却是一定的。

物理学中，把质量 m 与速度 v 的乘积叫做动量。公式表示为

$$P=mv \tag{4.2}$$

动量是矢量，动量的方向跟速度的方向相同。动量的单位由质量的单位和速度的单位决定。在国际单位制中，质量的单位是千克(kg)，速度的单位是米每秒(m/s)，所以动量的单位是千克米每秒，符号 kg · m/s。

【思考与讨论】

利用网络查阅动量一词的由来，讨论动量与动能的区别。

二、动 量 定 理

质量为 m 的小车在光滑的水平面上以一定的速度 v_1 运动，受到水平恒定拉力 F 作用，经历时间 t 后速度达到 v_2。根据牛顿第二定律，则有

$$F=ma=m\frac{v_2-v_1}{t}$$

整理后可得

$$Ft=mv_2-mv_1 \tag{4.3}$$

如果物体受到几个外力的共同作用，F 表示几个力的合力，Ft 表示合力的冲量。

由式(4.3)可以归纳得出，物体所受合力的冲量等于物体动量的变化量，这个规律叫做**动量定理**。式(4.1)中 $Ft=mv$ 是初动量为 0 的情况，是动量定理的特殊形式。

此时我们运用动量定理可以容易地解释日常生产生活中的现象。鸡蛋从桌面落到地板后速度变为零，动量的变化是一定的，因而受到的冲量就是一定的。如果力的作用时间越长，作用力就越小。鸡蛋落到地板上在极短的时间内便静止下来，作用时间短，因此所受作用力大，被打碎；而如果鸡蛋落在海绵垫或泡沫板上，从接触到完全停下来需要稍长的时间，因而受到的作用力较小，不容易摔破。

所以实际中运输鸡蛋采用纸浆或泡沫托盘，运输瓷器、玻璃器皿等易碎物品时在包装箱内充填纸屑、泡沫等松软物，以防受撞击破碎。再如，游乐场中的碰碰车或碰碰船，如图 4-1 所示，周围安装一周橡胶，延长了碰撞时的接触时间，从而减小撞击力，对游客起到一定保护作用；同样，运动场上跳高运动员落地的一侧叠放厚厚的海绵垫，如图 4-2 所示；跳远运动员落入松软沙坑也是为了减小冲击力起到保护作用。相反，有时为了得到较大的作用力，我们可以先使物体获取较大的动量，然后让其在极短时间内发生巨大的变化。例如，开凿岩石、钉钉子时，把较大质量的铁锤抡起，落锤时已具有的较大动量在极短时间内发生巨大的变化，产生较

大的作用力，从而把石头凿掉把钉子钉入木板。

图 4-1　碰碰船

图 4-2　跳高

【思考与讨论】

同学们想一想，生活中还有哪些实例应用了动量定理？

知识巩固 1

一、填空题

1. 动量的表达式__________，动量是状态量，动量中速度是瞬时速度。

2. 动量定理内容：物体在一个过程始末的__________等于它在这个过程中所受力的冲量。表达式为__________。

3. 动量定理应用：在实际情况中，为了获得较大的力，除增大动量的变化量外，同时还可以__________作用时间。为了减小作用力，在动量变化一定的情况下，常采用__________作用时间的措施。

4. 动量的变化量是指物体的__________与物体的__________之差。由于动量是矢量，因此动量的变化也是矢量，运算应遵循矢量运算的__________。

二、选择题(单选)

1. 关于冲量和动量，下面说法错误的是(　　)。

A. 冲量是反映力和作用时间积累效果的物理量

B. 动量是描述运动状态的物理量

C. 冲量是物体动量变化的原因

D. 冲量的方向与动量的方向一致

2. 鸡蛋从高处下落，如果落在地面上肯定会打破，而掉在水面上，就不容易被打破，这是因为落到地面上时(　　)。

A. 受到的冲量大　　B. 动量变化快

C. 动量变化量大　　D. 受到地面的作用力大

3. 关于动量的概念，以下说法中正确的是(　　)。

A. 速度大的物体动量一定大

B. 质量大的物体动量一定大

C. 两个物体的质量相等，速度大小也相等，则它们的动量一定相等

D. 两个物体的速度相等，那么质量大的物体动量一定大

4. 物体在恒力作用下运动，下面说法正确的是(　　)。

A. 动量的方向与受力的方向相同

B. 动量的方向与冲量的方向相同

C. 动量的增量方向与受力的方向相同

D. 动量变化率的方向与速度的方向相同

5. 动量是矢量，它的方向与什么量方向一致(　　)。

A. 速度　　B. 位移　　C. 冲量　　D. 力

6. 一个质量为 m 的小球以速率 v 垂直射向墙壁，被墙以等速率反向弹回。若球与墙的作用时间为 t，则小球受到墙的作用力大小为(　　)。

A. mv/t　　B. $2mv/t$　　C. $mv/2t$　　D. 0

第2节　碰撞与动量守恒

碰撞广泛存在于日常的生产生活中，既有桌球碰撞(图 4-3)后带给大家的兴奋，也有车祸中车辆碰撞(图 4-4)留下的创伤。粒子散射实验中粒子间的碰撞结果让我们认识了原子结构，这些现象又会遵循怎样的规律?

图 4-3　桌球碰撞

图 4-4　汽车碰撞

一、碰　　撞

做相对运动的两个物体相遇而发生相互作用，在极短时间内，它们的运动状态发生显著变化，这一过程叫做碰撞。

如果两个物体碰撞前后的速度均沿同一直线，这样的碰撞称为**一维碰撞**。

【演示实验】

两个硬质小球的一维碰撞实验，如图 4-5 所示。

利用等长悬线悬挂等大小等质量的硬质小球完成碰撞实验。

保持一个小球静止，拉起另一个小球，放下时它们相碰。我们可以看到，在 A 球与 B 球碰撞以后，A 球立即停下来，同时 B 球开始运动且偏离与 A 球相同的角度。通过测量小球 A 被拉

起的角度，碰撞后小球 B 摆起的角度，如果角度相等，根据机械能守恒定律，即可判断两小球碰撞前后具有相同的速度。那么，两小球碰撞前后具有相等的动量，且前一小球把动能完全传递给了第二个小球。

【思考与讨论】

观察分析牛顿摆(图 4-6)的各种碰撞现象。

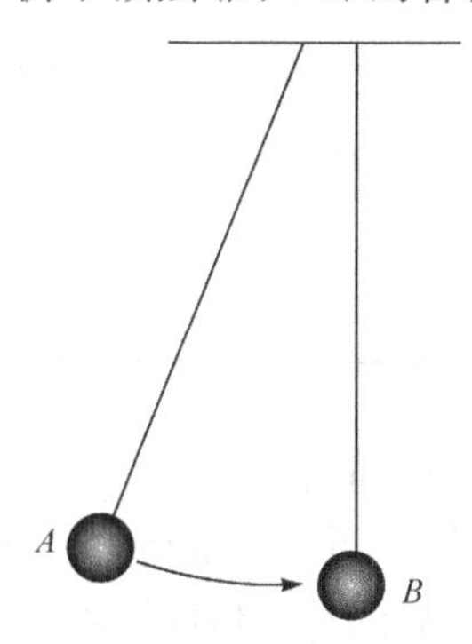

图 4-5　小球碰撞

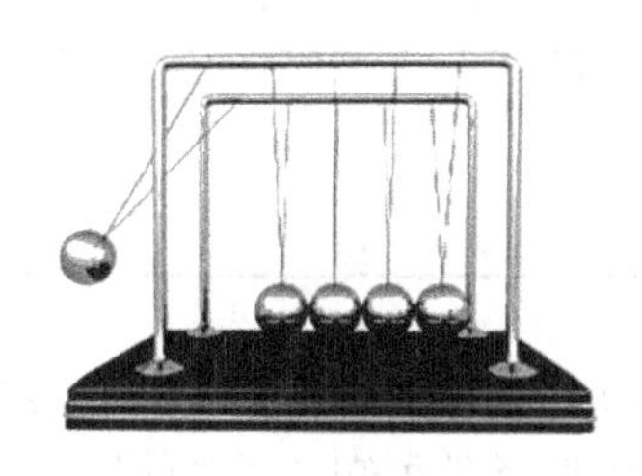

图 4-6　牛顿摆

研究发现，并不是所有的碰撞都具有上述实验性质，我们根据碰撞过程前后物体的机械能总量是否保持不变，把碰撞分为弹性碰撞和非弹性碰撞。一维碰撞中机械能变化只涉及动能。

通常我们把两个或多个相互作用的物体组成的总体叫做系统。弹性碰撞过程中相互作用的物体只有动能和势能的转化，相互作用前后，系统的机械能保持不变。非弹性碰撞过程中有内能或其他形式能的产生，相互作用后，系统的机械能减少。尤其是当两个物体碰撞后结为一体，系统的机械能减少最多，我们称其为完全非弹性碰撞。

二、动量守恒定律

【演示实验】

利用气垫导轨完成碰撞实验，如图 4-7 所示。

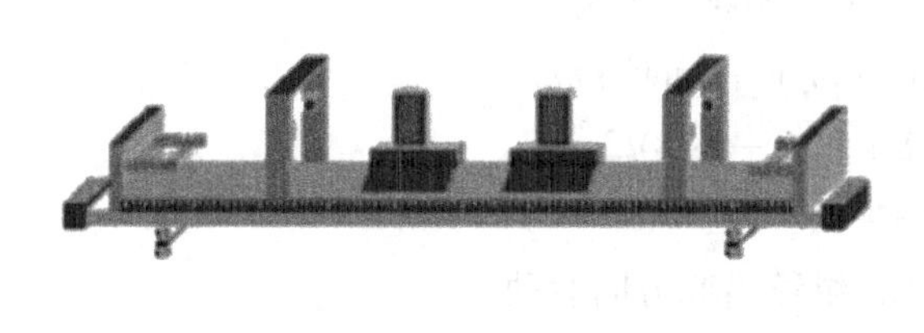

(a)

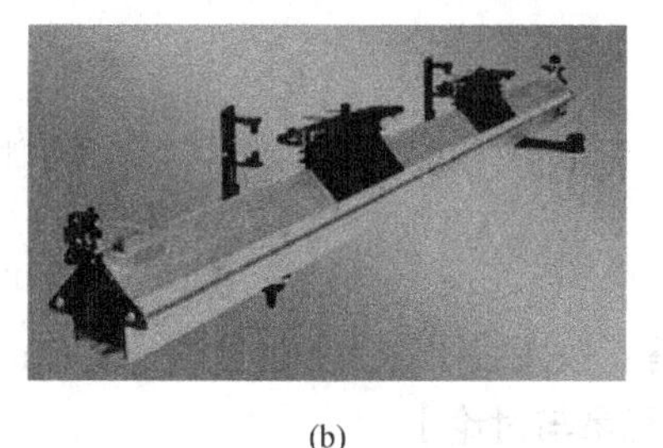

(b)

图 4-7　气垫导轨碰撞实验装置

用天平分别测出两滑块质量；正确安装好气垫导轨，测出挡光条的宽度；接通电源，利用光电计时装置测算出两滑块在下列情况中碰撞前后的速度。

1. 两滑块放置于两光电计时器中间静止，以一较短细线连接，中间放置弯成弓形的弹簧片，然后烧断细线，两滑块分别向相反方向运动经过两光电计时器；

2. 两滑块分别放置于两光电计时器外侧，分别轻推两滑块以一定的速度进行碰撞；

3. 在一滑块前端粘附橡皮泥，放置于光电计时器外，轻推滑块去碰撞置于两光电计时器中间静止的另一滑块，粘在一起后共同运动。

表 4-1 碰撞实验数据记录表

	质量		碰撞前			碰撞后		
	m_1	m_2	v_1	v_2	$m_1v_1+m_2v_2$	v_1'	v_2'	$m_1v_1'+m_2v_2'$
1								
2								
3								

根据实验数据分析，忽略实验误差，两滑块动量之和在碰撞前后相等。

结合实验条件可知，碰撞前后相互作用的两滑块都受到外力(重力和支持力)，但它们彼此平衡，因而两滑块组成的系统所受外力之和为零，系统碰撞前后的总动量保持不变。

如果一个系统不受外力或所受合外力为零，这个系统的总动量保持不变。这个结论叫做**动量守恒定律**。

动量守恒定律不仅适用于两个物体组成的系统，也适用于多个物体组成的系统；不仅适用于碰撞也适用于任何形式的相互作用。且不论物体间相互作用力是万用引力、弹力、摩擦力，还是电磁力或其他力，只要不受系统以外作用力的作用，或者所受合外力之和为零，系统总动量守恒。

【例题 4-1】 甲乙两物体沿同一直线相同方向运动，甲物体质量为 2 kg，速率是 8 m/s，乙物体质量为 5 kg，速率是 2 m/s。碰撞后，乙物体的速度变为 4 m/s，求碰撞后甲物体的速度。(忽略阻力)

解：设甲乙碰撞前运动方向为正方向。

已知 $m_甲$=2 kg，$v_甲$=8 m/s，$m_乙$=5 kg，$v_乙$=2 m/s，$v'_乙$=4 m/s。

根据动量守恒定律：

$$m_甲 v_甲 + m_乙 v_乙 = m_甲 v'_甲 + m_乙 v'_乙$$

$$\begin{aligned} v'_甲 &= (m_甲 v_甲 + m_乙 v_乙 - m_乙 v'_乙)/m_甲 \\ &= (2\times 8 + 5\times 2 - 5\times 4)/2 \\ &= 3\ \text{m/s} \end{aligned}$$

答：碰撞后甲物体的速度大小为 3 m/s，继续沿原方向运动。

【思考与讨论】

利用网络资源，查找动量守恒定律的应用实例。

动量守恒定律是自然界基本规律之一，虽然可以从牛顿运动定律推导获得，但其适用范围比牛顿运动定律更广泛。实验证明，牛顿运动定律只适用于宏观物体的运动，并且速度要远小于光速。动量守恒定律不仅能解决低速运动问题，还能解决接近光速的高速运动问题；不仅适用于宏观物体的运动，也适用于质子、电子和光子等微观粒子的运动。动量守恒定律反映了宇宙间物质的运动永远不会停止。

三、反冲运动

我们经常看到这样的现象，人从静止停在岸边的小船上跳向岸边，小船向离开岸边方向漂移；滑冰场上，两人静止在滑冰场上，不论谁主动施力于对方，两个人都会向相反方向滑移；人工吹起的气球，松开气球的进气口，气球便“扑哧”一声向前跑去。上述现象中的小船、滑冰人和气球所做的反方向运动，叫做**反冲运动**，即在系统内部相互作用力下，系统内一部分物体向某方向发生动量变化时，系统内其余部分物体向相反方向发生动量变化的现象。这也是动量守恒动定律的表现，人和船组成的系统总动量起初为零，人向前走动具有向前的动量，人和船的相互作用力是静摩擦力，系统不受外力，动量守恒，总动量仍为零，船必然获得一个向后的动量，即向远离岸边的方向漂移。

技术中利用反冲运动的例子更多，灌溉用的自动喷水器，如图 4-8 所示，应用反冲运动来自动改变喷水的方向；反冲式水轮机是大型水力发电站用得最多的一种水轮机。当水库底部的高压高速水流从转轮叶片中流出时，水轮机转轮就向相反的方向转动，如图 4-9 所示。

图 4-8　自动喷水器

图 4-9　反冲式水轮机转轮

人们最为熟悉的反冲实例当属运载火箭和喷气式飞机，如图 4-10 和图 4-11 所示，它们燃烧燃料向后喷出高速高压气体来获得自身向前的巨大速度。现代火箭是目前唯一能使物体达到宇宙速度，克服或摆脱地球引力束缚进入外太空的运载工具。火箭发射时反冲运动产生的巨大推力使火箭在很短时间内迅速升入高空，随着火箭燃料不断减少，自身质量逐渐减小，从而离地高度不断增大，运行速度也越来越大。

图 4-10　长征 2F 火箭

图 4-11　喷气式飞机

【小制作】

制作“水火箭”

“水火箭”是一种利用水与空气质量比和气压作用设计的玩具模型，发射原理与火箭基本一致。

下面我们就来学做“水火箭”吧！

1. 准备材料　三个可乐瓶或雪碧瓶，A4硬纸板，橡胶塞2个，自行车轮胎气嘴1个，剪刀、小刀各1把，双面胶和绝缘胶布，502胶水1支。

2. 尾翼制作　用剪刀将硬纸板对折后裁成四组大小相同的直角梯形8块，梯形下底长14 cm，高7 cm，斜腰和下底夹角约45°。从上底向下底方向量6 cm，作上底平行线，沿线向外折成90°。每两块尾翼大面用双面胶沿四边对粘，小面尖角可用剪刀修平修直，如图4-12所示。按上述方法将其余的硬纸板做成三个尾翼。

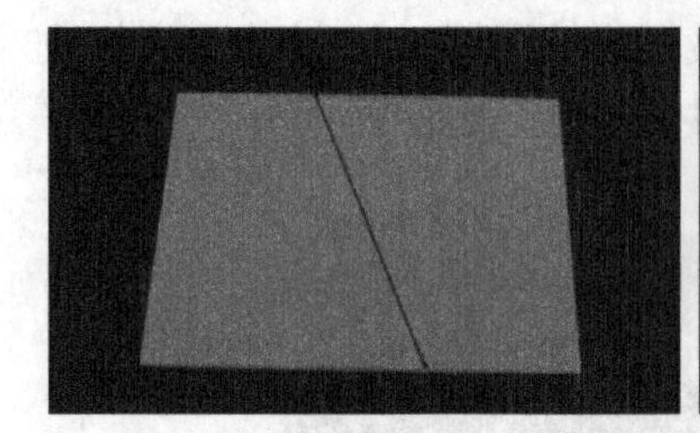
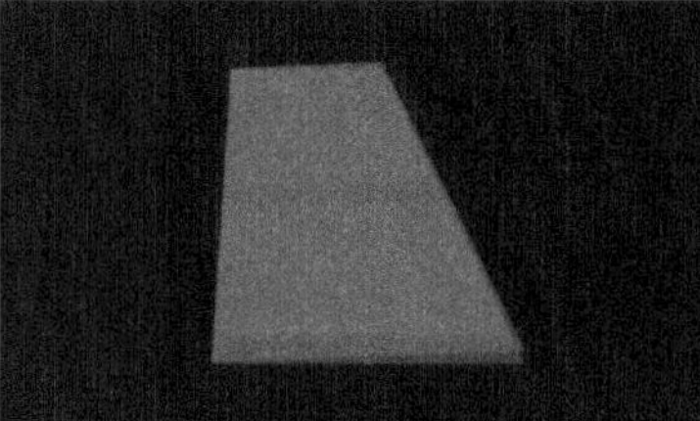
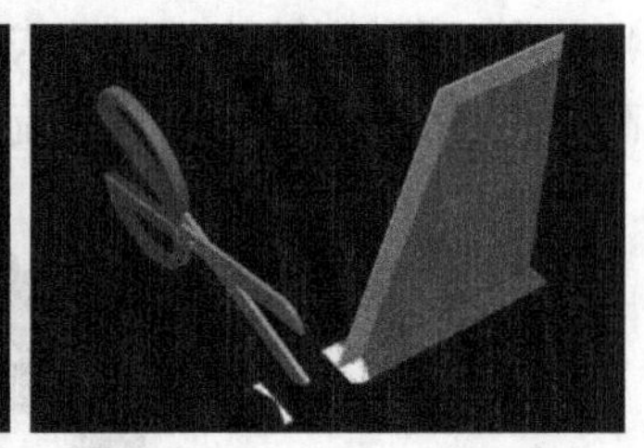

图4-12　尾翼制作

3. 箭体制作　取一个可乐瓶(瓶头弧线过度比较自然，作火箭头利于减小空气阻力)在离下端11 cm处将其横截剪开，用绝缘胶带将带瓶口的部分粘紧在另一个瓶子的底部，用绝缘胶带在接口处多缠绕几圈，要求平整、牢固，如图4-13所示。

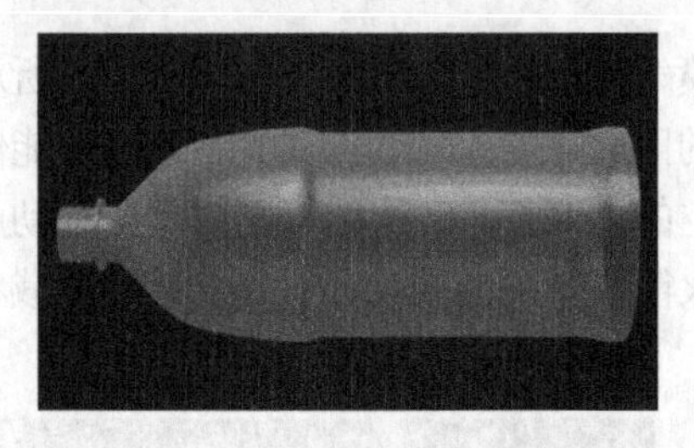
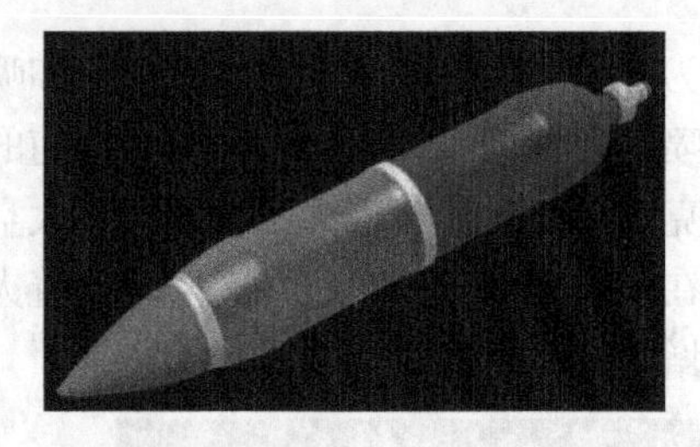

图4-13　箭体制作

4. 胶塞制作　取一个小号橡胶塞，在胶塞的底部正中处贯穿轴线开一个比气嘴套筒稍小一点的孔；将轮胎气嘴从软胶塞的细端往上把气嘴装好，套上一个螺母，稍微拧紧就可以，如图4-14所示。橡胶塞达到刚好能够完全进入可乐瓶口或稍紧一点，装上气门芯即可使用。

图4-14　胶塞制作

5. 箭头制作　取一个软胶塞，用小刀将其削尖且圆滑，用胶水粘在可乐瓶盖上；或用卡纸卷制圆锥面粘接于可乐瓶上部。

6. 组装尾翼　取一个可乐瓶，剪一个比尾翼稍长的两面相通的圆柱体，然后用两面胶和绝缘胶带将4个机翼4等分紧密粘好，如图4-15所示。最后，将粘好尾翼的圆柱体套在水火箭的底部，使其与瓶口相平(飞行实践中可上下调节确定最佳位置)，用绝缘胶缠绕粘紧，如图4-16所示。

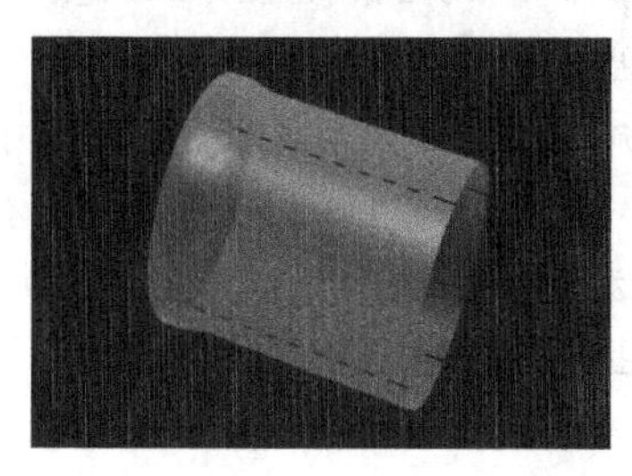

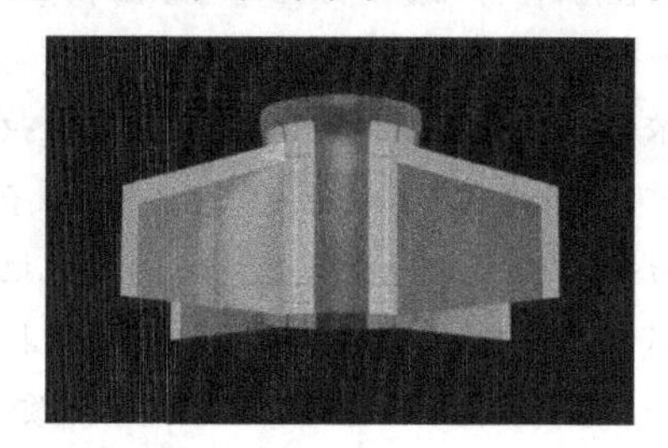

图4-15　组装尾翼

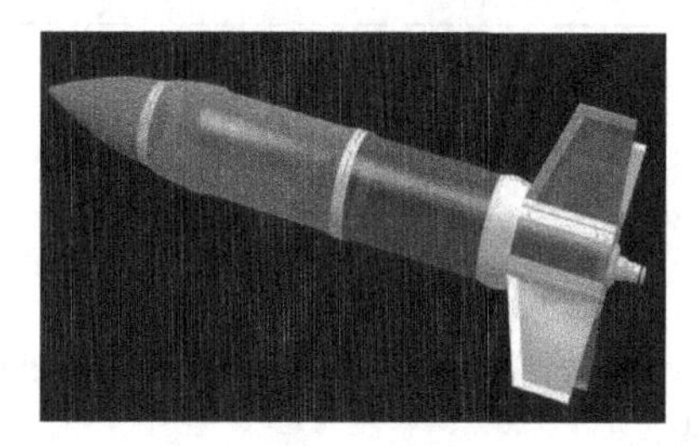

图4-16　“水火箭”成品

水火箭(图4-17)制作完成!

7. 试飞　①在瓶子里先装1/3的水，把橡胶塞塞紧。②用打气筒向里面打气，保持均匀较快频率。③当箭体内部气体压力增大到一定程度时，“水火箭”便会腾空飞起(图4-18)。

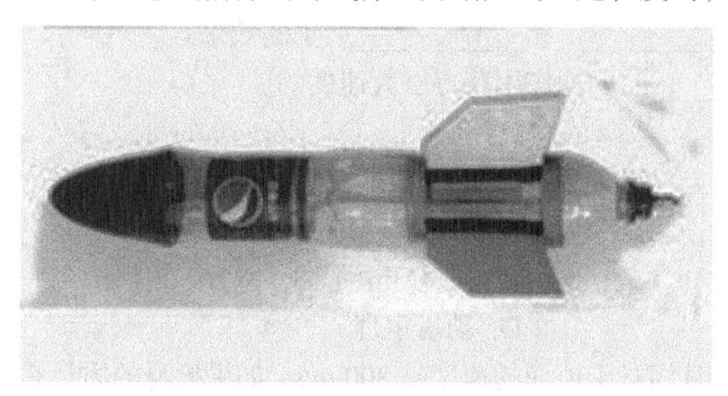

图4-17　“水火箭”实物

图4-18　“水火箭”发射

知识链接

中子的发现

中子的发现是与人们对原子核的结构的探索分不开的。

1911年，英国物理学家卢瑟福根据α粒子散射实验的结果提出了原子的核式结构模型。1919年，卢瑟福做了用镭放射出的α粒子轰击氮原子核的实验，发现了质子。卢瑟福基于理论认识上的困难预测了“中子”的存在形式。

1930年，德国物理学家博特和贝克用α粒子轰击铍时，发现从铍中发射一种强度不大但穿透力极强的射线。根据当时已经发现的各种辐射的研究，唯一能穿透铅板且不带电的是γ射线，因此这两位物理学家错误地认为他们发现的是高能γ射线。

1932年，约里奥·居里夫妇重复了博特的铍辐射实验。为了测量物质对铍辐射的吸收，当把石蜡放在铍辐射经过的路径上时，他们发现从石蜡里飞出了质子。然而，约里奥·居里夫妇还是沿着博特的错误思路思考，他们把这一现象解释为光子同质子的康普顿散射。

查德威克不相信居里夫妇的这种解释，他随即意识到：反冲质子有这么大的能量绝不可能是光子碰撞的结果，而很可能是十年前卢瑟福所预言的“中性粒子”碰撞所致。查德威克通过对氢原子和氮原子的轰击，算出这种粒子的质量与质子的质量近乎相等，他把这种射线的粒子称为“中子”。

中子发现不久，著名物理学家海森伯就发表论文指出原子核是由质子和中子构成的。

结合本节知识分析，中子穿过石蜡时与反冲核(质子)发生了弹性碰撞，根据动量守恒定律和能量守恒定律只要测出碰撞后反冲核(质子)的速度，即可确定中子的质量。

知识巩固 2

一、填空题

1. 碰撞包括弹性碰撞、__________。碰撞特点：相互作用时间__________，相互作用力__________。碰撞前后机械能__________。

2. 一个系统不受外力或所受外力的__________，这个系统的总动量保持不变。公式表示为__________。

3. 动量守恒定律是自然界普遍适用的基本规律之一，它既适用于__________、__________，也适用于__________、__________。

4. 反冲运动是相互作用的物体之间的__________和__________产生的效果。

5. 喷气式飞机、火箭等都是靠__________的反冲作用获得巨大速度的。

二、选择题

1. (单选)古代的火箭利用的原理是(　　)。

A. 机械能守恒定律　　B. 质量守恒定律

C. 动量守恒定律　　D. 动量定理

2. (单选)子弹的质量是 10 g，射离枪口时相对于地面的速度是 800 m/s。如果枪身的质量是 4 kg，反冲的速度是(　　)。

A. 200 m/s　　B. 2 m/s　　C. 32 m/s　　D. 4 m/s

3. (多选)物体 A 的质量是 B 的 2 倍，中间有一压缩的弹簧，放在光滑的水平面上，由静止同时放开后一小段时间内(　　)。

A. A 的速率是 B 的一半　　B. A 的动量大于 B 的动量

C. A 受的力大于 B 受的力　　D. 总动量为零

4. (单选)在光滑水平面上有 A、B 两球，其动量大小分别为 10 kg · m/s 与 15 kg · m/s，方向均为向东，A 球在 B 球后，当 A 球追上 B 球后，两球相碰，则相碰以后 A、B 两球的动量可能分别为(　　)。

A. 10 kg · m/s，15 kg · m/s　　B. 8 kg · m/s，17 kg · m/s

C. 12 kg · m/s，13 kg · m/s　　D. −10 kg · m/s，35 kg · m/s

5. (单选)质量为 M 的原子核，原来处于静止状态，当它以速度 v 放出一个质量为 m 的粒子时，剩余部分的速度为(　　)。

A. $mv/(M-m)$　　B. $-mv/(M-m)$

C. $mv/(M+m)$　　D. $-mv/(M+m)$

第 3 节　中国科技发展与火箭

中国是世界早期人类文明的发源地之一，是世界上最早使用火，发明弓箭和陶器，开展农牧业生产、天文观测，开创医药应用的地区之一。我国科技经历了古代的繁盛发展，在近代逐渐走向衰落几近停滞，直到新中国成立，百废待兴，改革开放尤其党的十八大以来科技创新发展，在众多领域已由“赶跑”变成“领跑”世界。

一、中国科技发展

中国古代科学技术发展起始于远古石器时代的原始积累，春秋战国时期奠定基础，在两汉、宋元时期两次发展至高峰，中间经历魏晋南北朝时期的充实提高和隋唐五代的持续发展，至 16 世纪中期以前一直处于世界科技舞台的中心。

西汉时期中国人发明了造纸术，至东汉蔡伦又改进和提高了造纸技术，从而使造纸技术迅速推广开来。唐朝中期出现了火药制造方法的记载，并在唐末首次将其用于战争。北宋毕昇发明活字印刷术，促进了文化的传播和发展；北宋时期人们又发明了指南针(司南)并应用于航海事业，至南宋时指南针经由阿拉伯人传入欧洲，促进了世界航海事业的发展。中国古代的四大发明对人类文明与进步产生了深远影响。

火箭是我国古代的重大发明之一。“火箭”一词最早出现于公元三世纪的三国时代，当时的火箭是在箭头后部绑附浸满油脂的麻布等易燃物，点燃后用弓弩射至敌方，达到纵火目的的兵器。公元 10 世纪北宋唐福应用火箭原理制成了人类历史上最早、最原始的“火药箭”，如图 4-19 所示。至元、明朝发明了许多利用火箭多级串联或并联(捆绑)技术的火箭兵器，如九龙箭、一窝蜂火箭等，如图 4-20 所示。史籍中还记载了多种火箭武器，如火龙出水(图 4-21)、神火飞鸦(图 4-22)、飞空砂筒、万人敌等，其中火龙出水是最早问世的二级火箭，比现代的二级火箭要早 300 多年。明嘉靖年间万户进行了最早的火箭升空试验，成为人类历史上第一次载人航天的伟大实践者，如图 4-23 所示。

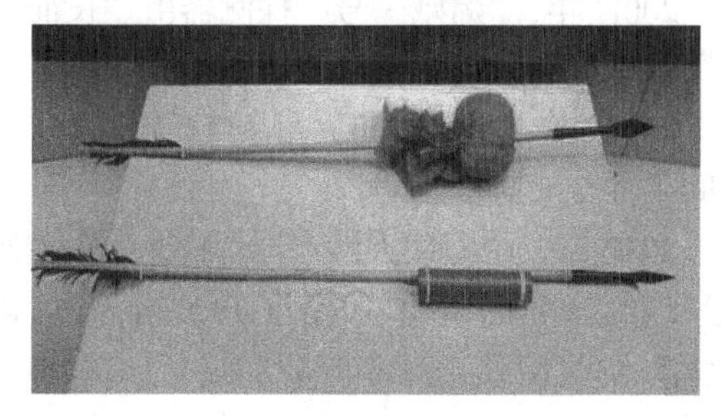

图 4-19　古代火箭

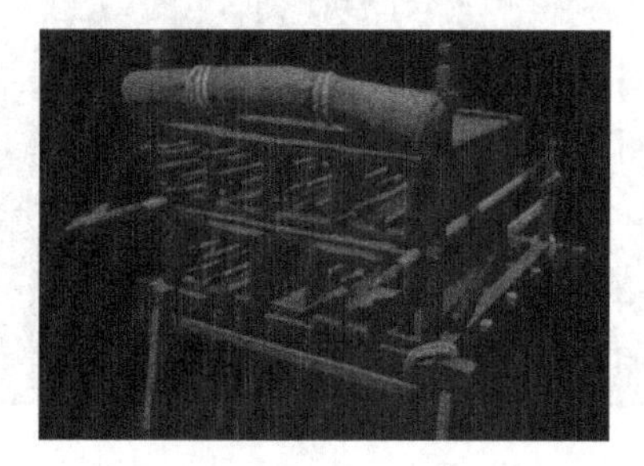

图 4-20　一窝蜂火箭

图 4-21 火龙出水

图 4-22 神火飞鸦

图 4-23 万户飞天

在近代历史上，中国在科技发展方面乏善可陈，自 1840 年鸦片战争以后中国的科学技术逐渐失去了领先世界的地位。此后，西方科学大量传入中国，从洋务运动、戊戌变法、一直到辛亥革命，中国都在吸收西方科技成果。

新中国成立后，尤其改革开放三十多年间，我国的科学技术发展取得了令世人瞩目的巨大成就。

1966 年 10 月第一颗核导弹和 1967 年 6 月氢弹爆炸成功。

1970 年 4 月 24 日第一颗人造卫星“东方红一号”发射成功。

1988 年，北京正负电子对撞机首次实现正负电子对撞。

2003 年，第一艘载人飞船“神舟五号”发射成功。

2007 年，“嫦娥一号”探测器由“长征三号”甲运载火箭成功发射。

2012 年，中国“神舟九号”与“天宫一号”空间手控交会对接成功。

2012 年，中国载人潜水器“蛟龙号”在西太平洋的马里亚纳海沟下潜至 7020 m 深度，创造世界作业型载人深潜的新纪录，如图 4-24 所示。

图 4-24 “蛟龙号”出海

2013年，“嫦娥三号”实现中国首次月面软着陆。

2013年6月11日搭载着3名航天员的“神舟十号”飞船成功发射。中国天地往返运输系统首次应用性太空飞行拉开序幕。

党的十八大以来，党中央高度重视科技体制改革工作，从实施创新驱动发展的国家战略，到促进科技成果转化的“三部曲”，再到构建国家技术转移体系，创新不断融入经济社会发展全局。

2016～2017年中国载人航天相继取得了“长征七号”首飞、“神舟十一号”航天员中期驻留、“神州十一号”与“天宫二号”对接、“天舟一号”与“天宫二号”顺利完成推进剂在轨补加试验等一系列成就，如图4-25所示。

2016年7月3日，世界最大单口径射电望远镜——500 m口径球面射电望远镜(FAST)主体工程顺利完工，如图4-26所示。

图4-25　空间对接

图4-26　单口径射电望远镜

2016年8月，成功发射世界首颗量子科学实验卫星“墨子号”，如图4-27所示。

2017年5月，C919大型客机首飞成功，如图4-28所示。

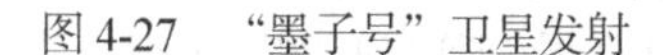

图4-27　“墨子号”卫星发射

图4-28　C919大飞机

2017年6月，“神威·太湖之光”以每秒9.3亿亿次的浮点运算速度在最新一期全球超级计算机500强榜单中再列榜首，中国实现三连冠，如图4-29所示。

2017年8月，我国CAP1400项目成功研发，实现了三代核电技术自主化，综合性能达到全球领先水平，如图4-30所示。

图 4-29 “神威·太湖之光”超级计算机

图 4-30 三代核电技术电站

二、火 箭

1. 火箭的原理 火箭在空间的飞行运动依靠发动机燃烧燃料向后喷出高速燃气从而直接获得向前的巨大推力。

火箭自身携带氧化剂和燃烧剂。火箭发动机在外层空间环境也能工作，从而保证了在不同飞行速度下，发动机产生的推力不受空气接收能力的影响而保持恒定，使得火箭所能达到的飞行速度比其他任何类型发动机要高得多。

2. 火箭的发展 自 1957 年 10 月 4 日，苏联将世界上第一颗人造地球卫星送入近地轨道，从此火箭作为航天运载工具正式登上历史舞台，苏联、美国、法国、日本、欧洲部分国家和地区竞相发展运载火箭。

(1) 导弹改装阶段。火箭发展初期，为了缩短研制周期，各国几乎都采用了同一种模式，即在导弹基础上进行改装使其适应不同卫星的发射需要。例如，苏联第一枚运载火箭是将“SS-6”洲际导弹的弹头改换成卫星。后来将这种运载火箭作为芯级在其外侧捆绑 4 个助推器，而形成“卫星”型和“宇宙”型两级运载火箭系列。在此基础上又发展形成了“东方”型、“联盟”型三级运载火箭系列和“闪电号”四级运载火箭。

同时期美国则利用“雷神”、“宇宙神”、“大力神”导弹作为芯级，研制开发了相应型号较完整的运载火箭系列。

(2) 火箭研制阶段。20 世纪 60 年代，苏联为发射“礼炮号”空间站专门研制了“质子号”运载火箭，它是一种串并联式的多级运载火箭，现已成为一种具有高可靠性、多种发射功能的商业性航天运载工具。70 年代为发射“暴风雪号”航天飞机又研制了“能源号”两级重型运载火箭。

60 年代美国为执行“阿波罗”登月计划，专门研制了“土星”型系列运载火箭。1972 年以法国为首的西欧 10 国联合组成欧洲航天局(ESA)，共同研制“阿丽亚娜”运载火箭。同期日本也研制成功 M 系列和 H 系列两大类运载火箭。

自 60 年代开始，中国自行研制长征系列运载火箭，目前已拥有 4 代 17 种型号。长征火箭具备发射低、中、高不同地球轨道、不同类型卫星及载人飞船的能力，并具备无人深空探测能力。

(3) 低成本火箭发展趋势。2018 年 2 月 7 日凌晨，美国 Space X 公司成功发射“猎鹰重型”

火箭，还成功回收了三枚火箭助推器中的两枚，开启了航天发射的低成本时代。

可复用式运载火箭，就是能够对运载火箭的部分重要部件进行回收重复使用，从而大幅度降低航天发射的单位成本，可以说这是未来航天发射任务的发展趋势。

中国正在研制用电磁能替代化学能将火箭高效廉价地送入太空，也就是所谓的电磁推射技术。我国正在研制的“羽舟”、“轻舟”新型运载火箭，就将采用电磁推射系统进行发射，预计将于2020年完成技术验证。

可以预见，我国在未来电磁发射运载火箭将逐步替代现有的传统运载火箭，成为低成本航天发射的引领者。

3. 火箭的分类　火箭可按不同方法分类。按能源不同，分为化学火箭、核火箭、电火箭以及光子火箭等。化学火箭又分为液体推进剂火箭、固体推进剂火箭和固液混合推进剂火箭。按用途不同分为卫星运载火箭、气象火箭、防雹火箭以及各类军用火箭等。按有无控制分为有控火箭和无控火箭。按级数分为单级火箭和多级火箭。按射程分为近程火箭、中程火箭和远程火箭等。

火箭的分类方法虽然很多，但其组成部分及工作原理是基本相同的。

【思考与讨论】

观看我国长征系列火箭发射视频，了解相关型号火箭发射用途(图4-31)。

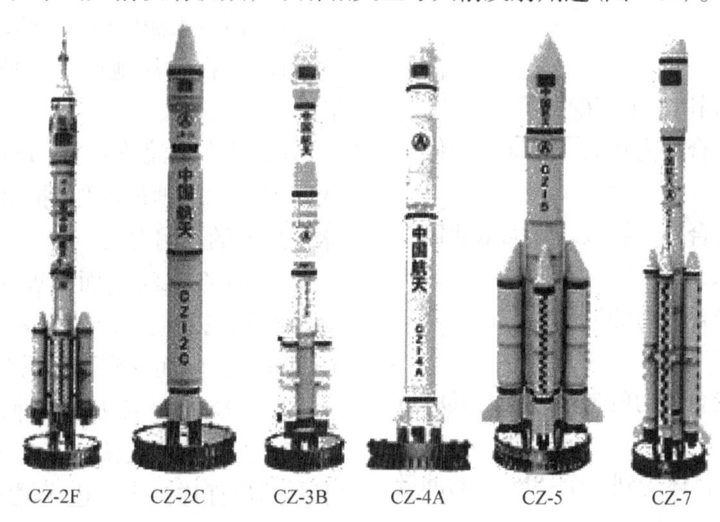

图4-31　长城系列火箭部分型号模型

知识巩固3

1. 了解我国科技发展的重大成就。
2. 了解火箭的起源、分类和发展趋势，识记各国常规火箭型号。

小　结

本章内容主要介绍了动量和动量守恒定律。

1. 动量　物理学中，把力和时间的乘积叫做冲量；把质量和速度的乘积叫做动量，它们都是矢量。动量公式 $P=mv$。

2. 动量定理　物体受到合力的冲量等于物体动量的变化量，这个规律叫做动量定理。公式表示为：$Ft=mv_2-mv_1$。

动量定理说明了力对时间的积累效应可以改变物体的运动状态。运用定理可以解释反冲运动。

3. 动量守恒定律　相互作用的物体组成的系统如果不受外力或所受外力的矢量和为零，那么系统动量守恒。公式表示为 $m_1v_1+m_2v_2=m_1v_1'+m_2v_2'$。

动量守恒定律是自然界基本规律之一，反映了宇宙间物质的运动永远不会停止，既适用于宏观低速物体运动问题，也适用于微观高速粒子运动问题。

根据碰撞过程中机械能是否守恒，碰撞分为弹性碰撞和非弹性碰撞；碰撞后两物体结为一个整体，机械能损失最大，称为完全非弹性碰撞。

一、选择题

1. (多选)下列说法中正确的是(　　)。

A. 物体所受合外力越大，其动量变化一定越大

B. 物体所受合外力越大，其动量变化一定越快

C. 物体所受合外力的冲量越大，其动量变化一定越大

D. 物体所受合外力的冲量越大，其动量一定变化得越快

2. (单选)某物体受到一个−8N · s 的冲量作用，则(　　)。

A. 物体的动量一定减小

B. 物体的末动量一定是负值

C. 物体动量增量的方向一定与规定的正方向相反

D. 物体原来动量的方向一定与这个冲量的方向相反

3. (单选)从同一高度自由下落的玻璃杯，掉在硬质水泥地面上易碎，掉在软泥地上不易摔碎，这是因为(　　)。

A. 掉在水泥地面上，玻璃杯的动量大

B. 掉在水泥地面上，玻璃杯的动量变化大

C. 掉在水泥地面上，玻璃杯受到的冲量大，且与水泥地面的作用时间短，因而受到水泥地面的作用力大

D. 掉在水泥地面上玻璃杯受到的冲量和掉在软泥地上一样大，但与水泥地面的作用时间短，因而受到的水泥地面的作用力大

4. (多选)一粒钢珠从静止状态开始自由下落，然后陷入泥潭中。若把它在空中自由下落的过程称为Ⅰ，进入泥潭直到停止的过程称为Ⅱ，则(　　)。

A. 过程Ⅰ中钢珠动量的改变量等于重力的冲量

B. 过程Ⅱ中钢珠所受阻力的冲量大小等于过程Ⅰ中重力冲量的大小

C. 过程Ⅱ中阻力的冲量大小等于过程Ⅰ与过程Ⅱ重力冲量的大小

D. 过程Ⅱ中钢珠的动量改变量等于阻力的冲量

5. (单选)用绳拴住弹簧的两端，使弹簧

两边处于压缩状态，弹簧分别接触两个质量不同物体。将绳烧断，弹簧将突然伸长，在将两物体弹开的瞬间，这两个物体的大小相等的物理量是(　　)。

A. 速度　　B. 动量

C. 动能　　D. 加速度

6. (单选)质量为 m 的物体放在光滑水平面上，今以水平恒力 F 沿水平方向推该物体，在相同的时间间隔内，下列说法正确的是(　　)。

A. 物体的位移相等

B. 物体动能的变化量相等

C. F 对物体做功相等

D. 物体动量的变化量相等

7. (单选)三颗快速飞行的质量相同的子弹 A、B、C 以相同速度分别射向甲、乙、丙三块竖直放置的平板。A 能穿过甲板，B 嵌入乙板，C 被丙板反向弹回。上述情况中平板受到的冲量最大的是(　　)。

A. 甲板　　B. 乙板

C. 丙板　　D. 三块一样大

8. (单选)质量为 m 的小球以速度 v 与竖直墙壁垂直相碰后以原速率反向弹回，以小球碰前的速度为正方向，关于小球的动能变化和动量变化，下面的答案正确的是(　　)。

A. 0、0　　B. mv^2、0

C. 0、$-2mv$　　D. 0、$2mv$

9. (多选)试分析下列情况中，哪些系统的动量守恒(　　)。

A. 不计水的阻力，一小船船头上的人，水平跃入水中，由人和小船组成的系统

B. 在光滑水平面上运动的小车，一人迎着小车跳上车，由人和小车组成的系统

C. 在光滑水平面上放有 A、B 两木块，其间有轻质弹簧，两手分别挤压 A、B，突然放开右手，由两木块 A、B 和弹簧组成的系统

D. 一物块沿固定斜劈的斜面匀速下滑，由物块和斜劈组成的系统

10. (单选)甲、乙两球在光滑水平面上发生碰撞。碰撞前，甲球向左运动，乙球向右运动，碰撞后一起向右运动，由此可以判断(　　)。

A. 甲的质量比乙小

B. 甲的初速度比乙小

C. 甲的初动量比乙小

D. 甲的动量变化比乙小

二、填空题

1. 质量为 10 kg 的物体，以 16 m/s 的速度做直线运动，受到一恒力作用 0.4 s 后，物体变为反向运动，速度大小为 2 m/s，则作用于物体的冲量大小为__________，此恒力大小为__________，方向为__________。

2. 小球 A 的质量为 m，速度为 v，与在同一水平直线上运动的小球 B 相撞，球 A 以 $2v$ 的速率反弹回去，则球 A 的动量变化是__________，球 B 碰撞中的动量增量是__________。(以 v 为正方向)

3. 小球做自由落体运动，第 1 s 末动量为 p_1，第 2 s 末动量为 p_2，则 $p_1:p_2$=__________。第 1 s 内动量变化为 Δp_1，第 2 s 内动量变化为 Δp_2，则 Δp_1: Δp_2=__________。

4. 质量为 2 kg 的物体以 15 m/s 的初速度做匀减速直线运动。物体在 20 s 末的速度为 −5 m/s，此时物体的动量是__________；20 s 内物体受到的合外力的冲量的大小是__________，方向__________。

5. 两个磁性很强的条形磁铁，分别固定在 A、B 两辆小车上，A 车的总质量为 2 kg，B 车的总质量为 1 kg。A、B 两辆小车放在光滑的水平面上，它们相向运动，A 车的速度是 5 m/s，方向水平向右；B 车的速度是 3 m/s，方向水平向左。由于两车上同性磁极的相互排斥，某时刻 B 车向右以 4 m/s 的水平速度运动，此时 A 车的速度是__________；这一过

程中，B 车的动量增量是___________。

三、计算题

1. 质量为 5 kg 的物体静止在地面上，现用竖直向上的拉力 F=60 N 提升物体(g=10 m/s^2)。在上升的 10 s 时间内，求：

(1)物体所受合外力的冲量；

(2)物体的动量增量大小；

(3)物体的动能增量。

2. 在光滑的水平冰面上，一小孩坐在静止的冰橇中，小孩和冰橇的总质量 M=30 kg。冰橇上放有 6 颗质量均为 m=0.25 kg 的雪球。小孩先后将雪球沿同一方向水平掷出，出手时雪球相对地的速度均为 4.0 m/s。那么 6 颗雪球掷完后，冰橇和小孩的速度大小是多少？

热现象及应用

在日常生活中，热现象普遍存在，与我们的生活有十分密切的关系。同学们经常遇到这样一些情况：在水杯里滴入几滴墨水，一会儿整杯水都染上了墨水的颜色；天气寒冷的时候，喜欢双手互相快速摩擦来取暖；用打气筒给自行车充气时，打气筒壁会发热；给锅里的水加热，水温度会升高等现象。可是，你知道热现象的实质吗？热现象遵从哪些规律？带着这些疑问，我们将在本章学习一些热学知识，然后再以热学知识为基础，深入了解一些更有趣的自然现象及其产生的原因。

第1节　分子动理论

人类早在古希腊时代就出现了物质的微粒结构的思想。德谟克利特等曾想象物质是由不可再分割称为“原子”的粒子组成，并认为不同的物质由不同的“原子”构成。直到 17、18 世纪期间，随着热学的发展，人们开始探讨热现象的本质，出现了分子动理论的学说。

分子动理论的基本内容是：①物质是由大量分子组成的；②分子永不停息地做无规则热运动；③分子之间存在着相互作用的引力和斥力；④分子间存在间隙。

一、物质的组成

我们生活的世界绚丽多彩，组成这个世界的物质是千差万别的，各种物质都是由大量分子组成的。物质的分子种类繁多，大小也差别很大，例如，1 cm^3 水中大约有 3.35×10^{22} 个水分子。如果一个人每小时能数一万个分子，要不休息地数几百万亿年才能数完。

同时分子的体积也很小，它的直径的数量级只有 10^{-10} m。分子太小了，用肉眼根本不可能直接看到它，即使用显微镜观察，也只能看到很小的颗粒，这些颗粒也含有大量的分子。人们对分子大小的研究和测量，从最早的单分子油膜法的粗略测量，到现在的扫描隧穿显微镜观察法的精确测量。随着测量仪器的不断改进，其测量精确程度有了很大的提高，通过大量精确的实验，人们发现，一般物质分子的直径都是以 nm 为数量级。例如，氢分子的直径为 0.23 nm，水分子的直径为 0.4 nm，蛋白质分子的直径比较大，也有几纳米。

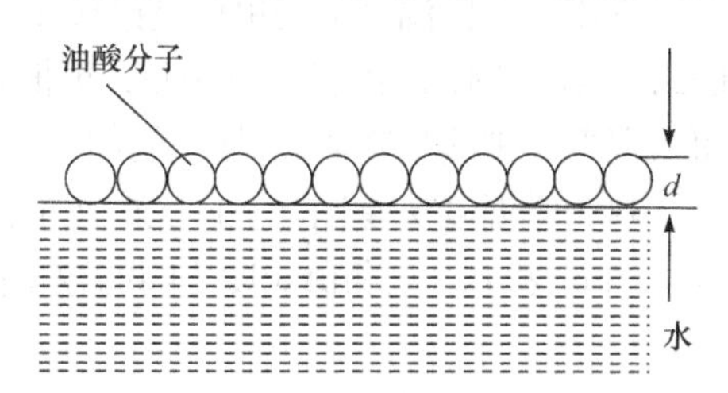

图 5-1　油膜分子

单分子油膜法测油酸分子直径：如图 5-1 所示，把一滴油酸滴到水面上，油酸在水面散开，形成单分子油膜，可以认为单分子油膜的厚度等于油酸分子的直径。事先测出油酸滴的体积 V，再测出

油膜的面积 S，根据公式 $d=V/S$ 就可以算出油酸分子的直径 d。

二、分子热运动

任何物体都是由大量的分子(或原子)组成的，但是这些分子(或原子)并不是静止的，而是在不停地运动。

(一)扩散现象

【观察实验】

1. 红墨水在清水中扩散 在两个装满清水(一个是冷水，一个是热水)的玻璃杯中分别加入一滴红墨水，我们可以观察到：红墨水慢慢在水中散开，经过一段时间两杯水都变成红色。但是装有热水的玻璃杯中进行得要比装冷水的快。

2. 打开一瓶香水 在教室前面打开一瓶香水，前面的同学先闻到香水的味道，接着中间的同学也闻到了，最后整个教室的同学都能闻到。

上面两种现象是扩散现象。扩散现象是指物质分子从高浓度区域向低浓度区域转移，直到均匀分布的现象，速率与物质的浓度梯度成正比。扩散是由于分子热运动而产生的质量迁移现象，主要是由密度差引起的。目前认为在绝对零度以下不会发生分子热运动。扩散现象等大量事实表明，一切物质的分子都在不停地做无规则的运动。

扩散现象不仅在液体和气体中发生，在相互接触的固体之间也会发生，只是常温下固体之间的扩散进行得很慢。例如在墙角放一堆煤，几个月后，不仅墙的表面有煤灰，用小刀轻轻刻掉一小层墙皮，墙皮内部也有少量煤灰。高温状态下，固体的扩散就比较明显。在高温 200℃以上，互相接触的铅和锌，由于分子的扩散作用，经过 12 h 以上，可以形成 0.3 mm 厚的“中间层”，这个“中间层”就是铅和锌互相扩散的产物。

(二)分子热运动

1. 布朗运动 英国植物学家布朗(1773-1858)在物理学上的贡献是发现了悬浮在液体或气体中微小粒子所做的无规则运动，称为布朗运动。布朗运动指的是悬浮微粒永不停息地做无规则运动的现象。那么布朗运动是怎么产生的呢？随着分子动理论的发展，人们才了解到，布朗所观察到的微小粒子的不规则运动，是它们受到来自各个方向的液体或气体分子的不平衡撞击所引起的。因此，布朗运动间接显示了物质分子处于永恒的热运动之中。布朗运动的发现，给物质是由分子组成的理论提供了第一个直接的证据。

2. 温度 我们在初中已经学过，物体的冷热程度用温度来表示。

常用的摄氏温度 t 的单位是摄氏度，用℃表示。一个标准大气压下冰水混合物的温度定为 0℃，水沸腾时的温度定为 100℃，再把 0～100℃的温度平均分成 100 份，每份为 1℃。通常用摄氏温度计来测量物体(液体、气体)的温度。

热力学温度 T 是国际上广泛应用的温度的另一种表示。热力学温度的单位是开尔文，简称开，用 K 表示，它和摄氏度之间的数量换算关系为

$$T=t+273.15 \tag{5.1}$$

在一般情况下，可近似表示为

$$T=t+273 \tag{5.2}$$

就温度间隔来说，1 K与1℃相等，热力学温度中的零度，即0 K，是宇宙中物体最低温度的极限，所以也叫**绝对零度**。

3. 分子的热运动　在不同温度下观察布朗运动可以发现，温度越高，微小粒子运动越剧烈。观察扩散现象时也可以发现，温度对扩散现象的影响：温度越高，扩散现象进行得越快。这些现象充分说明：分子的无规则运动速度与温度有关，温度越高，分子运动越剧烈。所以，大量分子的无规则运动叫做**分子的热运动**，一切热现象都是分子热运动的表现。

运动的物体具有动能。组成物质的分子不停地做无规则运动，运动的分子同样具有动能。这种动能叫做**分子动能**。分子动能指的是大量分子做无规则热运动的动能，跟物体作为一个整体所做的机械运动无关。

组成物质的分子是大量的，在同一温度下，每个分子的速率并不相同，因而动能也不相同，大量分子动能的平均值，叫做分子的**平均动能**。物体的温度高，分子的热运动就越剧烈，分子的平均动能就大；反之，物体的温度越低，其中的分子运动就缓慢，分子的平均动能就小。在一定温度下，物质分子热运动的平均动能也是一定的。因此，温度是物质分子热运动平均动能的标志。

三、分子间的作用力

固体和液体有一定的体积，固体还有一定的形状，这说明分子间一定存在相互的作用力。分子间的作用力有时表现为引力，有时表现为斥力。固体和液体有形状或体积，说明分子间有引力；压缩固体和液体是困难的，这说明固体分子之间和液体分子之间都存在着斥力。所以说，分子之间存在着相互作用的引力和斥力，分子间的这种相互作用力叫做**分子力**。

分子力表现为引力还是斥力，跟分子间的距离有关系，当分子间的距离为某一数值时，分子力为0，这时分子处于平衡位置，这个距离大约为10^{-10} m，用r_0表示。如图5-2所示，为分子力随距离变化的情况。图中实线表示引力和斥力的合力(即分子力)。当分子间距为$r=r_0$时，分子间的引力与斥力平衡，分子间作用力为零；当分子间距$r<r_0$时，分子间引力和斥力都随距离减小而增大，但斥力增加得更快，因此分子间作用力表现为斥力；当分子间距$r>r_0$时，引力和斥力都随距离的增大而减小，但是斥力减小得更快，因而分子间的作用力表现为引力。引力随距离的增大而迅速减小，当分子距离的数量级大于10^{-9} m时，分子间的作用力变得十分微弱，可以忽略不计了。

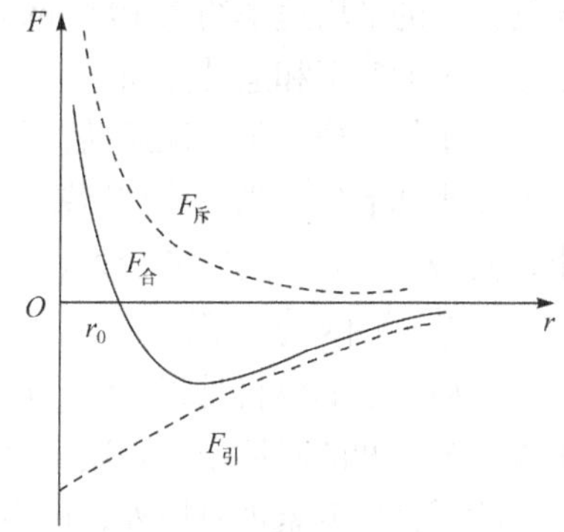

图5-2　分子力随距离变化曲线

四、分子间存在间隙

【观察实验】

1. 用打气筒给篮球充气，当我们给篮球充气时，打气筒的空气能连续多次的被压缩到一个小小的篮球里，为什么呢？

2. 将一定体积的水和酒精装在同一个量筒里，经过一段时间后，充分混合后液体有什么变化呢？混合后的液体的总体积略小于原来水和酒精的体积之和。

为什么会发生这种现象呢?

20 世纪 20 年代，科学家发明了碳化钨基硬质合金，它通过将碳化钨注渗到钢基体内，使合金表面的硬度、耐磨性、抗拉强度和抗疲劳性大幅度提高，该合金可供刀具、模具、量具以及钻具使用，其耐磨性为高速钢的 15～20 倍。

分析上述案例，思考与讨论下列问题(主要围绕分子之间存在间隙作讨论)。

为什么石油气在储存、运输过程中需要加压装瓶?

为什么水和酒精混合后液体的总体积会减小?

为什么能将碳化钨注渗到钢基体内呢?

结论：分子间存在间隙。

综上所述，宏观物体是由大量分子组成的；分子永不停息地做无规则的热运动；分子间存在着相互作用的引力和斥力；分子间存在着间隙。这就是分子动理论的基本内容。

五、气体的性质 压强

吹气球时，我们为什么能够把它吹大? 固体、液体和气体都是由分子构成的，为什么气体分子能够充满整个容器? 而固体和液体则不能? 气体的压强是怎样产生的? 带着这些问题，我们来学习一下气体的性质，了解一下气体气压的测量方法。

(一)气体的性质

我们知道，固体有一定的形状，液体具有一定的体积，其形状与容器有关，固体和液体很难被压缩。而气体能够充满任何形状的容器，容器的容积可以看成是气体的体积。如果压缩容器，使容器的容积变小，其中的气体的体积也变小了。可见，气体没有一定的形状和体积，并且容易被压缩。如何解释气体的这些性质呢?

固体、液体内部的分子排列比较密集，与固体、液体相比较，气体的密度较小，通常情况下，容器的容积比其中气体分子的总体积大得多。由于分子间的距离比较大，远大于 10^{-9} m，分子间的作用力变得十分微弱，可以忽略不计了。

气体分子在不停地运动着，运动是杂乱无章的。它们在做热运动时，除了相互碰撞瞬间外，几乎不受力的作用。可以近似认为，它们在相邻两次碰撞之间的路径上做匀速直线运动。气体分子热运动速率与温度和气体的种类有关，在常温情况下，氧气分子的平均速率约为 483 m/s，氢气分子的平均速率约为 1924 m/s。只有在发生碰撞(气体分子间或气体分子与器壁)时，才会改变分子的速率和运动方向。

由于气体分子不停地运动，分子能够到达容器的任何角落，充满整个容器，它自己没有一定的体积和形状。当气体被压缩时，由于气体分子的数量并不减少，所以气体分子间的距离变小，使得气体分子的密度变大。

(二)气体的压强

气体分子的数目是很大的，通常情况下每立方米含有 2.45×10^{25} 个气体分子。由于分子数目很大，分子间的碰撞十分频繁，每秒钟每个气体分子同其他分子碰撞几十亿次。容器中的气体分子除了彼此频繁地碰撞外，还不断地跟容器壁碰撞。分子每次碰撞都给容器壁一个作用力。虽然一个分子在每次碰撞时的作用力极其微小，而且时间也非常短暂，但是大量分子的频繁碰撞，对容器壁就产生了持续不断的压力，就像大量密集的雨点不断地打在雨伞上，对伞面产生持续的压力一样。

气体作用在器壁单位面积上的压力，就是气体的压强(P)。从分子动理论的观点看，气体的压强是大量分子不断碰撞器壁的结果。平均来说，在相同时间内，气体分子对器壁任何一处单位面积上的碰撞次数和作用是一样的，因而气体对器壁各个方向的压强相等。显然，气体压强的大小应与气体的分子数密度和分子的平均动能有关。气体分子数密度越大，一定体积内的分子数目就越多，分子与器壁碰撞的次数就越多，因而产生的压强就越大。气体分子平均动能越大，分子热运动越剧烈，分子对器壁碰撞的冲力就越大，同时碰撞也越频繁，因此气体的压强就越大。

压强的 SI 单位是帕斯卡，符号是 Pa，1 Pa=1 N/m^2。

包围着地球的几千千米厚的大气，对地球上的一切物体都产生压强称为**大气压强**。大气压强通常跟 760 mmHg(水银柱)产生的压强相等，这个大气压值也叫**标准大气压**。

$$1\ 标准大气压=760\ mmHg=1.013\times10^5\ Pa$$

$$1\ mmHg=133.3Pa$$

气体的压强要用气体压强计来测定，图 5-3 所示是一种水银气压计。在实验室中常用开口 U 形管内装入水银制成的水银压强计来测量气体的压强。

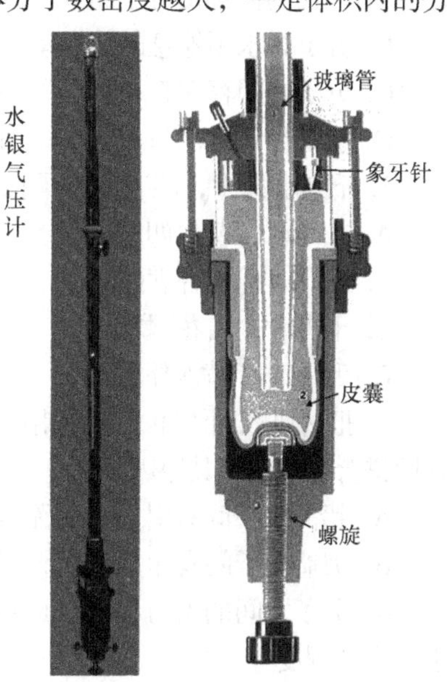

图 5-3　水银气压计

知识巩固 1

一、填空题

1. 两滴水银相互接近时，能自动地汇成一滴较大的水银，这表明水银分子间存在着__________力。

2. 将 50 ml 的水和 50 ml 的酒精充分混合，混合后水与酒精的总体积将__________(选填“大于”、“小于”或“等于”)100 ml，上述现象说明分子之间有__________。

3. “花气袭人知骤暖，鹊声穿树喜新晴”，这是南宋诗人陆游的《村居书喜》中的两句诗，对于前一句，从物理学的角度理解为：花朵分泌的芳香油分子__________加快，说明当时周边的气温突然__________。

4. 热力学温度和摄氏度之间的数量换算关系为__________。

5. 1 标准大气压=__________mmHg=__________Pa。

二、选择题(单选)

1. 下列有关分子的叙述不正确的是(　　)。

A. 一切物质都是由分子构成的

B. 分子是保持物质原来性质的最小微粒

C. 分子很小，用一般的显微镜看不到

D. 分子大小通常以 nm 做单位来量度

2. 下列关于分子的说法错误的是(　　)。

A. 一切物体都由分子组成

B. 分子做永不停息的热运动

C. 分子之间存在着相互作用力

D. 有的分子之间只有引力，有的分子之间只有斥力

3. 下列事件中，能表明分子在不停地做无规则运动的是(　　)。

A. 扫地时，灰尘四起

B. 花开时，花香满园

C. 下雪时，雪花飘飘

D. 刮风时，黄沙扑面

4. 把两块表面干净平整的铅压紧就能结合在一起，打碎了的两块玻璃用多大的力都不能将它们拼合在一起，其原因是(　　)。

A. 铅的分子间有引力，而无斥力

B. 玻璃分子间有斥力，而无引力

C. 分子之间的引力和斥力是同时存在的，只不过因两铅块分子之间的距离能靠近到引力大于斥力的程度

D. 以上说法都不对

5. 下列现象中，说明分子间存在着引力的是(　　)。

A. 吸盘式挂衣钩可吸附在瓷砖表面

B. 要用很大的力才能折断铁丝

C. 用胶水把纸粘在墙上

D. 液体和固体很难被压缩

第2节　能量守恒定律

自然界中的物质做着各种形式的运动，如物体的机械运动、分子的热运动、原子和电子的运动，等等。每一种运动都有一种能跟它相对应，因此有各种形式的能。跟物体的机械运动相对应的是机械能，跟物体中分子热运动相对应的是内能，此外还有跟其他运动形式对应的电能、光能、核能、化学能，等等。不同能量之间还可以相互转化。例如，电能通过白炽灯转化为光能和内能；电能还可以通过电动机转化为机械能；转动的车轮由于摩擦，将机械能转化为车轮、铁轨的内能。同时，各种能都能够做功。例如，建筑工地上，用打桩机将水泥桩打进地基；汽油燃烧时气体的内能可以驱动内燃机转动。那么，各种能量在转化过程中又遵循什么样的规律呢？

一、物体的热力学能

通过第 1 节的学习，我们知道组成物体的分子总在做无规则的热运动，因此具有分子动能，我们把组成物体的分子所具有的动能，称为**分子动能**。

由于分子间存在着相互作用的分子力，因而分子还具有由它们的相对位置决定的能，这种能叫**分子势能**。

物体内所有分子的分子动能和分子势能的总和，叫做物体的**热力学能**，也叫做**内能**。

物体的内能与温度有关，也与物体的体积有关。在温度不变的条件下，物体体积膨胀或收缩时，分子间的平均距离改变，分子势能也随之改变，因而引起物体内能的改变。

【演示实验】

如图 5-4 所示，固定在底座上的薄铜管里装着少量乙醚，用软木塞塞紧管口。在管子上缠一条结实的软绳，用力来回拉绳子，过一会就会听到“砰”的一声，软木塞被乙醚气体冲出管口。

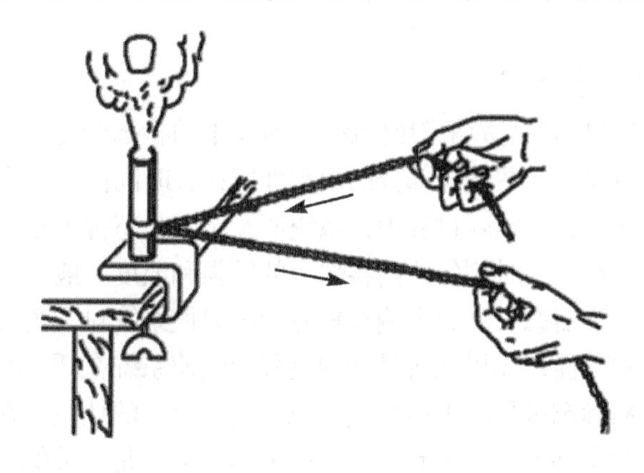

图 5-4　做功改变物体内能

这个实验说明，外力对物体(铜管)做功，物体的内能增加(温度升高)；物体(气体)对外做功，内能减少(温度降低)。这些现象表明，做功是可以改变物体内能的一种方式。

做功可以改变物体的内能。当外界对物体做功时，物体的内能会增加；反之，当物体对外界做功时，物体的内能减少。当用打气筒给自行车充气时，打气筒会发热，就是由于外界对物体做了功，物体内能增加的缘故。

图 5-5　焦耳

热传递也可以改变物体的内能。当外界向物体传递热量时，物体的内能就增加。例如，给炉火上的水壶加热，水壶和水温度升高，是由于热传递，物体的内能增加。反之，当物体向外界传递热量时，物体的内能减少。

英国物理学家焦耳(1818-1889)(图 5-5)，在将近 40 年的时间内做了大量的实验，研究了热和功的关系。他得出结论：

在改变物体的内能方面，做功和热传递是完全等效的。当时认为热传递和做功是完全无关的两个过程，焦耳把它们联系起来了，并且用实验建立了它们之间的定量关系，为后来建立普遍的能量守恒定律奠定了基础。

但是，做功和热传递这两种改变内能的方式却有着本质的区别。做功使物体内能发生改变，是其他形式的能和内能之间的转化。例如，摩擦生热是外力做功，使物体中的分子剧烈运动起来，内能增加，这是机械能转化成了内能。热传递的情形就不同了，温度不同的两个物体相互接触，逐渐使低温物体的温度升高，高温物体的温度降低，这个过程中高温物体的一部分内能转移到了低温物体。因此，热传递过程是内能转移的过程。

综上所述，改变物体的内能的方法有两种：做功和热传递。

二、热力学第一定律

在热力学中，一般把所研究的具体宏观物体，称为热力学系统，简称**系统**。系统是由大量分子组成的，如气缸中的气体。系统以外的物体统称为**外界**。系统与外界可以相互作用，如做功、热传递。

(一) 平衡态、准静态过程

一个热力学系统在外界影响(做功或热传递)下所发生的状态变化称为**热力学过程**，简称**过程**。在没有外界影响的情况下，系统各部分的宏观性质在长时间内不发生变化的状态称为**平衡态**。平衡态是一种理想状态，在实际过程中，系统所经历的状态都不是平衡态。例如，推动活塞压缩气缸中的气体时，在任一时刻气体内各部分的压强和温度一般不会相同，因而状态是不平衡的。设系统最初处于平衡态，外界影响在短时间中只使系统对平衡态有微小的偏离，而且有足够的时间恢复到新的平衡，如果在所进行的过程中能使系统在任一时刻的状态都接近于平衡态，这样的过程称为**准静态过程**。平衡和过程原是两种对立的性质，在准静态过程中它们在系统能够迅速恢复平衡的条件下统一了起来，所以准静态过程是一种似静非静的理想过程。严格地说，准静态过程是实际过程无限缓慢进行时的极限情形，但在实际中还是可视系统的具体过程作出判断。例如，就实际气缸中的气体压强而论，从不平衡恢复到平衡的时间只有 10^{-4} s，所以同活塞的运动速度相比，气体经历的过程就可近似认为是准静态过程。

(二) 热力学第一定律

现在我们来研究功、热量跟内能的改变三者之间的关系。

做功和热传递都能改变物体的内能。当外界对物体做功时，物体的内能增加，当物体对外界做功时，物体的内能减少。设一个物体，如果它不跟外界发生热交换，外界对物体所做的功为 W，内能的增加为 ΔU，那么 $\Delta U=W$。如果外界既没有对物体做功，物体也没有对外界做功，那么物体吸收了多少热量，它的内能就增加多少。设物体吸收的热量为 Q，内能的增加为 ΔU，那么 $\Delta U=Q$。在一般情况下，物体跟外界同时通过做功和热传递发生能量交换，那么，外界对物体所做的功 W 加上物体从外界吸收的热量 Q，应该等于物体内能的增加 ΔU，即

$$\Delta U=Q+W \tag{5.3}$$

上式所表示的功、热量跟内能改变之间的定量关系，在物理学中叫做热力学第一定律。

热力学第一定律是人们经过长期的生产实践和科学实验总结出来的普遍规律。在应用热力

学第一定律解决实际问题时，要注意公式中各个物理量的符号规定：物体从外界吸收热量时，Q 取正值，物体向外界放出热量时，Q 取负值；外界对物体做功时，W 取正值，物体对外界做功时，W 取负值；物体的内能增加时 ΔU 取正值，物体的内能减少时，ΔU 取负值。注意公式中各个物理量采取国际制单位：焦耳(J)。

【例题 5-1】　一定质量的气体从外界吸收热量 2.66×10^5 J，其内能增加了 4.15×10^5 J，问此过程中，是气体对外界做功还是外界对气体做功？做了多少功？

解：已知：$Q=2.66\times10^5$ J，$\Delta U=4.15\times10^5$ J；

求：W。

根据热力学第一定律 $\Delta U=Q+W$ 得

$$W=\Delta U-Q=(4.15\times10^5-2.66\times10^5)\ \text{J}=1.49\times10^5\ \text{J}$$

答：W 为正值，表示外界对气体做功，做功为 1.49×10^5 J。

三、能量守恒定律

外界对物体做功使物体的内能增加，这是其他形式的能转化成了内能，物体从外界吸收热量内能增加，是内能从其他物体转移到这个物体。由热力学第一定律知道，如果通过做功和热传递向一个物体提供的能量都用来增加它的内能，那么，内能的增量一定和外界提供的能量相等，能量在转化和转移过程中守恒。

各种形式的能是可以相互转化的。燃料燃烧生热，是化学能转化为内能；摩擦生热是机械能转化为内能；通电的灯丝发光是电能转化为内能和光能。可见，发生能量转化时，一种能消失了，就会出现其他形式的能，能的总量是不变的。大量事实表明，各种形式的能都可以相互转化，并且在转化中守恒。

能量既不会凭空产生，也不会凭空消失，它只能从一种形式转化为另一种形式，或者从一个物体转移到别的物体，在转化和转移过程中，能量的总和不变，这就是**能量守恒定律**。

能量守恒定律是许多物理学家经过长期探索，于19世纪确立的，它是整个自然界都遵从的普遍规律，任何现象都不会违背这条规律。能量守恒定律自从建立以来就是人们认识自然、改造自然的有力武器，它使不同领域的科学工作者具有了一系列的共同语言。

图 5-6　第一类永动机

历史上曾有人幻想制造一种机器，它不需要消耗任何能量，却能不断地对外做功，这种机器称为第一类永动机，如图 5-6 所示。但是设计永动机的企图都在实践中失败了。这一事实再一次证明了能量守恒定律是自然界最普遍的规律。

【例题 5-2】　第一类永动机为什么不可能制成？

答：由能量守恒定律知，能量既不能凭空产生，也不能凭空消失，只能从一种形式转化成另一种形式，或者从一个物体转移到另一个物体，在转化和转移过程中，能量的总和不变。不需要消耗任何能量，却能不断对外做功的第一类永动机违反了能量守恒定律，所以是不能制成的。

知识链接 能量守恒定律的建立

能量守恒定律是19世纪最伟大的发现之一，是自然界中最为普遍的规律。能量守恒定律是建立在自然科学发展的基础上的，经过伽利略、牛顿、惠更斯、莱布尼兹以及伯努利等许多物理学家的认真研究，动力学得到了较大的发展。

18世纪末和19世纪初，各种自然现象之间的联系相继被发现。伦福德、戴维的摩擦生热实验否定了"热质说"，把物体内能的变化与机械运动联系起来。1800年发明伏打电池之后不久，又发现了电流的热效应、磁效应和其他一些电磁现象。这个时期，电流的化学效应也被发现，并被用来进行电镀。在生物学界，证明了动物维持体温和进行机械活动的能量跟它摄取的食物的化学能有关。自然科学的这些成就，为建立能量守恒定律做了必要的准备。

能量守恒定律的最后确定，是在19世纪中叶由迈尔、焦耳和亥姆霍兹等完成的。完成精确测量热功当量并赢得举世公认的是英国物理学家焦耳，从1840年到1878年的将近40年的时间里，研究了电流的热效应，压缩空气的温度升高以及电、化学和机械作用之间的联系，做了400多次实验，用实验结果确凿地证明了热和机械能及电能间的转化，用大量的事实使科学界认识了能量守恒定律是自然界的一条基本规律，为能量守恒定律的发现奠定了坚实的实验基础。

德国医生迈尔是从生理学开始对能量进行研究的。1842年，他从"无不生有，有不变无"的哲学观念出发，表达了能量转化和守恒的思想。他分析了25种能量的转化和守恒的现象，成为世界上首先阐述能量守恒思想的人。

在1847年，当焦耳宣布他的能量观点的时候，德国学者亥姆霍兹在柏林也宣读了同样课题的论文。在这篇论文中，亥姆霍兹分析了化学能、机械能、电磁能、光能等不同形式能量的转化和守恒，并且把这个结果跟永动机不可能制造成功联系起来。他认为不可能无中生有地创造一个永久的推动力，机器只能转化能量，不能创造和消灭能量。亥姆霍兹在论文里对能量守恒定律作了清晰、全面而且概括的论述，使这个定律为人们广泛接受。

在19世纪中叶，还有一些人也致力于能量守恒的研究。他们从不同的角度出发彼此独立地进行研究，却几乎同时发现了这一伟大的定律。因此，能量守恒定律的发现是科学发展的必然结果。

知识巩固 2

一、填空题

1. 物体内所有分子的分子动能和分子势能的总和，叫做物体的________，也叫做________。

2. 改变物体的内能的方法有两种：________和________。

3. 热力学第一定律的表达式为________。

4. 能量守恒定律的内容________。

二、计算题

1. 一定量的气体，从外界吸收热量 3.0×10^5 J，其内能增加了 2.5×10^5 J，问此过程中，是气体对外界做功还是外界对气体做功？做了多少功？

2. 一定质量的气体加热，气体吸收了热量800 J，它受热膨胀，对外做功500 J，气体的内能改变了多少？

第3节 能源与社会

在人类历史上，最早利用的能源是以薪草作为燃料，以人力、畜力、水力、风力作为动力。自从17世纪工业革命以来，人们开始大规模地开采地下的煤炭和石油，那是数千万年前(第三纪)以至五亿年前(古生代和晚元古代)地球上生物的遗产。人们把煤炭、石油和天然气作为能源，但是这种能源资源是有限的。根据国际能源专家的预测，地球上蕴藏的煤炭将在今后200年内开采完毕，石油将在今后34年内告罄，天然气也只能再维持60年左右。可见，能源问题必将成为长期困扰人类生存和社会发展的一个主要问题。

所谓能源，就是能够提供能量和做功的自然资源，它是人类生存和发展必不可少的物质基础，是支撑现代人类社会生存和发展的柱石。

(一)能源分类

大自然赋予人类的能源非常丰富，多种多样。自古以来，经过人类不断地开发利用，能源已形成一个兴旺发达的大家族。关于能源的分类方法有很多种。

依据能源开发利用过程中对环境造成的破坏程度，可以将能源分为清洁能源和非清洁能源。将对环境造成的破坏较小或者不产生破坏的能源归为清洁能源，将对环境产生较大破坏的能源归为非清洁能源。现在认为清洁能源包括：太阳能、风能、水能、地热能；沼气、生物质可燃气、固体成型燃料；洁净煤、洁净油、天然气、液化气等。非清洁燃料主要包括：薪柴、薪草、秸秆农业废弃物；煤炭、焦炭、石油、汽油、燃料油等。清洁能源与非清洁能源的界限并不是绝对的，并且会随着时间的推移以及技术的进步而发生转化。

根据各种能源的开发利用情况和它们在人类社会经济生活中的地位，人们把能源分为**常规能源**和**新能源**两类。人们习惯于把技术上比较成熟而使用比较普遍的能源，称为常规能源，如煤炭、石油、天然气、水能等；而把利用时间还不长或正在研究开发的能源，称为新能源，如核能、太阳能、沼气能、风能、氢能、地热能、海洋能、电磁能等。其实，常规能源和新能源都是在特定的历史条件下相对而言的。今天的常规能源在过去曾经是新能源，而今天的新能源在将来也会成为常规能源。比如说，核能在大多数国家中目前仍被视为新能源，而在某些发达国家中由于对核能的使用越来越普遍，在无形中已成为一种常规能源了。

(二)我国能源概况

我国能源资源总量丰富，但是人均占有量和优质能源相对较少。我国传统化石能源资源以煤为主，石油、天然气等优质化石能源相对不足。我国经济社会的快速增长对能源的需求持续增长。2010年，我国一次性能源的消费总量达32.5亿吨标准煤，是1980年的5.4倍，我国已然成为世界最大的能源消费国。

目前，中国的煤炭储量较为丰富，已探明的煤炭储量接近万亿吨，按目前的开采速度，还能支持几百年时间。不过，烧煤也会带来不少问题，除了运输问题以外，燃烧中还会排放大量的有害气体，如一氧化碳、二氧化碳、二氧化硫和氧化氮等，这些有害气体都对人类的生存环境构成了一定的危害。

从长远来看，为了人类的生存和社会的发展，不可能长期依靠煤炭、石油、天然气等非再生能源，而必须大力开发利用“可再生能源”。近代物理学和天文学已经充分证明，以天体物理运动所发出的能量为基础的可再生能源，包括太阳能、风能、潮汐能、水能、地热能、化学能、核聚变能等，这些能源实际上是无限的，取之不尽，用之不竭。毫无疑问，再过若干年之后，作为人类文明支柱的能源，将不是非再生能源，而是可再生能源。因此，对于可再生能源的研究和开发利用，将是人类科学技术永恒的主题。

（三）能源与环境

从古至今，人类社会的发展经历了漫长复杂的道路，在由简单到复杂，由低级到高级的发展过程中，人类创造了前所未有的文明，但同时也带来了一系列的环境问题。能源是人类社会赖以生存和发展的重要物质基础，但能源开发利用造成的环境污染是导致环境问题日益严重的主要原因。

20世纪六七十年代，人们对于环境问题的界定主要停留在环境污染或公害的层面上，如水污染、大气污染、放射性污染等；而对于地震、水灾、旱灾等认为纯属于自然灾害。近些年来，随着经济的迅速发展，各种自然灾害频繁加剧，使得人们意识到了能源开发利用是造成人为的天灾的主要原因之一。

1. 对空气的影响 大气环境是指生物赖以生存的空气的物理化学和生物学特性。大气环境和人类生存密切相关，大气环境的每一个因素几乎都可以影响到人类，能源开发利用排出的二氧化碳、二氧化硫、一氧化碳、氮化物与氟化物等有害气体可以改变原有空气的组成，并引起污染，造成全球气候变化。

2. 对生态的影响 不合理开发利用能源造成的生态环境破坏，包括对动物、植物、微生物、土地、矿物、海洋、河流水分等天然物质要素的破坏，以及对地面、地下的各种建筑物和相关设施等人工物质要素的负面影响。随意砍伐森林，过度开采矿产造成的生物多样性减少、水土流失以及土地沙漠化。开矿对土壤、水体和植被等产生的污染和破坏现象持续发生。开矿产生的重金属被植物叶面、土壤和水产品吸收后，通过食物链进入人体，严重危害人类的健康。核能则产生放射性污染，生物质能的过度采集和砍伐导致森林植被破坏，造成水土流失加剧，土壤沙化，土地肥力减退，农作物减产等。

3. 对人居环境造成的影响 能源开发利用干扰了人类生活的空间场所，造成居住环境偏离人们理想中的居住环境，破坏生态环境和大气环境最终都会导致人类生存环境的恶化。能源对人居环境的影响，表现为通过改变与人居有关的其他因素影响人居环境。一般来说，矿区在环保环境、安全环境、人文环境等方面的建设都比较差。化石燃料的燃烧致使二氧化碳、氮氧化合物、总悬浮颗粒物(total suspended particulate, TSP)、PM2.5等排放浓度超标，造成空气能见度低，引起酸雨进而腐蚀建筑，抑制植物生长，破坏风景园林景观，进而导致环境质量下降。秸秆、薪柴、畜粪等生物质能的堆放、储存和使用都会对人居环境带来很多不利的影响，导致农村卫生条件差，疾病蔓延。此外，秸秆堆放还会带来火灾，给人居环境带来安全隐患。粗放的燃烧方式则导致二氧化碳、一氧化碳、二氧化硫、一氧化氮等气体的排放。

面对这些问题，我们该如何去做呢？

大力发展清洁能源和可再生能源。目前主要的清洁能源和可再生能源主要包括太阳能、风能、氢能、燃料电池、地热能等。清洁能源由于其低排放或排放物无害等优点必然会改善现有能源利用带来的弊端。

建立能源可持续发展的保障体系。为了实现能源的可持续发展，需要建立能源法律法规与政策，建设能源标准体系。建设能源法制，需要坚持依法规范与引导能源发展相结合，加强政策协调后的评估。制定能源标准，严格控制能源利用时产生的排放量。

提高认识，倡导能源节约。能源科学技术除了研究能源的开发之外，还要探讨节约能源。首先是原有能源的合理配置、综合利用。例如，推广煤炭的洗选加工工艺，提高热能利用率，煤炭液化或气化，变成流体形式，便于运输、储存，易调节控制以及热效率高，还可生产出高质量的汽油、柴油、润滑油、石蜡等产品，提取苯、酚等重要化工原料。其次要提高燃料的采收率。例如，目前石油采收率仅为30%～40%，如果能够把采收率提高一倍，就意味着石油的可采储量增加一倍。

我们必须以对国家和人民高度负责、对子孙后代高度负责的精神，把节约能源资源工作放在更加突出的战略位置，切实做到节约发展、清洁发展、安全发展、可持续发展，坚定不移地走生产发展、生活富裕、生态良好的文明发展道路。大量无限制地使用能源，会使世界能源枯竭的速度加快，对将来造成不可估量的灾难性后果。而环境保护关乎我们的子孙后代，人为地对人类赖以生存的家园肆意破坏，会让我们的生存环境受到毁灭性的破坏。所以，只有有效地保护环境，才可能进行可持续性的发展。

（四）新能源技术

新能源指传统能源之外的各种能源形式，包括太阳能、核能、地热能、潮汐能、风能和氢能等。新能源的共同特点是污染小、储量大，除核裂变燃料外，其他新能源几乎是永远用不完的。由于煤炭、石油、天然气常规能源具有污染环境和不可再生的缺点，因此人类越来越重视新能源的开发和利用。

1. 太阳能 地球上可以利用的无尽的能源是太阳能，地球表面每年接收的太阳能是当今全世界消耗能量的一万倍以上，实际上地球上的绝大多数能量均来自太阳。太阳辐射到地球上的光能，一部分为地面直接吸收，一部分通过蒸发水变为水的汽化潜热，一部分通过对流变成风能和海洋能，一部分通过光合作用变成植物的能量，进而变成动物的能量，长年累月后还形成了化石(矿物)燃料——煤、石油、天然气。

太阳能唾手可得而不会引起任何污染，不会破坏生态平衡，因而越来越受到世界各国的重视。目前，太阳能热利用技术比较成熟，有太阳能热水器、太阳能锅炉、蒸汽发电、太阳能制冷、太阳能聚焦高温加工、太阳灶等，在工业和民用中应用较多。

2. 核能技术 核能有核裂变能和核聚变能两种。核裂变能是指重元素(如铀、钍)的原子核发生裂变反应时所释放的能量，通常叫原子能。核聚变能是指轻元素(如氘、氚)的原子核发生聚合反应时所释放的能量。核能产生的大量热能可以发电，也可以供热。核能的最大优点是无大气污染，集中生产量大，可以替代煤炭、石油和天然气等燃料。

从1954年世界上第一座核电站建成以后，全世界已有20多个国家建成了400多个核电站，发电量占全世界发电总量的16%。我国自己设计制造建成的第一座核电站是浙江秦山核电站(30万 kW)；引进技术建成的是广东大亚湾核电站(180 万 kW)。核电站同常规火电站的区别是用核反应堆代替铜炉。

核聚变反应能释放出巨大的能量，因此受控核聚变具有极其诱人的前景。但由于进行核聚变需要非常苛刻的条件，人们现在还不能进行受控核聚变。聚变核燃料“氘”在海水中储量丰富，人类几乎可用之不尽。可以说，人类永恒发展的能源保证是核聚变能。相信在科学家的努力下，人们最终将掌握控制核聚变的技术，让核聚变为人类服务。

3. 其他新能源 地热能是地球内部蕴藏的巨大热能。除了地壳表层之外，地球大部分的温度都很高。从地球表面向下每深 100 m，温度就升高约 3℃，地壳以下 35 km 处，温度高达 1100～1300℃，地核的温度高达 2500℃以上。据估计，地下热水和地热蒸汽储存的热能是地球上煤炭藏量的 1700 万倍，地热电站造价低，无污染。目前不少国家地热发电装机容量超过 5×10^5 kW，在我国西藏地区，就建有多个地热电站。而冰岛的能源大部分取自地热，有一半人口用地热取暖。

月球的引力会引起潮汐现象，潮汐导致海水平面周期性地升降，因海水涨落及潮水流动所产生的能量称为**潮汐能**。潮汐能的利用方式主要是发电。我国海岸线长达 32000 km，有丰富的潮汐能。据估算，全国可开发利用的潮汐能发电装机容量为 2800 万 kW，年发电 700 亿 kW · h。

知识巩固 3

一、选择题（单选）

1. 下列物质中是能源的有（ ）。

A. 树木　　B. 花岗岩石　　C. 太阳　　D. 流动的空气

2. 下列说法中错误的是（ ）。

A. 电能是一种二次能源　　B. 石油是一种常规能源

C. 风能是一次能源　　D. 煤气是一种一次能源

3. 下列能源中属于新能源的是（ ）。

A. 天然气　　B. 太阳能　　C. 煤炭　　D. 石油

4. 在下列能源中，属于化石能源的是（ ）。

A. 核能、生物质能、水能　　B. 电能、汽油、柴油

C. 太阳能、地热能、风能　　D. 煤、石油、天然气

5. 人类使用电能的过程就是把电能转化为其他形式能的过程，如人们利用日光灯，主要是为了把电能转化为（ ）。

A. 机械能　　B. 光能　　C. 化学能　　D. 内能

二、简答题

1. 燃烧化石燃料产生哪些气体对环境造成污染？如何减小这些污染的？

2. 节约能源，人人有责。我们该如何节约能源？

3. 通过网络资源，了解能源和环境与人类存在的关系，知道可持续发展的重大意义。

第4节 热与热机

热力学理论最初是在研究热机的工作过程中发展起来的，热机是将热能转化为机械能从而对外做功的装置，如蒸汽机(往复式蒸汽机、汽轮机)、内燃机等都是热机。往复式蒸汽机依靠蒸汽推动活塞做功；汽轮机是高压蒸汽作用于汽轮机叶片推动汽轮机转动做功；汽油内燃机是空气和汽油混合气体燃烧后，体积膨胀对活塞做功。上述蒸汽和汽油混合物称为热机的工作物质。

(一)循环过程

在生产技术上需要将热和功之间的转换持续地进行下去，这就需要利用循环过程。系统经过一系列状态变化过程后，又回到原来状态的过程叫做热力学**循环过程**，简称**循环**。系统经过一个循环过程又回到初态时，各种状态参量和态函数都不改变，故$\Delta U=0$，则由热力学第一定律有 $Q=W$。

即经过一个循环过程，系统吸收的净热量等于系统对外所做的净功。

准静态循环过程在 P-V 图上为一条闭合曲线，沿顺时针方向进行的循环称为**正循环**，如图 5-7(a)所示；而逆时针方向进行的循环称为**逆循环**，如图 5-7(b)所示。系统在循环过程中，体积膨胀时对外做正功，体积压缩时对外做负功(即外界对系统做功)，系统经过一个准静态循环过程后对外界所做的净功 W，数值上等于该闭合曲线所包围的面积。由图可以看出，对于正循环，$W>0$，故系统净吸收的热量 $Q>0$，即系统在正循环过程中把吸收的热量转化为机械功；对于逆循环，$W<0$，故系统净吸收的热量 $Q<0$，即在逆循环过程中系统把外界所做的功转化为热量放出。应该指出，在循环中这种功和热之间的转换是通过工作物质来实现的，而且正循环和逆循环都必须至少涉及两个温度不同的热源。

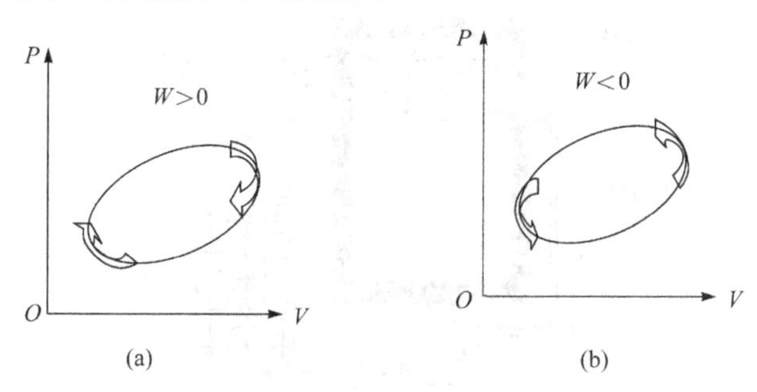

图 5-7 准静态循环曲线

(二)热机

热机中工作物质进行的循环就是正循环，它用从外界吸收热量(扣除对外界放出的热量)对外做功，如内燃机、蒸汽机。

以蒸汽机为例，蒸汽机的工作物质是水蒸气，它工作在高温(温度为 T_1)和低温(温度为 T_2)两个热源之间，如图 5-8 所示。蒸汽机的循环由四个过程组成：① 一定量的水从锅炉(高温热源 T_1)吸收热量 Q_1，形成高温高压的蒸汽；② 蒸汽进入汽缸推动活塞对外界做功 W_1；③ 做功后的蒸汽是温度和压强大大降低的“废气”，进入冷凝器(低温热源 T_2)后放出热量 Q_2 而凝结成水；④ 然后由泵将冷凝水压回到锅炉，外界做功为 W_2。在一次循环中，工作物质从高温热源吸收热量 Q_1，向低温热源放热 Q_2，对外所做的净功 $W=W_1-W_2$，它等于系统吸收的净热量，即 $W=Q_1-Q_2$。

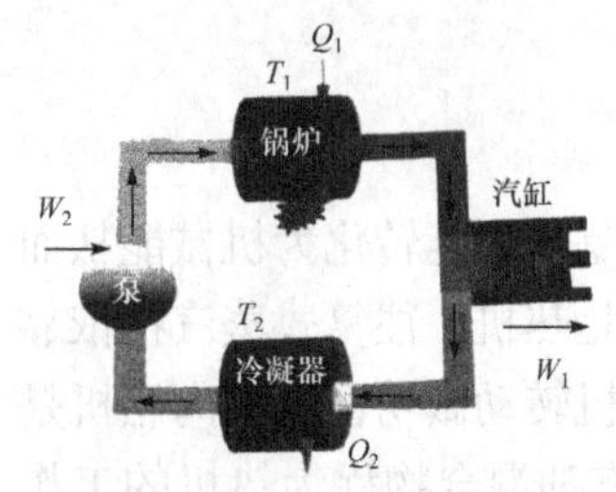

图 5-8　蒸汽机循环示意图

热机在一个循环中要从外界吸收热量 Q_1，也必定向外界放出热量 Q_2。热机从外界吸收的热量中只有一部分用于做功。为描述热机循环对所吸收热量的利用率，把 W 与 Q_1 比值称为**热机效率**，用符号 η 表示为

$$\eta=\frac{W}{Q_1}=\frac{Q_1-|Q_2|}{Q_1}=1-\frac{|Q_2|}{Q_1} \tag{5.4}$$

如果热机在循环过程中与多个热源交换热量，则式中 Q_1 是指循环中吸收热量的总和，Q_2 是放热的总和，按符号规定，$Q_2<0$，此处应取绝对值。

(三) 制冷机

制冷机是通过工作物质做功，使其从低温热源吸热，在高温热源放热，使热量不断地从低温热源传到高温热源，从而使低温热源制冷的装置。制冷机的循环与热机相反，属于逆循环，如电冰箱、空调机等是常见的制冷机。普通的制冷机的工作物质为容易液化的气体，通常是沸点为零下 30℃左右的氨或氟利昂。它的工作过程如图 5-9 所示：压缩机对系统做功，将高温高压的气态工作物质送入冷凝器，用空气或水冷却，使气体在高压下凝结为液体；液体经节流阀降温降压并部分汽化，然后进入蒸发器从冷库吸热蒸发，从而使冷库降温，蒸汽再回到压缩机中，完成一个循环。设在一个循环过程中，外界对工作物质做功为($-W$)，从低温热源(冷库)吸热 Q_2，向高温热源(冷凝器)放热$|Q_1|$，则由热力学第一定律有$|Q_1|-Q_2=-W>0$。

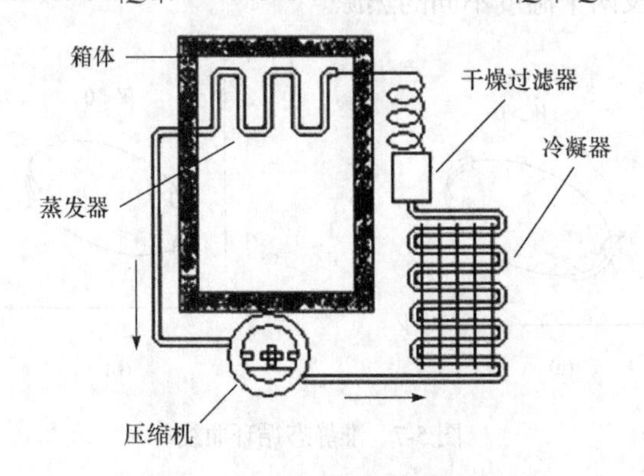

图 5-9　制冷机循环示意图

对于制冷机而言，自然希望从低温热源吸收热量 Q_2 尽可能多，同时消耗的功 W 尽可能少。为了表征制冷机的效率，引入**制冷系数**，将它定义为在一个循环中从低温热源吸收的热量 Q_2 与外界做功($-W=|W|$)之比，用 ω 表示，即

$$\omega=\frac{Q_2}{|W|}=\frac{Q_2}{|Q_1|-Q_2} \tag{5.5}$$

利用制冷机既可对低温热源制冷，也可以利用传给高温热源的热量来对高温热源供暖。专门用来供暖的制冷机又称热泵。空调机是既可以制冷又可以供暖的制冷机。空调的蒸发器在室内，冷凝器在室外时，热量便由室内传向室外使室温降低，作冷气机用；利用转换机构使室内的蒸发器作冷凝器用，室外的冷凝器作蒸发器用，热量则由室外传向室内给室内供暖，作热泵用。

应该指出，作为制冷机工作物质的氟利昂会破坏大气中的臭氧层，对环境有巨大的破坏作用，已被限制使用。在冰箱和空调等制冷机中已经逐步使用一些“无氟”制冷手段。

知识巩固 4

1. 通过网络资源了解热机的效率及主要影响因素。了解提高热机效率的方法和途径。

2. 随着科技的发展，热机对于现代经济、社会进步有何意义？通过网络资源了解新型热机的发展趋势。

小　结

1. 分子动理论的基本内容是：①物质是由大量分子组成的；②分子永不停息地做无规则热运动；③分子之间存在着相互作用的引力和斥力；④分子间存在间隙。

2. 扩散现象是指物质分子从高浓度区域向低浓度区域转移，直到均匀分布的现象，速率与物质的浓度梯度成正比。

3. 热力学温度与摄氏度的关系：$T=t+273.15$。温度是物质分子热运动平均动能的标志。

4. 1 标准大气压=760 mmHg=1.013×10^5 Pa。

5. 热力学能：物体内所有分子的分子动能和分子势能的总和，叫做物体的热力学能，也叫做内能。改变物体的内能的方法有两种：做功和热传递。

6. 热力学第一定律：外界对物体所做的功 W 加上物体从外界吸收的热量 Q，等于物体内能的变化量 ΔU，即 $\Delta U=Q+W$。

7. 能量守恒定律：能量既不会凭空产生，也不能凭空消失，它只能从一种形式转化为另一种形式，或者从一个物体转移到别的物体，在转化和转移过程中，能量的总和不变。

8. 除了节约用好传统的煤、石油、天然气等能源外，还应该积极开发新的能源，如太阳能、水能、风能、核能、地热能、潮汐能等。

9. 热机：将热能转化为机械能从而对外做功的装置。

10. 循环过程：系统经过一系列状态变化过程后，又回到原来状态的过程叫做热力学循环过程，简称循环。

11. 热机效率：为描述热机循环对所吸收热量的利用率，把 W 与 Q_1 比值称为热机效率，用符号 η 表示：$\eta=\dfrac{W}{Q_1}=\dfrac{Q_1-|Q_2|}{Q_1}=1-\dfrac{|Q_2|}{Q_1}$。

12. 制冷系数：在一个循环中从低温热源吸收的热量 Q_2 与外界做功（$-W=|W|$）之比，用 ω 表示：$\omega=\dfrac{Q_2}{|W|}=\dfrac{Q_2}{|Q_1|-Q_2}$。

自测题

一、填空题

1. 分子做无规则运动所具有的动能，叫做__________。

2. 在分子力是引力的情况下，物体的体积增大时，分子之间的距离增加，分子的势能__________，而物体的体积减小，分子间的距离减小，分子的势能也__________。

3. 一物体从飞机上落下，物体的机械能__________(填：守恒或不守恒)，物体的能量__________(填：守恒或不守恒)

4. 晚上在屋里点燃一支蚊香，很快整个房间都可以闻到它的气味，这是气体的__________现象，温度越__________(填"高"或"低")这一过程越快。

5. 高压下，油可以渗出钢管壁，这一现象说明固体分子之间也有__________。

6. 分子动理论的内容是：__________。

二、选择题(单选)

1. 在以下实例中，能通过热传递方式改变物体热力学能的是(　　)。

A. 阳光照射衣服，衣服的温度升高

B. 手感到冷时，双手互搓就会觉得暖和些

C. 用打气筒打气，筒内气体变热

D. 擦火柴时，火柴头上的易燃物质燃烧起来

2. 在下列过程中，属于做功改变物体热力学能的事例是(　　)。

A. 炉火上的壶水逐渐升温的过程

B. 把烧红的铁块投入水中，铁块温度降低的过程

C. 物体在阳光下被晒热的过程

D. 汽油机气缸内的气体被压缩的过程

3. 关于物体的内能，以下说法中不正确的是(　　)。

A. 物体的热力学能是指物体内所有分子的动能和势能之和

B. 物体不从外界吸收热量，其内能也可能增加

C. 外界对物体做功，物体的内能一定增加

D. 物体内能的多少，跟物体的温度和体积有关

4. 把磨得很光的铅片和金片紧压在一起，在室温下放置 5 年后很难再将它们分开，可以看到它们互相渗入约 1 mm 深，这一现象说明了(　　)。

A. 固体由分子组成

B. 固体的分子在不停地运动

C. 固体的分子间存在引力

D. 固体的分子间存在斥力

5. 一根铁棒很难被压缩，也很难被拉长，其原因是(　　)。

A. 分子太多

B. 分子间没有空隙

C. 分子间有引力和斥力存在

D. 分子永不停息地做无规则运动

6. 下列现象中，能够说明分子间存在引力的是(　　)。

A. 端面磨平的铅棒压紧后能够吊住大钩码

B. 两瓶气体，抽掉中间的隔板后气体逐渐混合

C. 墨水在热水和冷水中扩散快慢不同

D. 铅板和金板长时间压紧在一起，铅和金会互相渗透

7. 关于分子间的作用力，下面说法中正确的是(　　)。

A. 只有引力

B. 只有斥力

C. 既有引力又有斥力

D. 既有引力又有斥力，且引力与斥力大小总相等

8. 下列有关分子运动的内容的叙述中，正确的是(　　)。

A. 扩散现象说明了一切物体的分子都在不停地做无规则运动

B. 扩散现象只发生在气体之间，不可能发生在固体之间

C. 由于压缩固体十分困难，说明固体中分子之间没有空隙

D. 分子之间既有引力又有斥力，两种力总是相互抵消的

9. 下列关于能源的说法正确的是(　　)。

A. 煤、石油是当今人类利用的主要能源，它们是可再生能源

B. 天然气是一种清洁的能源，人类可以无尽地开发利用

C. 如果大量利用太阳能，可能使太阳能在短期内消耗殆尽

D. 水能和风能可以从自然界里得到，是可再生能源

10. 下列关于能源的说法，正确的是(　　)。

A. 能量就是能源

B. 电能是一种一次能源

C. 石油是一种可再生能源

D. 太阳能是一种可再生能源

三、简答题

1. 腌制鸡蛋时，把鸡蛋放在盐水里，过些日子，鸡蛋就变成咸的了。怎么解释这种现象？

2. 衣箱里放上樟脑球，整个衣箱都有樟脑的气味，这是为什么？

3. 为什么说做功和热传递在改变物体的内能上是等效的，但又存在着本质的区别？

4. 指出下列现象是通过什么方式改变物体的内能的？

(1) 两块冰互相摩擦，冰化成水。

(2) 阳光将冰晒化。

(3) 铁匠师傅将烧红的铁件从炉火中取出后，用锤击打。

5. 在下列事件中发生了哪些形式的能量转化？

(1) 蜡烛在空气中燃烧。

(2) 运转中的电风扇。

(3) 给电池充电。

(4) 电池使电动玩具汽车跑起来。

静电场　静电技术

静电现象既神秘又常见。当我们看到耀眼的闪电时，我们意识到那是与电有关的现象。在生产、生活实践中静电也得到了广泛的应用。例如，静电除尘、静电植绒、静电复印、静电喷涂等。当然，静电也会给人类带来一些危害。静电可能导致火箭意外爆炸，也可能使运输汽油的卡车着火。人体长期在静电辐射下，会焦躁不安、头痛、胸闷、呼吸困难、咳嗽。静电与我们是如此的密切相关。本章我们将学习有关静电的基本知识，讨论电场、电场力、电场强度、电势、电势差、电容等基本概念、性质及应用。

第1节　真空中的库仑定律

人们最早是通过电荷之间的相互作用来认识电荷的。牛顿依托其建立起的力学体系成功地研究了物体的机械运动，并运用平方反比定律①建立了万有引力方程。牛顿力学体系的成功运用很自然地给 18 世纪的物理学家带来了启发。带电体之间的相互作用是否也可以借助平方反比定律进行研究呢？通过本节的学习，我们将会揭晓这一问题的答案。

一、电荷及其守恒定律

（一）电荷与元电荷

公元前 600 年前后，希腊七贤之一的哲学家泰勒斯（Thales，公元前 624-前 546）发现摩擦过的琥珀能够吸引轻小物体的现象。公元 1 世纪，我国学者王充在《论衡》中也写到“顿牟掇芥”，指的是用玳瑁的壳吸引轻小物体。16 世纪，英王御医吉尔伯特（W.Gilbert，1544-1603）在研究这类现象时首次创造了英语中的“electricity”（电）这个词，用来表示琥珀经摩擦以后具有的性质，并认为摩擦后的琥珀带有电荷。

现在我们已经知道，自然界中存在着两种电荷：正电荷和负电荷。用丝绸摩擦过的玻璃棒所带的电荷称为正电荷，用毛皮摩擦过的硬橡胶棒所带的电荷称为负电荷。同种电荷相互排斥，异种电荷相互吸引。

电荷的多少叫电荷量，简称电量，用 Q 或 q 表示。通常，正电荷的电量用正数表示，负电

---

① 如果任何一个物理定律中，某种物理量的分布或强度，会按照距离源的远近的平方反比而下降，那么这个定律就可以称为是一个平方反比定律。

荷的电量用负数表示。在国际单位制中，电荷量的单位是**库仑**，简称库，用符号C表示。

组成物质的原子是由原子核和核外电子构成的。原子核中的质子带正电，核外电子带负电。迄今为止，科学实验发现的最小电荷量就是电子所带的电荷量。人们把这个最小的电荷量叫做元电荷，其数值大小约为：$1.60\times10^{-19}\text{C}$，用符号$e$表示。实验还指出，所有带电体的电荷量或者等于$e$，或者是$e$的整数倍。电子带负电，电量为$-1.60\times10^{-19}\text{C}$，原子核中的质子带正电，电量为$+1.60\times10^{-19}\text{C}$。

(二)起电方式

1. 摩擦起电 在原子内部，核外的电子靠质子的吸引力维系在原子核附近。通常距离原子核较远的电子受到的束缚较弱，容易受到外界的作用而脱离原子。当两个物体相互摩擦时，一些束缚得不紧的电子往往从一个物体转移到另一个物体，于是原来电中性的物体由于得到电子而带负电，失去电子的物体则带正电。这种使物体带电的方式被称为摩擦起电。摩擦起电并不是创造了电荷，而只是使物体中的正、负电荷分开，并使电子从一个物体转移到另一个物体。

如图6-1所示，用毛皮摩擦硬橡胶棒时，毛皮上有些电子跑到了硬橡胶棒上了，硬橡胶棒因得到电子而带负电，毛皮因失去电子而带正电。

图6-1 摩擦起电

2. 感应起电 组成物质的原子有不同的种类，不同种类的原子其核外电子的多少和运动状况也不相同。金属原子中距离原子核最远的电子往往会脱离原子核的束缚而在金属中自由活动，这种电子叫做自由电子。金属中自由电子的存在，使金属成为导体。绝缘体中不存在这种自由电子。

【演示实验】

如图6-2所示，取一对用绝缘柱支持的金属导体A和B，使它们彼此接触。起初它们不带电，贴在它们下部的金属箔是闭合的。

现在把带正电荷的物体C移近导体A，金属箔有什么变化？

如果这时把A和B分开，然后移去C，金属箔又有什么变化？

如果再让A和B接触，又会看到什么现象？

请同学们思考以上问题，解释你所看到的现象。

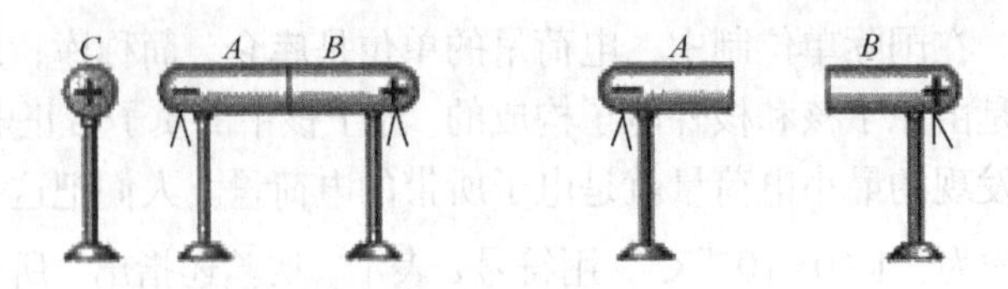

图 6-2 静电感应

可见，当一个带电体靠近导体时可以使导体带电，这种现象叫做静电感应。利用静电感应使金属带电的过程叫做感应起电。把带电体 C 移近金属导体 A 和 B 时，由于电荷间相互吸引或排斥，导体中的自由电荷便会趋向或远离带电体，导体靠近带电体的一端带异种电荷，远离带电体的一端带同种电荷。感应起电并不是创造了电荷，而是电荷从物体的一部分转移到另一部分。

3. 接触起电 当导体与带电导体接触时，导体带上与带电导体相同电性的电荷，这种使物体带电的方式叫做接触起电。接触起电是最广泛的静电起电方式之一。在接触起电中，自由电荷在带电体与导体之间发生转移，由此可见，接触起电并不是创造了电荷，而是电荷从一个物体转移到了另一个物体。物理静电学实验中经常用到的仪器验电器正是利用了接触起电的原理，如图 6-3 所示。

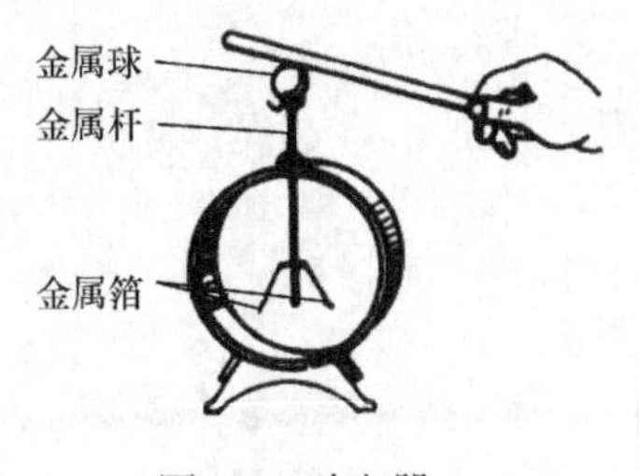

图 6-3 验电器

(三) 电荷守恒定律

物质是由分子、原子、离子等微观粒子组成的，原子由原子核和绕核运动的电子组成，原子核由质子和中子组成。质子带正电，电子带负电，中子不带电。在原子内部，质子数与电子数相等，原子呈电中性。因此，物体不显电性，当物体受到外界影响电子发生转移时，物体就显电性。无论是摩擦起电还是感应起电，本质上都是使微观带电粒子在物体之间或物体内部转移，并不是创造出了电荷。

大量事实表明，电荷既不能被创造，也不能被消灭，只能从一个物体转移到另一个物体，或者从物体的一部分转移到另一部分，在转移的过程中，电荷的总量保持不变。这个规律叫做**电荷守恒定律**。它是自然界重要的基本规律之一。

二、库 仑 定 律

(一) 点电荷

不少物理问题都与较多的因素有关，要研究其与所有因素的关系是很困难的。人们发现，带电体之间有力的作用，作用力的大小不仅与带电体所带电量的多少有关，还与带电体的大小、形状、电荷分布以及带电体之间的距离等因素有关。确定两个带电体间的相互作用力与这些因素的定量关系是十分困难的。

研究发现，当两个带电体本身的大小与它们之间的距离相比小得多时，带电体的形状、大小、电荷分布等因素对带电体间相互作用力的影响可以忽略不计。为了研究问题的方便，通常把这种情况下的带电体抽象为一个带电的几何点，称之为**点电荷**。

与力学中质点的概念类似，点电荷是科学的抽象，是一种理想化的模型。一个实际的带电体能否看成点电荷，不仅和带电体本身有关，还取决于问题的性质和精度的要求。只有当带电体间的距离比它们自身的大小大得多，以至于带电体的形状、大小及电荷分布状况对它们之间的作用力的影响可以忽略时，才可把带电体看成点电荷。

（二）库仑定律

我们知道，同种电荷相互排斥，异种电荷相互吸引，那么两个电荷之间的相互作用力决定于哪些因素呢?

【演示实验】

如图6-4所示，A是一个带正电的物体，把挂在丝线上带正电的小球先后挂在铁架台P_1、P_2、P_3等位置，比较小球在不同位置所受力的大小。这个力的大小可以通过丝线偏离竖直方向的角度显示出来。

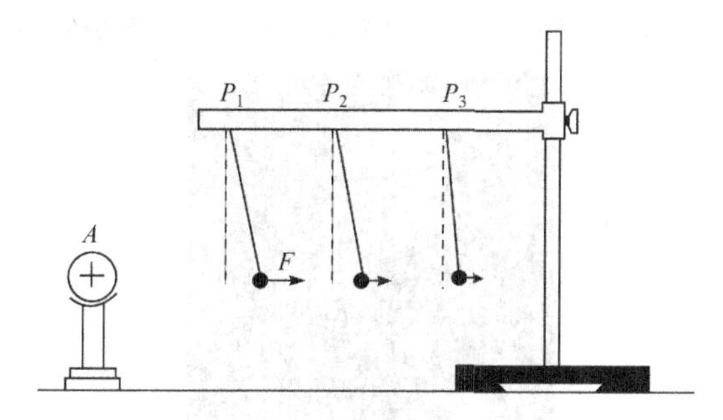

图6-4 探究影响电荷间相互作用力的因素

把小球挂在某一位置，增大或减小A所带的电量，比较小球所受力的大小。

由实验可知，两个电荷之间的作用力随它们之间距离的增大而减小，随电荷量的增大而增大。

实验表明，真空中两个静止点电荷之间的相互作用力，与它们的电荷量的乘积成正比，与它们的距离的二次方成反比，作用力的方向在它们的连线上。这个规律叫做**库仑定律**。库仑定律是电磁学的基本定律之一，电荷间的这种相互作用力叫做静电力或库仑力。

库仑定律可以用公式表示为

$$F = k\frac{Q_1Q_2}{r^2} \tag{6.1}$$

式中，k是比例系数，叫做静电力常量。若F、Q、r采用国际制单位，则可由实验测得$k = 9.0\times10^9 \text{N}\cdot\text{m}^2/\text{C}^2$。

应用库仑定律解决问题，必须注意库仑定律成立的条件：处在真空中，必须是静止的点电荷。在进行具体计算时，一般电量可取绝对值，库仑力的方向可由“同种电荷相互排斥，异种电荷相互吸引”的规律来判断。

【例题6-1】 两个电量分别为-1.0×10^{-8} C和2.0×10^{-8} C的点电荷，在真空中相距0.3 m，它们之间静电力为多少?

解： 由$F = k\dfrac{Q_1Q_2}{r^2}$得

$$F = 9.0\times10^{9}\times\frac{(-1\times10^{-8})\times(2\times10^{-8})}{0.3^{2}}\text{ N} = -2\times10^{-5}\text{ N}$$

两点电荷之间静电力的大小为2×10^{-5} N，力的方向沿两电荷的连线目相互吸引。

知识链接

科学人物之库仑

库仑(1736-1806)(图 6-5)，法国工程师、物理学家。1736 年 6 月 14 日生于法国昂古莱姆。1806 年 8 月 23 日在巴黎逝世。库仑出生于富裕家庭，在青少年时期，他就受到了良好的教育。他后来到巴黎军事工程学院学习，离开学校后，他进入西印度马提尼克皇家工程公司工作。工作了八年以后，他又在埃克斯岛瑟堡等地服役。这时库仑就已开始从事科学研究工作，他把主要精力放在研究工程力学和静力学问题上。库仑不仅在力学和电学上都做出了重大的贡献，作为一名工程师，他在工程方面也做出过重要的贡献。他曾设计了一种水下作业法。这种作业法类似于现代的沉箱，是应用在桥梁等水下建筑施工中的一种很重要的方法。

图 6-5 库仑

知识巩固 1

一、填空题

1. 自然界中存在两种电荷，即________电荷和________电荷

2. 电荷守恒定律：电荷既不能________，也不能________，只能从一个物体转移到另一个物体；或从物体的一部分转移到另一部分，在转移的过程中，电荷的总量________。

3. 元电荷(基本电荷)：电子和质子所带等量的异种电荷，电荷量$e=$________。

4. 库仑定律：真空中两个静止点电荷之间的相互作用力，与它们的电荷量的乘积成________，与它们的距离的二次方成________，作用力的方向在它们的连线上。其表达式为$F=$________，式中$k=$________。

二、选择题

1. (多选)用丝绸摩擦过的玻璃棒和用毛皮摩擦过的硬橡胶棒，都能吸引轻小物体，这是因为(　　)。

A. 被摩擦过的玻璃棒和硬橡胶棒一定带上了电荷

B. 被摩擦过的玻璃棒和硬橡胶棒一定带有同种电荷

C. 被吸引的轻小物体一定是带电体

D. 被吸引的轻小物体可能不是带电体

2. (单选)关于物体的带电荷量，以下说法中不正确的是(　　)。

A. 物体带电荷量的最小值为1.60×10^{-19}C

B. 物体所带的电荷量只能是某些特定值

C. 物体带电$+1.60\times10^{-9}$C，这是因为该物体失去了1.0×10^{10}个电子

D. 物体所带的电荷量可以为任意实数

三、计算题

在氢原子中，原子核内只有一个质子，核外只有一个电子，他们之间的距离$r=5.3\times10^{-11}$ m，相比之下，质子和电子的半径可以忽略不计，看成点电荷。求在真空中氢原子核与电子间的库仑力。

第2节 电　场

自然科学已经十分明确地揭示，同一物质表现为两种最基本的现象形态，一种是实物、粒子形态；一种是场、波的形态。在漫长的岁月里人类认识的物质基本指实物物质，只是从法拉第开始才逐渐形成“场”的概念，开始认识场物质。电场是场的一种形态，通过本节的学习我们将了解与电场有关的概念，学会描述电场的方法。

一、电场及其性质

我们知道，力是物体与物体之间的相互作用，任何力的作用都离不开物质。生活中我们会感受到两类力：一类是通过接触产生的作用力。例如，水杯放在桌子上，水杯对桌子有压力，而桌子对水杯则有支持力。另一类力则可以不通过接触产生。例如，书本从桌面落向地面的过程中，尽管没有直接接触地面，仍然受到地球重力的作用，此时的重力是通过重力场传递的。

万有引力曾被认为是一种既不需要介质，也不需经历时间，而是超越空间与时间直接发生的作用力，并被称为超距作用。超距作用真的存在吗？两个点电荷并不直接接触，但它们之间确实存在作用力。这种作用力靠什么来传递呢？对于这些问题，历史上有过长时期激烈的争论。对于电荷之间的作用力，有一种观点认为，这种作用力是直接的超距作用，能够从一个物体作用到相隔一定距离的另一个物体上，传递既不需要介质，也不需要时间。19 世纪 30 年代，法拉第提出一种观点，认为在电荷的周围存在着由它产生的电场，处在电场中的其他电荷受到的作用力就是这个电场给予的。经过长期的科学研究，人们认识到超距作用是不存在的，通过场来传递相互作用的观点是正确的。

电场是电荷周围存在着的一种看不见、摸不着的特殊物质。电场对于处在其中的电荷有力的作用，这种力叫做电场力。电荷之间的相互作用，就是通过它们的电场进行的(图 6-6)。只要有电荷存在，它的周围就会存在电场。对放置在其中的电荷有力的作用是电场的基本性质。

图 6-6 电荷之间通过电场相互作用

场概念的建立，是人类对客观世界认识的一个重要进展。现在人们认识到，实物和场是物质存在的两种不同形式。

我们把静止电荷激发的电场叫做静电场，变化磁场激发的电场叫做感应电场。

二、电场强度

(一)电场强度

我们知道电场对电荷有力的作用，应该怎样描述这种作用呢？电场的明显特征之一是对放置在其中的电荷有力的作用，因此在研究电场的性质时，可以从电场力入手。

为解决这个问题，我们在电场中引入一个电荷，测量电场对它的作用力。

图 6-4 实验中的带电小球是用来检验电场是否存在及其强弱分布情况的，称为试探电荷或检验电荷；被检验的电场是带电金属球 A 所激发的，所以金属球 A 所带的电荷称为**场源电荷**，或源电荷。为了使测量的结果准确，放入电场的试探电荷的电荷量应足够小，以免由于试探电荷的引入而影响场源电荷所激发的电场。同时，试探电荷的大小必须足够小(可以视为点电荷)，这样才能确定电场中各点的性质。

研究表明，同一试探电荷在电场中不同点处受到的电场力大小一般不同，不同的试探电荷在同一点处受到的电场力也是不一样的，但是对于电场中的同一点，试探电荷所受到的电场力与其电荷量的比值$\frac{F}{q}$是一定的，受到的电场力的方向也是一定的，与试探电荷的电荷量无关。这说明，这一比值能够反映电场本身的性质。

在物理学中，把放入电场中某点的电荷受到的电场力 F 与它的电荷量 q 的比值，叫做该点的电场强度，简称场强，用 E 表示。

$$E=\frac{F}{q} \tag{6.2}$$

电场强度是表示电场强弱的物理量，在数值上等于单位电荷在电场中某点受到的电场力。对于电场中的不同点，E 越大，放入电场中的同一电荷受到的电场力就越大。因此，电场强度 E 从力的角度描述了电场的性质。若上式取国际制单位，则电场强度的单位为牛顿每库仑，符号是N/C 。

电场强度是矢量。物理学中规定，电场中某点电场强度的方向跟正电荷在该点所受电场力的方向相同。根据这一规定，负电荷在该点所受电场力的方向与该点电场强度的方向相反。

如果场源是多个点电荷，事实表明，电场中某点的电场强度为各个点电荷在该点产生的电场强度的矢量和。这说明电场的作用是可以相互叠加的。

【例题 6-2】 在电场中 A 点的场强为5×10^3N/C，电荷量为3.0×10^{-10}C 的试探电荷在该点

受到的电场力多大?

解: 这个试探电荷受到的电场力为

$$F = qE = 5\times10^{3}\times3.0\times10^{-10}\ \text{N} = 1.5\times10^{-6}\text{N}$$

(二)点电荷的场强

点电荷是最简单的场源电荷，在点电荷Q形成的电场中，根据电场强度的定义和库仑定律，可以推出该电场中任意一点的电场强度。

在点电荷Q形成的电场中，在距离Q为r处放一试探电荷q。根据库仑定律，它受到的静电力为

$$F = k\frac{qQ}{r^2}$$

根据电场强度的定义式有

$$E = \frac{F}{q}$$

$$E = k\frac{Q}{r^2} \tag{6.3}$$

这就是点电荷电场的场强大小的表达式。由此式不难看出，点电荷Q的电场中任意点的电场强度的大小，仅由场源电荷Q和场点位置r决定，与试探电荷无关。

(三)匀强电场

除了点电荷的电场外，两块大小相等、相互正对、靠得很近、分别带有等量异种电荷的金属板之间的电场，是一种常见的电场。这种电场的特点是除边缘外电场强度的大小处处相等，方向处处相同，在两板的外面几乎没有电场。物理学中把大小和方向都处处相同的电场叫做匀强电场。匀强电场是最简单而又最重要的电场，具有广泛的应用。

三、电　场　线

(一)电场线

在力学中，我们用一条带箭头的线段来直观地描述力。用图示的方法形象直观地描述物理问题，是研究物理问题常用的方法。电场作为一种看不见、摸不着的特殊存在的物质，为了能够形象地描述电场的空间分布，人们在电场中引入了一些假想的曲线，曲线上每点的切线方向都和该点的场强方向相同，这样的曲线称为电场线(图 6-7)。电场线的疏密可以大致表示电场强度的大小。电场线越密的地方，电场强度越大；电场线越疏的地方，电场强度越小。

(二)常见的电场线

电场线是为了形象地描述电场而假想的线，实际并不存在。图 6-8 是一些常见电场的电场线在平面上的分布情况。

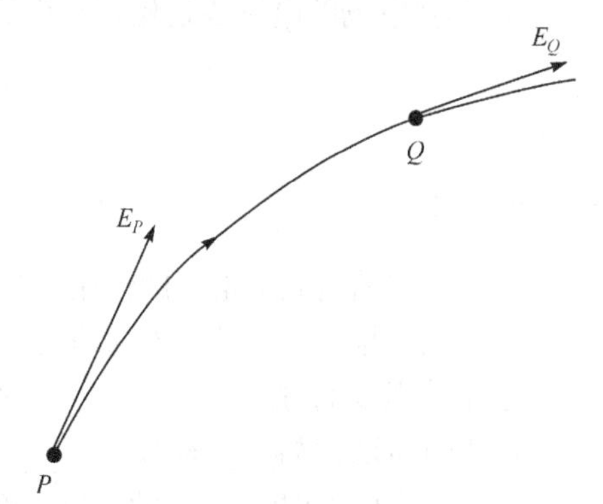

图 6-7　电场强度的方向

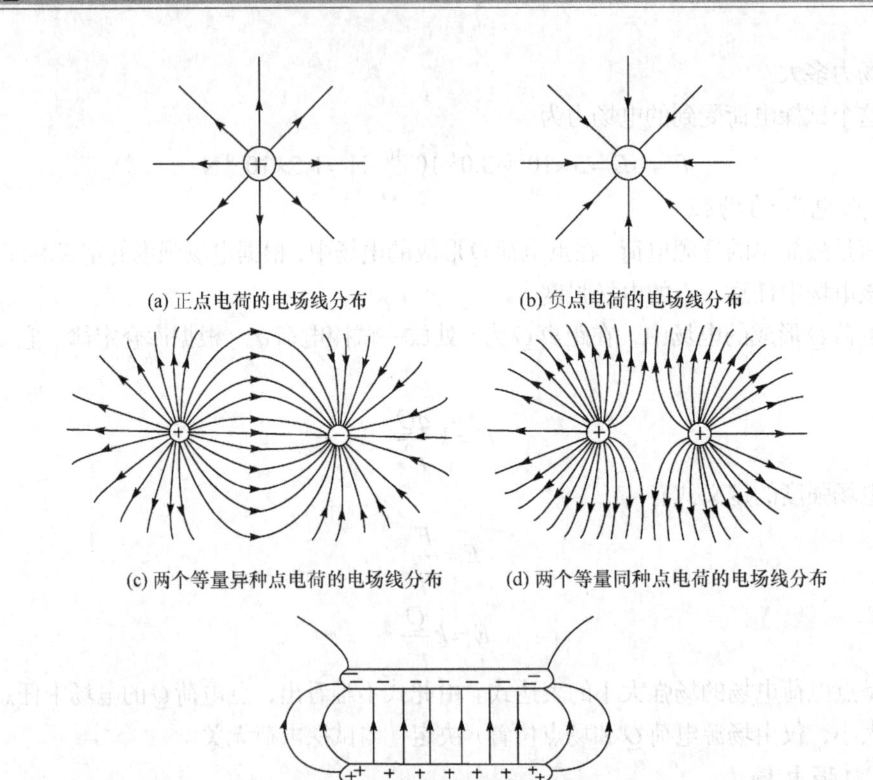

(a) 正点电荷的电场线分布 (b) 负点电荷的电场线分布

(c) 两个等量异种点电荷的电场线分布 (d) 两个等量同种点电荷的电场线分布

(e) 匀强电场的电场线分布

图 6-8 几种常见电场的电场线分布

通过观察上图，我们可以得出电场线具有以下性质。

(1) 电场线从正电荷或无限远出发，终止于无限远或负电荷；

(2) 电场线不闭合，不相交；

(3) 电场线不仅表示电场中的场强方向，还可用电场线的疏密程度来表示场强的大小。电场强的地方电场线密集，电场弱的地方电场线稀疏；

(4) 匀强电场的电场线是相等间距的平行直线。

知识巩固 2

一、填空题

1. 一个电荷对其他电荷的作用力是通过__________给予的。
2. 放入电场中某点的点电荷所受__________与它的__________的比值，简称场强。
3. 电场强度的方向与__________所受电场力的方向相同。
4. 为了形象描述电场而__________的一条条有__________的曲线。曲线上每点的__________的方向表示该点的电场强度的方向。
5. 匀强电场是各点电场强度大小__________、方向__________的电场。

二、选择题(单选)

1. 下列说法中，正确的是(　　)。

A. 在一个以点电荷为中心，r 为半径的球面上，各处的电场强度都相同

B. $E=k\frac{Q}{r^2}$ 仅适用点电荷形成的电场

C. 电场强度的方向就是放入电场中的电荷受到的电场力的方向

D. 当初速度为零时，放入电场中的电荷在电场力作用下的运动轨迹一定与电场线重合

2. 关于电场线的叙述错误的是(　　)。

A. 沿着电场线的方向电场强度越来越小。

B. 在没有电荷的地方，任何两条电场线都不会相交

C. 电场线是人们假设的，用以形象地表示电场的强弱和方向，客观上并不存在

D. 电场线是非闭合曲线，始于正电荷或无穷远，止于负荷或无穷远

三、计算题

如图 6-9 所示，设平行板间匀强电场的场强为 $E=4.9\times10^5\,\text{N/C}$，一质量为 $m=1.6\times10^{-10}$ kg 的带电油滴在电场中能保持静止。问：

(1)小油滴带何种电荷？(2)小油滴带多少电荷？

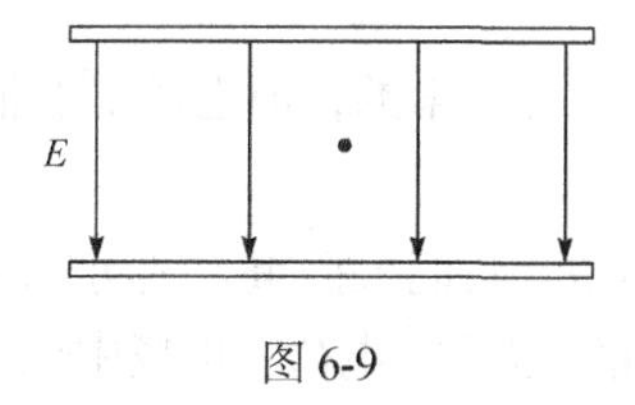

图 6-9

第3节　电势能与电势

通过上一节的学习，我们已经建立了电场强度的概念，知道它是描述电场性质的物理量。电场对放置在其中的带电体有力的作用，这个力做功吗？带电体在电场中有势能吗？这个势能与电场力所做的功有什么关系？通过本节的学习将解决这些问题。

一、电　势　能

(一)电场力做功的特点

我们知道，重力对物体所做的功与物体运动的路径无关，只与物体的初末位置有关。电场力做功是否也有类似的特点呢？下面以在匀强电场中移动的点电荷为例，看一看可以得出什么结论。

如图 6-10 所示，电荷量为 q 的点电荷在电场强度为 E 的匀强电场中沿两条不同的路径从 A 点运动到 B 点，我们比较这两种情况下电场力对电荷所做的功。

如图 6-10(a)所示，点电荷 q 在沿直线从 A 运动到 B 的过程中，受到的电场力 $F=qE$，电

场力与位移 AB 的夹角始终为 θ，电场力对 q 所做的功为

$$W = F \cdot |AB| \cdot \cos\theta = qE \cdot |AM|$$

点电荷 q 在沿折线 AMB 从 A 点运动到 B 点的过程中，在线段 AM 上电场力对 q 所做的功为 $W_1 = qE \cdot |AM|$。在线段 MB 上，由于运动方向与电场力方向垂直，电场力不做功，$W_2 = 0$。

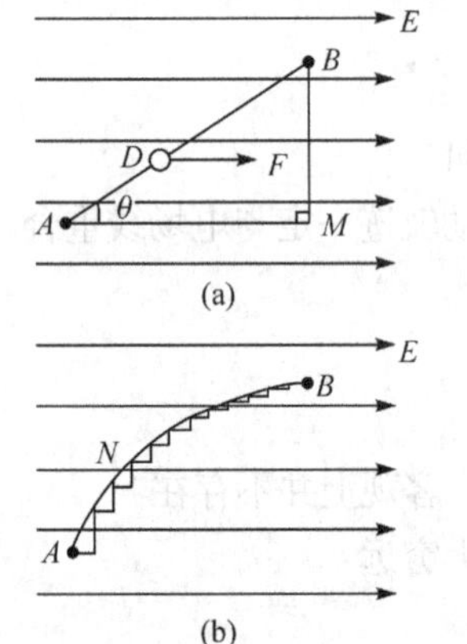

图 6-10 计算电荷 q 沿不同路径运动时电场力所做的功

在整个运动过程中电场力对 q 所做的功为

$$W = W_1 + W_2 = qE \cdot |AM|$$

再使 q 沿任意曲线 ANB 从 A 点运动到 B 点。我们可以用无数组跟电场力垂直和平行的折线来逼近曲线 ANB，如图 6-10(b) 所示。

只要 q 运动方向与电场力平行，电场力都做功，并且这些与电场力平行的短折线的累加长度等于 $|AM|$，因此，电场力所做的功仍然是

$$W = qE \cdot |AM|$$

可见，不论 q 经由什么路径从 A 点运动到 B 点，电场力所做的功都是一样的。因此，在匀强电场中移动电荷时，电场力做的功与电荷的初、末位置有关，但与电荷经过的路径无关。

这个结论虽然是从匀强电场中推导出来的，但也适用于非匀强电场。

（二）电势能

功是能量转化的量度。在力学中，我们根据重力做功与路径无关的特点，引入了重力势能的概念。同样，由于电场力做功与路径无关，电荷在电场中也具有势能，这种势能叫做电势能，可用 E_p 表示。

电荷在电场中某点的电势能等于把电荷从这点移到选定的参考点的过程中电场力所做的功。

重力做的功量度了重力势能的变化，若重力做正功，则重力势能减小；若重力做负功，则重力势能增加。重力做功的过程就是重力势能与其他形式的能量相互转化的过程。类似地，电场力做功也量度了电势能的变化，电场力做正功，电势能减小；电场力做负功，电势能增加。电场力做了多少功，就有多少电势能与其他形式的能量发生相互转化。

通过上面的分析可以得出结论：电场力做的功等于电势能的减小量。

$$W_{AB} = E_{pA} - E_{pB} \tag{6.4}$$

式中，W_{AB} 表示电荷从 A 点运动到 B 点时电场力做的功；E_{pA}、E_{pB} 分别表示电荷在 A、B 两点时具有的电势能。

【例题 6-3】 如图 6-11 所示，在场强为 3.0×10^5 N/C 的匀强电场中，一个质子从 B 点运动到 A 点。已知 AB 的距离为 50 cm，电场力做了多少功？质子的电势能怎样变化？

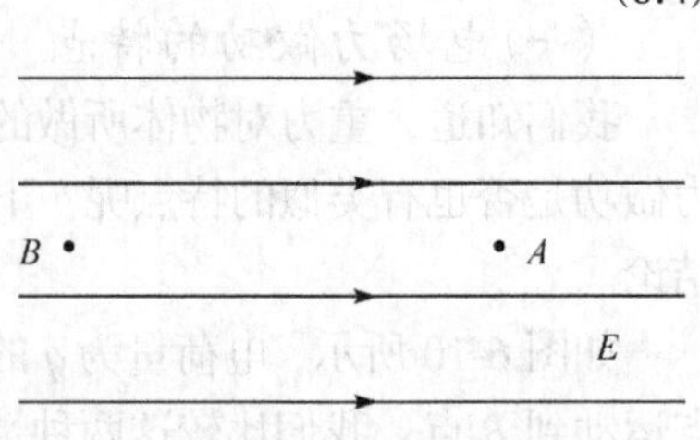

图 6-11 质子从 B 点运动到 A 点

解： 电场力做功

$W = qEd = 1.6\times10^{-19}\times3\times10^{5}\times0.5 = 2.4\times10^{-14}$ J

电场力做正功，电势能减少。质子的电势能减少了2.4×10^{-14} J。

二、电势 电势差

(一)电势

电荷在电场中某点的电势能不仅与电场有关，还与电荷量的多少和种类有关。所以，电势能不是一个反映电场本身性质的物理量，不能用它来很好地描述电场。

事实表明，对于电场中的同一点，检验电荷在电场中某一点所具有的电势能跟电荷量成正比，当电荷量增大时，电势能也成比例增大，但二者的比值$\dfrac{E_p}{q}$始终是一个恒量，与检验电荷的电荷量无关。并且，对于电场中的不同点，比值$\dfrac{E_p}{q}$一般是不同的。因此，该比值反映了电场本身的一种性质，我们把它定义为**电势**，用符号φ表示。

$$\varphi = \frac{E_p}{q} \tag{6.5}$$

如果取q为单位正电荷，那么φ在数值上等于E_p，即电场中某点的电势在数值上等于单位正电荷在该点所具有的电势能。

在国际单位制中，电势的单位是伏特，符号为V。

$$1\,\text{V} = 1\,\text{J/C}$$

电势是标量。电势和电势能一样是相对的，只有规定了电势零点后，才能确定电场中其他各点的电势值。在物理的理论研究中常选取无限远处的电势为零，在实际应用中常选取大地的电势为零。电势的数值仅表示相对大小，没有方向。在规定了电势零点之后，电场中各点的电势可以是正值，也可以是负值。

(二)电势差

电场中两点间电势的差值叫做电势差，也叫电压。电压的国际单位是伏特，用符号V表示。设电场中A点的电势为φ_A，B点的电势为φ_B，则它们之间的电势差可以表示为

$$U_{AB} = \varphi_A - \varphi_B \tag{6.6}$$

也可以表示成

$$U_{BA} = \varphi_B - \varphi_A$$

显然

$$U_{AB} = -U_{BA}$$

电势差可以是正值，也可以是负值。例如，当A点电势比B点高时，U_{AB}为正值，U_{BA}则为负值。

电荷q在电场中从A点移动到B点时，电场力做的功W_{AB}等于电荷在A、B两点的电势能之差。由此可以推导电场力做功与电势差的关系为

$$
\begin{aligned}
W_{AB} &= E_{pA} - E_{pB} \\
&= q\varphi_A - q\varphi_B \\
&= q(\varphi_A - \varphi_B) \\
&= qU_{AB}
\end{aligned}
$$

即

$$W_{AB} = qU_{AB}$$

或

$$U_{AB} = \frac{W_{AB}}{q} \tag{6.7}$$

由上式可知，如果知道了电场中两点的电势差，就可以很方便地计算在这两点间移动电荷时电场力做的功，而不必考虑电场力和电荷移动的具体路径。

在原子物理学中，人们常用电子伏特做能量的单位，国际符号是eV。1 eV 表示在电势差为1 V 的两点间电子自由移动时电场力所做的功。

$$1\,\text{eV} = 1.60 \times 10^{-19}\ \text{J}$$

【例题 6-4】 在电场中把 2.0×10^{-6} C 的正电荷从 A 点移动到 B 点，电场力做功 $W = 4.0\times10^{-5}$ J。

(1)求 A、B 两点间的电势差；

(2)若 $\varphi_A = 6$ V，求 φ_B；

(3)该正电荷在 A、B 两点具有的电势能为多少？

解： (1)由 $W_{AB} = qU_{AB}$ 可得

$$U_{AB} = \frac{W_{AB}}{q} = \frac{4\times10^{-5}}{2\times10^{-6}} = 20\ \text{V}$$

(2)由 $U_{AB} = \varphi_A - \varphi_B$ 可得

$$\varphi_B = \varphi_A - U_{AB} = 6\ \text{V} - 20\ \text{V} = -14\ \text{V}$$

(3)由 $\varphi = \dfrac{E_\text{p}}{q}$ 可得

$$E_{\text{p}A} = q\varphi_A = 2\times10^{-6}\times6 = 1.2\times10^{-5}\ \text{J}$$

$$E_{\text{p}B} = q\varphi_B = 2\times10^{-6}\times(-14) = 2.8\times10^{-5}\ \text{J}$$

(三)等势面

在地图上，人们用等高线直观地描述地势的高低。同样，在电场中，电势的分布也可用等势面图来直观描绘。

电场中各点的电势一般不同，但也有许多点的电势相等。人们把电场中电势相同的各点构成的面叫做等势面。在同一等势面上，任意两点间的电势差 $U = 0$，因此在同一等势面上移动电荷电场力不做功，这说明等势面与电场线处处垂直，并且电场线的方向总是从电势高的等势面指向电势低的等势面。

图 6-12 是几种带电体周围的电场线和等势面。每幅图中，两个相邻的等势面之间的电势之差是相等的(等差等势面)。

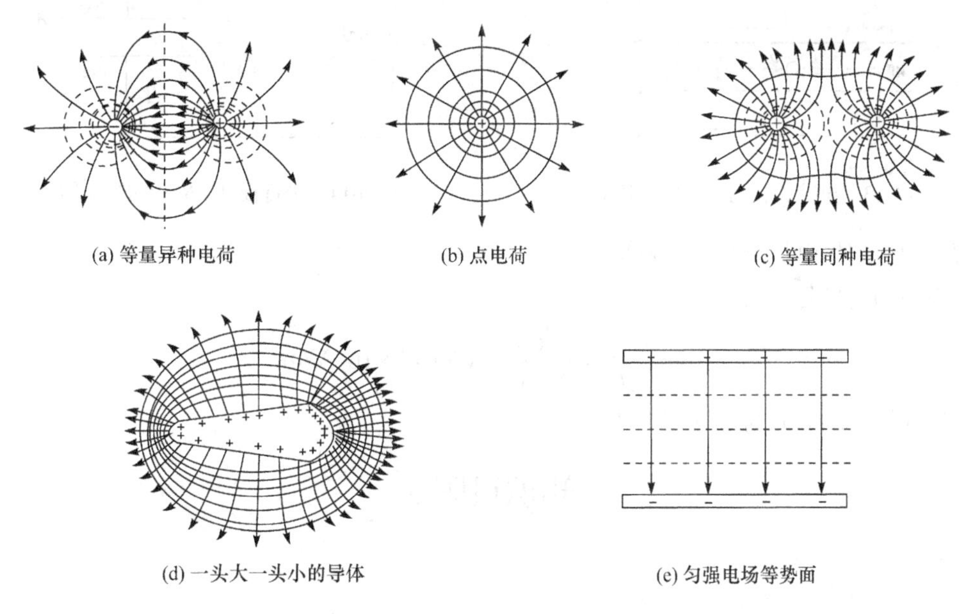

(a) 等量异种电荷　(b) 点电荷　(c) 等量同种电荷

(d) 一头大一头小的导体　(e) 匀强电场等势面

图 6-12　几种带电体周围的电场线和等势面

通过观察上面几幅图，我们发现，等差等势面越密的地方，电场强度越大，并且任意两个等势面都不会相交。

在实际生活中电势相对于电场强度更易测量，所以常用等势面研究电场。通过绘制等势面的形状和分布，再根据电场线与等势面的关系，进而绘制出电场线的分布，我们就能对电场的情况有较为全面的直观了解。

三、匀强电场中电场强度与电势差的关系

电场强度、电势都是用来表征电场性质的物理量。电场强度跟电场对电荷的作用力相联系，电势差跟电场力移动电荷做的功相联系。正像力和功存在内在联系一样，电场强度与电势差也应该有联系。

在图 6-13 所示的匀强电场中，把电荷 q 从 A 点移动到 B 点，电场力对电荷做功 $W = qEd$，根据电势差与电场力做功的关系 $W = qU_{AB}$，不难得知：$qEd = qU_{AB}$，即

$$E = \frac{U_{AB}}{d} \tag{6.8}$$

上式即为匀强电场中电场强度与电势差的关系式。该式表明，在匀强电场中，电场强度的数值等于沿场强方向每单位长度上的电势差。此时电场强度的另一个单位是伏每米（V/m），同学们可以自己证明 $1\ \text{V/m} = 1\ \text{N/C}$。

【例题 6-5】　如图 6-14 所示，金属板 A、B 相距 $2\ \text{cm}$，用电压为 $60\ \text{V}$ 的电池组使它们带电，两板间场强为多少？方向如何？

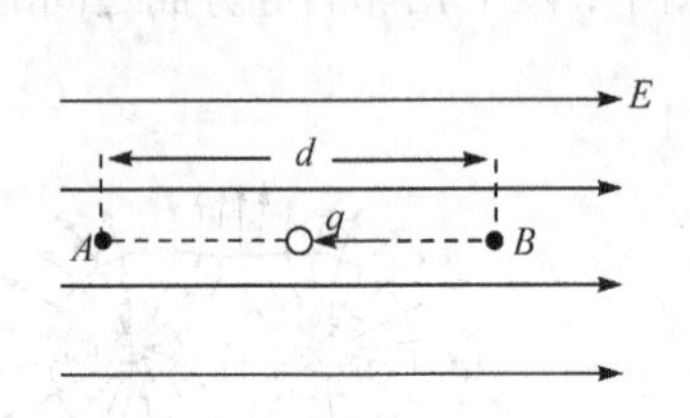

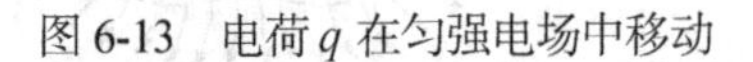
图 6-13 电荷 q 在匀强电场中移动

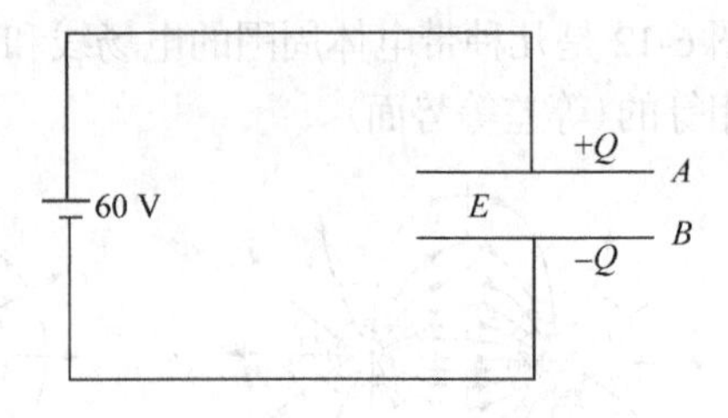

图 6-14 平行板 A、B 间的电场强度

解：两板间的电势差 $U_{AB}=60\text{ V}$。

两板间的电场强度大小为

$$E=\frac{U_{AB}}{d}=\frac{60}{2\times10^{-2}}\text{ V/m}=3\times10^{3}\text{ V/m}$$

两板间场强的方向为从 A 指向 B。

知识巩固 3

一、填空题

1. 在电场中移动电荷时，电场力做功与__________无关，只与__________有关。
2. 电荷在某点的电势能，等于把它从这点移到__________位置时电场力做的功。
3. 电场力做的功等于电势能的__________，表达式为：__________。
4. 电荷在电场中某一点的__________与它的__________的比值叫做这一点的电势。
5. 在同一等势面内任意两点间移动电荷时，电场力__________。
6. 电场中两点间电势的差值叫__________，也叫__________。
7. 匀强电场中电场强度与电势差的关系式为：__________。

二、选择题

1. (多选) 在电场中，已知 A 点的电势高于 B 点的电势，那么(　　)。

A. 把负电荷从 A 点移到 B 点，电场力做负功

B. 把负电荷从 A 点移到 B 点，电场力做正功

C. 把正电荷从 B 点移到 A 点，电场力做负功

D. 把正电荷从 B 点移到 A 点，电场力做正功

2. (单选) 在电场中 A、B 两点间的电势差为 $U_{AB}=75\text{ V}$，B、C 两点间的电势差为 $U_{BC}=-200\text{ V}$，则 A、B、C 三点的电势高低关系为(　　)。

A. $\varphi_A>\varphi_B>\varphi_C$　　B. $\varphi_A<\varphi_C<\varphi_B$

C. $\varphi_B<\varphi_A<\varphi_C$　　D. $\varphi_C>\varphi_B>\varphi_A$

3. (单选) 下列关于匀强电场中场强和电势差的关系，正确的说法是(　　)。

A. 任意两点之间的电势差，等于场强和这两点间距离的乘积

B. 在任何方向上，若两点间距离相等，则它们之间电势差就相等

C. 沿着电场线方向，任何相同距离上的电势降落必定相等

D. 电势降落的方向必定是电场强度的方向

三、计算题

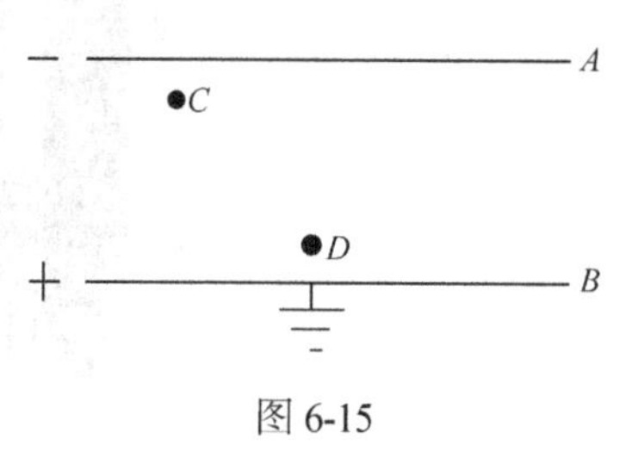

图 6-15

如图 6-15 所示，平行金属带电极板 A、B 间可看成匀强电场，场强为 $E = 1.2\times10^{2}$ V/m，极板间距离为 $d = 5$ cm，电场中 C 和 D 分别到 A、B 两板距离均为 0.5 cm，B 板接地，问：C 和 D 两点的电势、两点间电势差各为多少？

第4节　电容　电容器

电容器是一种重要的电学元件，在日常生活中有着广泛的应用。在电子电路中，电容器可以用来整流、滤波、储能、解耦。通过本节的学习我们将初步了解电容器的种类及一般构造，学习与电容器相关的几个物理参量。

一、电　容　器

(一)电容器

生活中，我们有装水的容器，如水杯、暖水瓶、水桶；我们有储存气体的容器，如液化气罐、氧气袋；同样我们也有储存电的容器，叫做电容器。顾名思义，电容器是储存电荷的装置。

在两个相距很近的平行金属板中间夹上一层绝缘物质——电介质(空气也是一种电介质)，就组成一个最简单的电容器，叫做平行板电容器。这两个金属板叫做电容器的极板。实际上，任何两个彼此绝缘又相距很近的导体，都可以看成一个电容器。

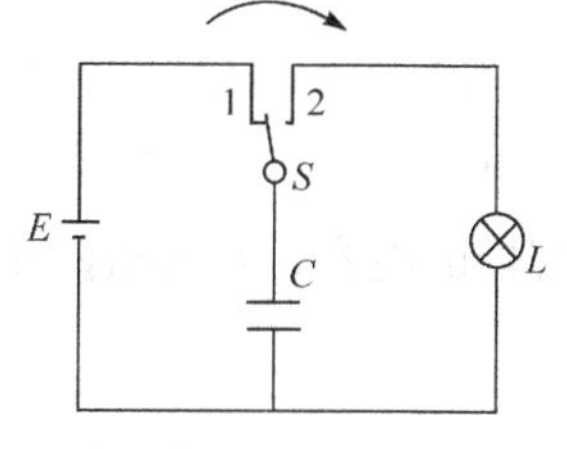

图 6-16　电容器的充、放电

如图 6-16 所示，把 S 与“1”端接触使电容器带电的过程叫做电容器的充电；把 S 与“2”端接触放掉电容器中电的过程叫做电容器的放电。充电后，切断与电源的连接，两块极板上仍保存有电荷，两极板间就有电场存在。充电过程中由电源获得的电能储存在电场中，称为电场能。放电后，两极板间不再存在电场，电能转化为其他形式的能。由此可见，电容器可以储存电能。

(二)常见电容器

电容器是电子设备中大量使用的电子元件之一，广泛应用于电路中的隔直通交、耦合、旁路、滤波、调谐回路、能量转换、控制等方面。现代化的机械、仪表、探测工具等，离开了电容器就不能工作。加在电容器两极板上的电压不能超过某一限度，超过这个限度，电介质将被击穿，电容器损坏，这个极限电压称为击穿电压。电容器外壳上标的是工作电压，或称为额定电压，这个数值比击穿电压低。电容器的种类很多，图 6-17 是一些常见的电解电容器。

图 6-17　几种常见的电解电容器

二、电　容

(一) 电容

电容器充电后，两个极板间有电压。实验表明，这个电压与电容器所带的电荷量有关，极板间电压的数值会随着带电量 Q 的改变而改变，但二者的比值 $\frac{Q}{U}$ 却是一个常量，与电容器的带电量无关。不同的电容器，这个比值一般是不同的。可见，这个比值表征了电容器容纳电荷特性，我们把它定义为电容，用符号 C 来表示，则有

$$C=\frac{Q}{U} \tag{6.9}$$

在国际单位制中，电容的单位是法拉，简称法，符号是 F。如果一个电容器带 1 C 的电量，两极板间的电势差是 1 V，这个电容器的电容就是 1 F。除了法拉，电容还有皮法(pF)、微法(μF)等单位。

$$1\ \text{pF}=10^{-12}\ \text{F}, \qquad 1\ \mu\text{F}=10^{-6}\ \text{F}$$

(二) 平行板电容器的电容

大量研究表明，当平行板电容器的两极板间是真空时，平行板电容器的电容 C 与极板的正对面积 S 成正比，与极板间的距离 d 成反比。在国际单位制下，有

$$C=\frac{S}{4\pi kd} \tag{6.10}$$

当两极板间充满同一种介质时，电容变大，为真空时的 ε 倍，即

$$C=\frac{\varepsilon S}{4\pi kd} \tag{6.11}$$

式中，k 为静电力常量；ε 为相对介电常数。

几种常用电介质的相对介电常数见表 6-1。

表 6-1　几种常用电介质的相对介电常数

电介质	空气	煤油	石蜡	陶瓷	玻璃	云母	水
ε	1.0005	2	2.0～2.1	6	4～11	6～8	81

三、电容器的应用

常用的电容器，从构造上看，可以分为固定电容器和可变电容器两类。固定电容器的电容是固定不变的，可变电容器的电容量可在一定范围内调节。常用的固定电容器有聚苯乙烯电容器和电解电容器。

聚苯乙烯电容器(图6-18)是选用电子级聚苯乙烯膜作介质、高导电率铝箔作电极卷绕而成圆柱状，并采用热缩密封工艺制作而成。其容量范围为100 pF～0.01 μF，常应用于各类精密测量仪表；汽车收音机；工业用接近开关、高精度的数模转换电路。

电解电容器(图6-19)内部有储存电荷的电解质材料，分正、负极性，类似于电池，不可接反。正极为粘有氧化膜的金属基板，负极通过金属极板与电解质(固体和非固体)相连接。电解电容器常应用于电路中，用来去耦、滤波、耦合、计时、调谐、整流。

可变电容器(图6-20)由两组铝片组成，固定的一组铝片叫做定片，可以转动的一组铝片叫做动片。通过改变两组铝片间相对的有效面积或改变铝片间距离，它的电容量就相应地变化。通常在无线电接收电路中作调谐电容器用。

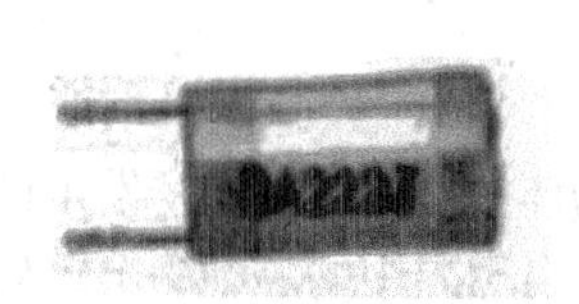

图6-18　聚苯乙烯电容器

图6-19　电解电容器

图6-20　可变电容器

知识巩固4

一、填空题

1. 两个彼此__________又相距很近的导体叫电容器。

2. 把电容器的两个极板分别和电源的两极相连，使两极板分别带上__________的过程叫做电容器的充电，把充电后的电容器的两个极板接通，两极板上的电荷互相中和，使电容器__________的过程，叫做电容器的放电。

3. 电容器所带的__________与电容器两极板间的__________的比值，叫做电容器的电容，电容的国际单位是__________。

4. 计算平行板电容器电容的公式：__________。

5. 加在电容器两极板上的电压不能超过某一限度，超过这个限度，电介质将被__________，电容器损坏，这个极限电压称为击穿电压。电容器能够__________工作时的电压叫做电容器的额定电压，额定电压的数值比击穿电压低。

二、选择题

1. (单选)关于电容计算公式$C=\dfrac{Q}{U}$，以下说法正确的是(　　)。

A. 电容器充电量越大，电容增加越大

B. 电容器的电容跟它两极所加电压成反比

C. 电容器的电容越大，所带电量就越多

D. 对于确定的电容器，它所充的电量跟它两极板间所加电压的比值保持不变

2. (多选)某一电容器标注的是："300 V，5 μF"，则下述说法正确的是(　　)。

A. 该电容器可在电压为 300 V 以下时正常工作

B. 该电容器只能在电压为 300 V 时正常工作

C. 电压是 200 V 时，电容仍是 5 μF

D. 使用时只需考虑工作电压，不必考虑电容器的引出线与电源的哪个极相连

三、计算题

一个平行板电容器的两极板相距 2.0 cm，已知它所带的电荷量为 6.0×10^{-10} C，极板间电场强度为 1.5×10^{4} N/C，求它的电容。

第5节　静电技术

静电是我们日常生活中常见的现象。利用静电能够吸引轻小物体的特点，人们开发了许多应用技术，如静电复印、静电喷涂、静电除尘、静电植绒等。闪电是自然界中的一种静电现象，闪电发生时，空气中的氮和氧直接化和，产生一氧化氮，随着雨水降落到达地面，形成硝酸盐，提供农作物生长需要的肥料——氮肥。当然，静电在有些场合也会给人们的生产和生活带来麻烦，甚至造成危害。通过本节的学习，我们将对静电技术的利用与防止有所了解。

一、静电的利用

带电的物质微粒在电场中会受到电场力的作用而运动并吸附到相应电极上。根据这一原理，人们开发了相关的应用技术，如静电除尘、静电复印、静电喷涂等。

(一)静电除尘

静电除尘主要用于消除空气中颗粒状的工业废物，如煤灰、灰尘和烟雾等，使空气保持清洁。其原理是：带电粒子受到电场力的作用，会向电极运动，最后被吸附在电极上，如图 6-21 所示。如果筒内充满烟雾，把两个电极接在高压电源上，烟雾很快消失。在粉尘较多的场所，用静电除尘的方法可以除去有害的微粒，还可以回收烟气中的粉尘或金属粉末。

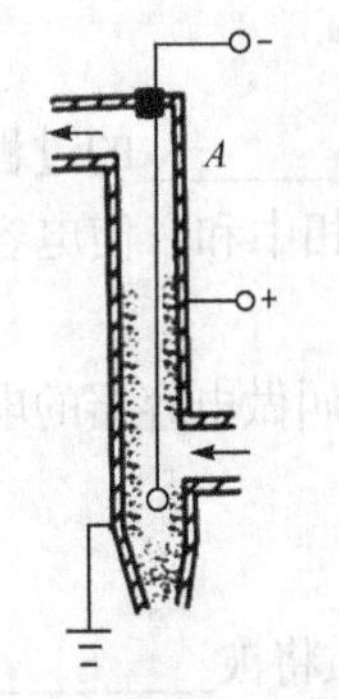

图 6-21　静电除尘装置

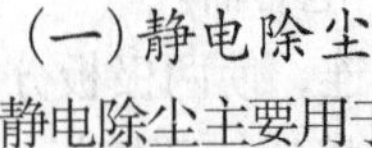

(二)静电复印

静电复印机应用了静电吸附的原理。其中心部件是硒鼓，复印每一页书稿都要经过充电、曝光、显影、转印等几个步骤，这些步骤是在硒

鼓转动一周的过程中依次完成的。

1. 充电　由电源使硒鼓表面带上正电荷。

2. 曝光　利用光学系统将原稿上字迹的像成在硒鼓上，硒鼓上字迹的像实际是没有光照射的地方，保持着正电荷，而其他地方受到了光线照射，正电荷被导走。这样，硒鼓上就留下了字迹的“静电潜像”。

3. 显影　带负电的墨粉被带正电的“静电潜像”吸引，并吸附在潜像上，显出墨粉组成的字迹。

4. 转印　带正电的转印电极使输纸机构送来的白纸带正电。带正电的白纸与硒鼓表面墨粉组成的字迹接触，将带负电的墨粉吸到白纸上。

此后，吸附了墨粉的纸被送入定影区，墨粉在高温下熔化，浸入纸中，形成牢固的字迹；硒鼓则经过清除表面残留的墨粉、电荷，准备迎接下一页书稿的复印。

（三）静电喷涂

静电喷涂时使被喷的部件与油漆雾滴带相反的电荷，这样能使漆与金属结合得更牢固，而且金属表面凹陷部位也能均匀着漆，如图 6-22 所示。

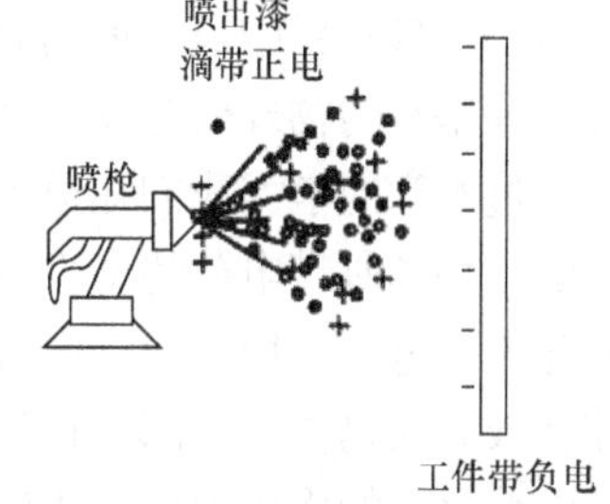

图 6-22　静电喷涂原理

二、静电的防止

静电能为人们利用，也会在有些场合带来危害。在制药领域，静电吸引尘埃，会使药品达不到标准的纯度。在煤矿，静电则会引起瓦斯爆炸，会导致工人死伤，矿井报废。在航空领域，静电会严重干扰飞机无线电设备的正常工作。在生活中电视机荧屏表面的静电容易吸附灰尘和油污，形成一层尘埃的薄膜，使图像的清晰程度和亮度降低。在印染厂里，棉纱、毛线、人造纤维上的静电，会吸引空气中的尘埃，使印染质量下降。

为此，人们千方百计消除静电荷，避免静电荷越积越多。最常见的方法是将静电荷引走，例如，在地毯中夹杂不锈钢丝导电纤维及时消除静电；飞机轮子上通常都装有地线，也有用导电橡胶做轮胎的，在飞机着陆时将机身上的静电导入地下；在印染车间里为了防止静电的产生，常保持适当的空气湿度；油罐车在运输油品的过程中，常拖着铁链将产生的静电导入大地。

知识链接　**人体静电**

人体静电是由于人的身体上的衣物等相互摩擦产生的附着于人体上的静电。人体本身就是导体，通过经常摩擦产生静电。在电流不是很大的情况下是不会对人体造成伤害的。穿化学纤维制成的衣物就比较容易产生静电，而棉制衣物产生的就较少。而且，由于干燥的环境更有利于电荷的转移和积累，所以冬天人们会觉得身上的静电较大。

在不同湿度条件下，人体活动产生的静电电位有所不同。在干燥的季节，人体静电可达几千伏甚至几万伏。实验证明，静电电压为 5 万伏时人体没有不适感觉，带上 12 万伏高压静电时也没有生命危险。但是静电对人体也会产生一些危害，如诱发心律失常，当瞬间电压过大时，人会感到一种燥热感，并有烦躁、头痛的感觉。在冬季，约三分之一的心血管疾病都与静电有关。老年人更容易受静电的影响，尤其心血管系统本来就有各种病变的老年人，静电更会使病情加重，或诱发早搏、心律失常。人体静电也会导致血钙流失，持久的静电还可使血的碱性升高，血清中钙含量减少，尿中钙排泄量增加。人体静电也会引发皮肤炎症，静电吸附的大量尘埃中含有多种病毒、细菌与有害物质，尤其是尼龙、涤纶、聚丙烯腈纤维和醋酯纤维这些化纤材料制成的衣服，最容易引起皮肤炎症。人体静电也能够影响中枢神经，过多的静电在人体内堆积，会引起脑神经细胞膜电流传导异常，影响中枢神经，使人出现头晕、头痛、烦躁、失眠、食欲不振、焦躁不安、精神恍惚等症状。人体静电也会对孕妇产生一些影响，它能够导致孕激素水平下降，孕妇容易感到疲劳、烦躁和头痛等。

小 结

本章从自然界中最常见的静电现象开始，陆续学习了电荷守恒定律、库仑定律、电场强度、电势差等基本的物理概念及物理规律。

通过本章的学习我们知道了自然界只有正、负两种电荷。同种电荷相互排斥，异种电荷相互吸引。物体所带电荷的多少叫电荷量或电量。常见的三种起电方式：摩擦起电、感应起电、接触起电。电荷守恒定律：电荷既不能被创造，也不能被消灭，只能从一个物体转移到另一个物体，或者从物体的一部分转移到另一部分，在转移的过程中，电荷的总量保持不变。

电荷之间的作用力可以用库仑定律来描述：真空中两个静止点电荷之间的相互作用力，与它们的电荷量的乘积成正比，与它们的距离的二次方成反比，作用力的方向在它们的连线上。用公式表达如下：

$$F = k\frac{Q_1Q_2}{r^2}$$

此外，电场是电荷周围客观存在的一种特殊的物质，电场的基本性质是对放入其中的电荷产生力的作用。把放入电场中某点的电荷受到的电场力 F 与它的电荷量 q 的比值，叫做该点的电场强度，简称场强，用 E 表示。

$$E = \frac{F}{q}$$

点电荷的场强为

$$E = k\frac{Q}{r^2}$$

点电荷 Q 的电场中任意点的电场强度的大小，仅由场源电荷 Q 和场点位置 r 决定，与试探电荷无关。

为了能够形象地描述电场的空间分布，人们在电场中画出一系列的曲线——电场线来描述电场。电场线上每点的切线方向都与该点的场强方向一致，电场线的疏密程度反映区域电场的强弱。

电荷在电场中具有的势能称为电势能。

电场力做多少功，就有多少电势能和其他形式的能量发生相互转化，用公式表达为：

$$W_{AB} = E_{pA} - E_{pB}$$

电势反映了电场本身的一种性质。电势是标量，只有大小，没有方向。其大小只有在确定了零电势点后才能确定。

电场中任意两点间电势的差值叫做电势差，用符号 U 表示。

电场中每一点都对应各自的电势值，把电势值相同的点连起来所构成的面叫等势面。

匀强电场中电场强度与电势差的关系为

$$E=\frac{U_{AB}}{d}$$

电容器是用来储存电荷的装置，常见的电容器有聚苯乙烯电容器、电解电容器、可变电容器等。

电容的定义式为

$$C=\frac{Q}{U}$$

平行板电容器的电容为

$$C=\frac{S}{4\pi kd}$$

常用的电容器可分为：固定电容器和可变电容器

带电的物质微粒在电场中会受到电场力的作用而运动并吸附到相应电极上，根据该原理，人们开发了许多相关的应用技术，如静电复印、静电除尘、静电喷涂等。

虽然静电能为人们利用，但也会在有些场合带来危害。消除静电危害的常用方法是将静电荷引走。

自　测　题

一、填空题

1. 用丝绸摩擦过的玻璃棒带__________，用毛皮摩擦过的橡胶棒带__________。

2. 使物体带电的三种方式：__________、__________、接触起电，可用验电器来检验物体是否带电。

3. 电荷的__________叫电荷量，常用符号 Q 或 q 表示，其国际单位是__________，简称__________，用符号 C 表示。

4. 库仑定律的表达式：__________，该公式适用于__________中的__________，对空气中的点电荷近似适用。

5. 放入电场中某点的点电荷所受__________与它的__________的比值，简称场强。用公式表达为：__________。

6. 电场线：为了形象描述电场而__________的一条条有__________的曲线。曲线上每点的__________的方向表示该点的电场强度的方向。

7. 电场力做的功等于电势能的__________，表达式为：__________。

8. 电场中两点间电势的差值叫__________，也叫__________。

9. 匀强电场中两点间的电势差等于__________与这两点沿__________的距离的乘积。

10. 电容器所带的__________与电容器两极板间的__________的比值，叫做电容器的电容，公式：$C=$__________。

11. 击穿电压：加在电容器两极板上的电压不能超过某一限度，超过这个限度，电介质将被__________，电容器损坏，这个极限电压称为击穿电压。

12. 带电的物质微粒在电场中会受到电场力的作用而运动并吸附到相应电极上。根据这一原理，人们开发了相关的应用技术，如__________、__________、__________等。

二、选择题(单选)

1. 关于摩擦起电和感应起电的实质，下列说法中正确的是(　　)。

A. 摩擦起电现象说明机械能可以转化为电能，也说明通过做功可以创造电荷

B. 摩擦起电现象说明电荷可以从一个物体转移到另一个物体

C. 摩擦起电现象说明电荷可以从物体的一部分转移到另一部分

D. 感应起电说明电荷从带电的物体转移到原来不带电的物体上去了

2. 两个金属小球带有等量同种电荷 q (可视为点电荷)，当这两个球相距为 $5r$ 时，它们之间相互作用的静电力的大小为(　　)。

A. $F=k\dfrac{q^2}{25r^2}$　　B. $F=k\dfrac{q^2}{5r^2}$

C. $F=k\dfrac{25q^2}{r^2}$　　D.条件不足，无法判断

3. 下面关于电场的叙述错误的是(　　)。

A. 两个未接触的电荷发生了相互作用，一定是电场引起的

B. 只有电荷发生相互作用时才产生电场

C. 只要有电荷存在，其周围就存在电场

D. A 电荷受到 B 电荷的作用，是 B 电荷的电场对 A 电荷的作用

4. 关于电场中电荷的电势能的大小，下列说法正确的是(　　)。

A. 在电场强度越大的地方，电荷的电势能也越大

B. 正电荷沿电场线方向移动，电势能总增大

C. 负电荷沿电场线方向移动，电势能一定增大

D. 电荷沿电场线移动，电势能一定减小

5. 对于电场中 A、B 两点，下列说法正确的是(　　)。

A. 电势差的定义式 $U_{AB}=\dfrac{W_{AB}}{q}$，说明两点间的电势差 U_{AB} 与电场力做功 W_{AB} 成正比，与移动电荷的电荷量 q 成反比

B. A、B 两点间的电势差等于将正电荷从 A 点移到 B 点电场力所做的功

C. 将 1 C 电荷从 A 点移到 B 点，电场力做 1 J 的功，这两点间的电势差为 1 V

D. 电荷由 A 点移到 B 点的过程中，除受电场力外，还受其他力的作用，电荷电势能的变化就不再等于电场力所做的功

6. 对于一个电容器，下列说法正确的是(　　)。

A. 电容器两板间电压越大，电容越大

B. 电容器两板间电压减小到原来的一半，它的电容就增加到原来的 2 倍

C. 电容器所带电量增加 1 倍，两板间电压也增加 2 倍

D. 平行板电容器电容大小与两板正对面积、两板间距离及两板间电介质的相对介电常数有关

三、计算题

1. 真空中有两个相距 0.1 m 带电量相等的点电荷，它们之间的静电力的大小为 3.6×10^{-4} N，问每个电荷的带电量是元电荷的多少倍?

2. 在电场中把 2.0×10^{-9} C 的正电荷从 A 点移到 B 点，静电力做功 1.5×10^{-7} J。再把这个电荷从 B 点移到 C 点，静电力做功 -4×10^{-7} J。

(1) A、B、C 三点中哪点电势最高？哪点电势最低?

(2) A、B 间，B、C 间，A、C 间的电势差各是多大?

(3) 把 -1.5×10^{-9} C 的电荷从 A 点移到 C 点，静电力做多少功?

恒 定 电 流

在第 6 章我们已经学习了静电场的知识，本章将在此基础上，以恒定电流为主线，学习电流、电压、电动势、电功和电功率等基本电学概念；学习电阻的连接和欧姆定律及应用；掌握安全用电常识，从理论和实际应用两方面加以提高。

第1节　电路的基本概念

一、电路的组成及作用

(一) 电路的组成

电路是电流通过的路径，通常由电源、负载和中间环节三部分组成。如图 7-1 (a) 所示，是最简单的电路。其中电源是提供电能的装置，它把其他形式的能转换为电能，如发电机将机械能转换成电能、电池将化学能转换成电能等；负载是把电能转换成其他形式能的装置，如日光灯将电能转换成光能，电动机将电能转换成机械能等；中间环节是连接电源和负载的部分，其作用是传输、控制和分配电能，如导线、开关及各种控制、保护装置等。

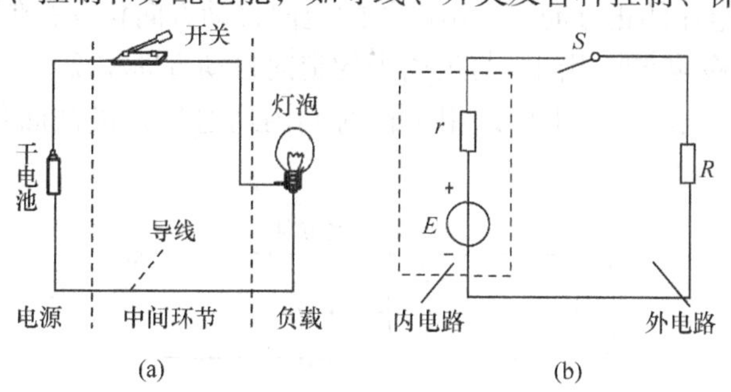

图 7-1　最简单的电路及其电路模型

(二) 电路的作用

电路的作用有两个：一是实现电能的传输和转换；二是实现信号的处理。各类电力系统主要用于电能的传输和转换；而像手机、电视机和心电图仪等设备的电路，主要用于信号处理。

(三) 电路模型

用各种理想电路元件组成的电路称为实际电路的电路模型，如图 7-1 (b) 所示。为了分析问题方便，通常把电源内部的电路称为内电路，电源外部的电路称为外电路。各种理想电路元件可以用图形符号来表示。

部分理想电路元件的图形符号如表 7-1 所示。

表 7-1 部分理想电路元件的图形符号

名称	符号	名称	符号	名称	符号
理想导线		电阻		电压源	
连接的导线		可变电阻		电感	
开关		电容		理想变压器	
开路		短路			

二、电路的基本物理量

要研究电路的基本规律，必须先学习电路的基本物理量。电路的基本物理量有电流、电压、电动势等。

(一) 电流

1. 电流的定义 导体中有大量自由移动的电荷(称自由电荷)，自由电荷在电场力作用下可以定向移动，自由电荷的定向移动形成电流。

2. 电流的方向 电流可以是由正电荷或负电荷的定向移动形成，还可以是由正、负电荷同时向相反的方向移动形成。为了分析问题方便，习惯上规定：正电荷定向移动的方向为电流的正方向。

在金属导体中，电流的正方向与自由电子的定向移动方向相反；在电解液中，电流的正方向与正离子的定向移动方向相同，与负离子的定向移动方向相反。

3. 电流的大小 电流的大小可以用单位时间内通过导体横截面积的电量来表示，如图 7-2 所示。

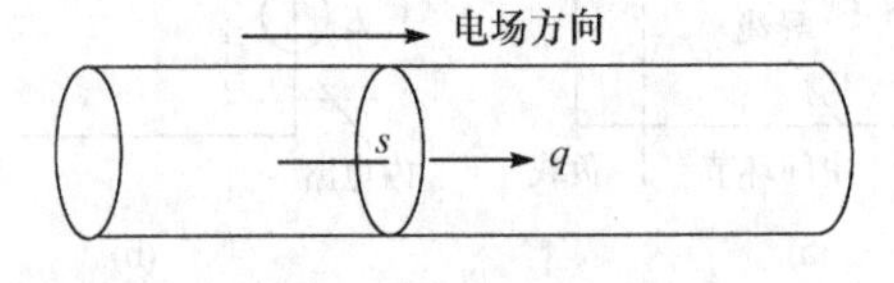

图 7-2 导体的电流

我们把通过导体横截面的电量 q 跟通过这些电量所用的时间 t 的比值，叫做**电流强度**，简称电流，用符号 I 表示，即

$$I=\frac{q}{t} \tag{7.1}$$

在国际单位制中，电流强度的单位是安培(A)。常用的电流强度的单位还有毫安(mA)和微安(μA)。

$$1\,A = 10^3\ mA = 10^6\ \mu A$$

方向不随时间变化的电流，叫做直流电流。方向和大小都不随时间变化的电流，叫做**恒定电流**。本章所说的直流电流，指的是恒定电流。

（二）电压

1. 电压的大小 通过第6章的学习我们知道，只要有电场存在，任意两点间就有电压。如果导体所处的电场是恒定的，如图7-3所示，则导体两端A、B间的电压也是恒定的。

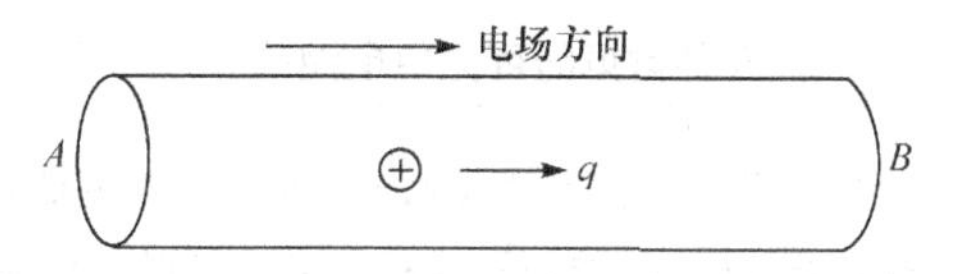

图7-3 导体两端的电压

设把正电荷q从A点移至B点时，电场力所做的功为W_{AB}，则A、B两点间的电压U_{AB}的大小为

$$U_{AB} = \frac{W_{AB}}{q} \tag{7.2}$$

由上式可知，A、B两点间的电压，在数值上等于把单位正电荷由A点移至B点电场力所做的功。因此，电压是表示电场力对电荷做功能力的物理量。

在国际单位制中，电压的单位是伏特，简称伏（V）。电压的常用单位还有千伏（kV）、毫伏（mV）和微伏（μV）。

$$1\,kV = 10^3\ V = 10^6\ mV = 10^9\ \mu V$$

2. 电压的方向 在电路中，电压的正方向规定为正电荷在电场力作用下定向移动的方向。

（三）电动势

电源有正极和负极，当外电路接通时，正电荷在电场力作用下通过负载由正极移向负极，为了维持持续电流，必须把流向电源负极的正电荷重新移回电源正极。在电源内部，正电荷受到的电场力由正极指向负极，只有在非静电力的作用下，正电荷才能由负极移向正极，正电荷逆着电场移动的过程中，非静电力要做功。非静电力做功的能力，用电源的电动势表示，如图7-4所示。

1. 电动势的大小 设把正电荷q从电源负极移至正极时，非静电力所做的功为W_E，则电动势E的大小为

$$E = \frac{W_E}{q} \tag{7.3}$$

由上式可知，电源的电动势，在数值上等于把单位正电荷从负极经电源内部移至正极时，非静电力所做的功。电动势的国际单位为伏特（V）。

2. 电动势的方向 电动势的正方向在电源内部由负极指向正极，与电源电压的方向相反。

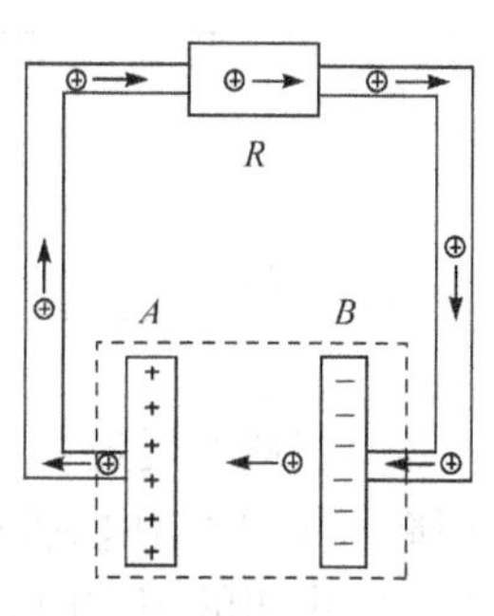

图7-4 电源的电动势

3. 电动势与电压的区别　虽然电动势的单位和电压相同，但它们的含义却是完全不同的。第一，电动势表示电源内部非静电力对电荷做功的能力，是表征电源特性的物理量。电源的电动势有确定的数值，其大小与外电路的性质以及是否接通无关。如干电池的电动势是1.5 V，铅蓄电池的电动势是2 V。而电压则表示电路中电场力对电荷做功的能力，其大小与外电路的性质以及是否接通有关。第二，电动势仅存在于电源内部，而电压既存在于电源内部，也存在于电源外部。

知识链接

几种常见的可充电电池简介

镍镉电池　镍镉电池的主要特性是具有良好的大电流放电特性、耐过充、维护简单、价格较低。缺点是在充放电时，阴极会长出镉的针状结晶，有时会穿透分隔物而引起内部枝状晶体式的短路；负极采用的是高毒性的镉化合物，不利于生态环境的保护，因此必须回收。

镍镉电池主要用于军事通信、卫星和各种中小型电器，如小型电动工具、吸尘器等。

镍氢电池　镍氢电池的主要特性是镍氢电池的能量密度比镍镉电池大，约为镍镉电池的数倍；镍氢电池有记忆效应，所以应尽量将电使用完以后再充满；镍氢电池内阻小，可供大电流放电，放电时电压的变化很小，是一种质量极佳的直流电源；由于不含汞及镉之原料，可以消除重金属元素对环境带来的污染，不必回收。镍氢电池的缺点是价格比镍镉电池要贵，性能比锂电池要差。

镍氢电池主要用于时钟、移动电话、电子游戏机、数码相机、摄像机、笔记本电脑、各种便携式设备电源和电动工具，也有少量用于混合电动车。

锂电池　锂电池分成两大类：不可充电的和可充电的。不可充电的电池称为一次性电池，可充电的称为二次性电池，也就是俗称的锂离子电池。

锂离子电池与镍镉电池和镍氢电池相比，有很多优点。锂离子电池不存在记忆效应，不需要完全放电再充电，可随时充电；相同的电容量下，体积非常小；使用电压为3.6 V，是镍镉电池、镍氢电池的3倍；可使用的温度范围广，为-20～60℃，而镍氢电池为0～50℃；锂离子电池的自放电率比较低：一般在常温下，镍镉电池的自放电率为每月13%～15%，镍氢电池为每月25%～35%，而锂离子电池只有每月5%～8%；无污染，锂离子电池不含有诸如镉、铅、汞之类的有害金属物质；充电快速，使用额定电压为4.2 V的恒流恒压充电器，可以使锂离子电池在1.5～2.5h内就充满电，磷酸亚铁锂动力电池，可以在35min内充满电。锂离子电池的主要缺点：在不使用的状态下存储一段时间后，其部分容量会永久的丧失；不耐受过充、过放、过载、过热，过充电将导致电池不可逆损坏；低温性能稍差。

锂离子电池应用广泛，主要用于手机、便携式数码产品、电动工具、电动汽车和储能设备。

知识巩固 1

1. 电路由__________、__________和__________组成；电路的作用是__________和__________。

2. 习惯上规定，__________移动的方向为电流的正方向。在金属导体中，自由电子定向移动的方向与电流的正方向__________。（填“相同”或“相反”）

3. 电压的正方向规定为__________在电场力作用下的移动方向。

4. __________表示电源内部非静电力推动电荷的能力，而__________则表示电路中电场力对电荷做功的能力。

5.(单选)关于电源电动势大小的说法，正确的是(　　)。

A. 同一种电池，体积越大，电动势也越大

B. 电动势的大小表示电源把其他形式的能转化为电能的本领的大小

C. 电路断开时，电源的非静电力做功为零，电动势并不为零

D. 电路中电流越大，电源的非静电力做功越多，电动势也越大

6. 若导线中的电流强度为15 A，在20 s内有多少电子通过导线的横截面？

第2节　导体的电阻

一、导体的电阻

电荷在导体中定向运动形成电流时，会受到导体的阻碍作用。**导体对电流的阻碍作用称为导体的电阻**。

电阻是导体本身的一种属性，它的大小决定于导体本身的一些因素，如导体的材料、长度、横截面积等。下面我们通过实验演示，来研究导体的电阻与这些因素的关系。

准备实验电路、三根材料相同的金属导体电阻丝 A、B、C 和一根材料不同的金属导体 D。其中，A 的长度为 L，横截面积为 S；B 的长度为 $2L$，横截面积为 S；C 的长度为 L，横截面积为 $2S$；D 的长度为 L，横截面积为 S。

【演示实验一】

如图7-5所示电路，依次将金属导体 A、B 分别接入电路中，调节变阻器，令两个导体上的电压相同，分别测出电流。从实验结果可以看出，通过导体 A 的电流大。这说明导体 A 的电阻比导体 B 的电阻小。

实验结果表明：导体的电阻与导体的长度成正比。

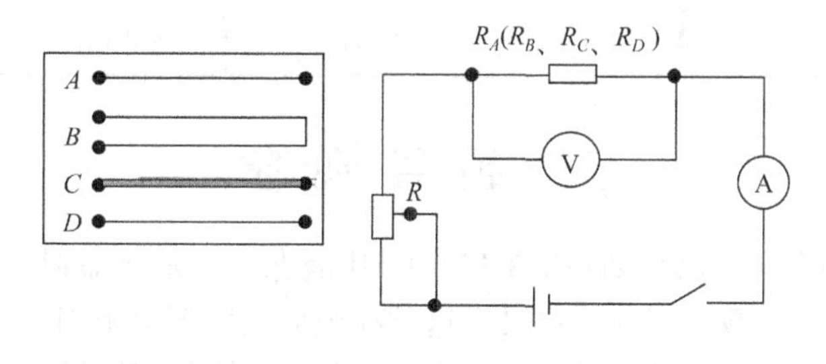

图7-5　实验电路

【演示实验二】

如图7-5所示电路，依次将金属导体 A、C 分别接入电路中，调节变阻器，令两个导体上的电压相同，分别测出电流。从实验结果可以看出，通过导体 C 的电流大。这说明导体 C 的电阻比导体 A 的电阻小。

实验结果表明：导体的电阻与导体的横截面积成反比。

【演示实验三】

如图 7-5 所示电路，依次将金属导体 A、D 分别接入电路中，调节变阻器，令两个导体上的电压相同，分别测出电流。从实验结果可以看出，通过导体 A、D 的电流不同。这说明导体 A、D 的电阻不同。

实验结果表明：导体的电阻与导体的材料有关。

二、电阻定律

实验证明：**对于一段均匀的导体，导体的电阻跟它的长度及电阻率成正比，跟它的横截面积成反比，这个规律叫做电阻定律。**其表达式为

$$R=\rho\frac{L}{S} \tag{7.4}$$

在国际单位制中，电阻的单位是欧姆(Ω)。如果电阻值较大，还可用千欧(kΩ)和兆欧(MΩ)做单位。它们之间的关系是

$$1\,\mathrm{M\Omega}=10^{3}\,\mathrm{k\Omega}=10^{6}\,\Omega$$

式(7.4)中，R、L、S、ρ 分别是导体的电阻、长度、横截面积、电阻率。R、L、S 的国际单位分别是：欧姆(Ω)、米(m)、米^2(m^2)，因此电阻率 ρ 的国际单位是欧姆·米(Ω·m)。

导体的**电阻率**，是与导体的材料及温度有关的物理量。不同金属导体的电阻率是不同的。部分金属导体的电阻率如表 7-2 所示。

表 7-2 几种常用金属导体在 20℃时的电阻率

材料名称	电阻率	材料名称	电阻率	材料名称	电阻率
银	1.65×10^{-8}	锰铜	4.4×10^{-7}	钨	5.48×10^{-8}
铜	1.75×10^{-8}	汞	9.6×10^{-7}	铁	9.78×10^{-8}
金	2.40×10^{-8}	康铜	5.0×10^{-7}	铁铬铝合金	1.4×10^{-6}
铝	2.83×10^{-8}	镍铬合金	1.0×10^{-6}	铝镍铁合金	1.6×10^{-6}

三、超导现象

1911 年，荷兰物理学家昂尼斯(1853-1926)，用液态氦把汞冷却到零下 268℃时，发现汞的电阻变为零。后来又发现，铝和锡也具有这种在极低温度下电阻消失的特性，人们把这种现象叫做**超导现象**。具有这种特性的材料叫做**超导材料**。使非超导材料转变为超导材料的温度叫做**临界温度**。

处于超导状态的导体称为“**超导体**”。超导体的直流电阻率在一定的低温下突然消失的特性，被称为零电阻效应。导体没有了电阻，电流流经超导体时就不发生热损耗，电荷可以毫无阻力地在导线中形成强大的电流，产生超强磁场。

超导电性具有重要的应用价值。例如，利用在临界温度附近电阻率随温度快速变化的规律，可制成高灵敏度的超导温度计；利用超导材料的零电阻效应，可以实现电子设备的

微型化，可以在发电、输电过程中传输强大的电流，可以制造超导磁体、超导加速器、超导电机等。

近年来，各国的科学家都在努力寻找临界温度较高的超导材料。高温超导材料的用途非常广阔，大致可分为三类：大电流(强电)应用、电子学(弱电)应用和抗磁性应用。大电流应用即如前所述的发电、输电等；电子学应用包括超导计算机、超导天线、超导微波器件等；抗磁性主要应用于磁悬浮列车和热核聚变反应堆等。

知识链接 常见的特殊电阻元件

有一类特殊的电阻元件，其电阻值不是常数，而与工作环境(如光、热等)或其他因素有关。这类电阻元件常见的有：光敏电阻、热敏电阻、压敏电阻等。

光敏电阻　光敏电阻的阻值与光照强度有关，光照愈强，阻值愈小。在无光线照射时，阻值达几十千欧姆以上；受光照射时，阻值降为几百欧姆乃至几十欧姆。在电路中，光敏电阻将光的变化转换成了电信号的变化，再由电路来处理这些变化信号，达到了自动控制的目的。主要用于光控开关、计数电路及各种自动控制系统中。

热敏电阻　热敏电阻包括正温度系数热敏电阻(俗称 PTC 元件)和负温度系数热敏电阻(俗称 NTC 元件)，热敏电阻能将温度的变化转换成电信号的变化，再进行处理，实现自动控制。

正温度系数的热敏电阻，常温下只有几欧姆至几十欧姆的阻值，当通过的电流超过其额定值时，其阻值能在几秒钟内升到数百欧姆乃至数千欧姆以上。这类电阻常用于电机启动电路、彩电消磁电路、自动保护等电路中。

负温度系数的热敏电阻，在常温下呈高阻态，电阻为几十欧姆至几千欧姆，当温度升高或通过它的电流增大时，其阻值急剧下降。这类电阻常用于温度控制电路中，例如，晶体管的偏置电阻，以稳定晶体管的工作点；在电子温度计及自动控温设备中(如空调、电冰箱)作感温元件。

压敏电阻　当压敏电阻两端电压超过某一数值时，其阻值迅速减小，电流急剧增大，因而可用于抑制瞬时过电压。压敏电阻常用来抑制家电产品或电子设备中的瞬时过电压。如整流电路、电源电路、防雷击电路和其他需要防止过电压的电路中。

知识巩固 2

1. 导体对电流的__________作用叫做电阻，用符号__________表示，其国际单位是__________。

2. 一段均匀导体，其电阻跟它的__________及__________成正比，跟它的__________成反比。

3. (单选)一根均匀的铜导线，其电阻为 2 Ω，当加在它两端上的电压增加一倍时，它的电阻为(　　)。

A. 4 Ω　　B. 1 Ω　　C. 2 Ω　　D. 0.5 Ω

4. (多选)导体的电阻率与下列哪些因素有关(　　)。

A. 长度　　B. 横截面积　　C. 材料　　D. 温度

5. 由相同材料制成的两段电阻丝，它们的横截面积之比为 $S_1:S_2=3:2$，长度之比为

$L_1 : L_2 = 2:3$，它们的电阻之比为多少？

第3节 电功和电功率

一、电 功

通过前面的学习我们知道，如果在导体两端加上电压，导体内就建立了电场。导体内的自由电荷在电场中因受到电场力的作用而定向移动。电场力在推动自由电荷定向移动的过程中要做功。设导体两端的电压为U，通过导体横截面的电量为q，则电场力做功$W = qU$，由于$q = It$，所以

$$W = UIt \tag{7.5}$$

上式表明：**电流在通过一段导体时所做的功，跟这段导体两端的电压、导体中的电流强度和通电时间成正比。**

电场力所做的功通常说成是电流做的功，简称**电功**。电流做功的过程实际上是电能转化为其他形式能(如热能、机械能、化学能等)的过程。电流做了多少功，就表示有多少电能转化为其他形式的能。所以，电功是电能转化的量度。

电功的国际单位是焦耳(J)。在日常生活中，经常用到单位“度”。1度电，即功率为1 kW的用电器在1 h内消耗的电能，度又称千瓦 · 时(kW · h)。

$$1\,\text{kW}\cdot\text{h}=3.6\times10^6\,\text{J}$$

二、电 功 率

电流通过不同的用电器时，在单位时间内做功的多少一般不同。我们把电流所做的功跟完成这些功所用时间的比值，叫做电功率。用P表示，即

$$P = \frac{W}{t} = \frac{UIt}{t} = UI \tag{7.6}$$

在国际单位制中，功率的单位是瓦特(W)，功率的常用单位还有千瓦(kW)。

$$1\,\text{kW} = 10^3\,\text{W}$$

电功率反映了电流做功的快慢。上式表明，**一段导体上的电功率，跟这段导体两端的电压和导体中的电流强度的乘积成正比。**

对于纯电阻电路，根据欧姆定律可得出：

$$P = UI = I^2R = \frac{U^2}{R} \tag{7.7}$$

通常用电器铭牌或说明书中给出的功率和电压，是用电器的额定功率和额定电压，额定值是指导用户正确使用电器的技术数据。只有按照额定值使用，用电器才能正常工作；超过额定值运行时，用电器将缩短使用寿命或遭到毁坏；小于额定值运行时，用电器的能力得不到充分的发挥。有些电气设备(如电动机)，电压太低时还可能被烧坏。

例如，标有“220 V、40 W”的灯泡，接在220 V的电源上，灯泡正常发光，这时灯泡消耗的功率等于额定功率。根据额定功率和额定电压，我们就能计算出额定电流。如果把该灯泡接到低于220 V的电源上，通过它的电流变小，实际消耗的功率就小于额定功率，灯泡的亮度变暗；如果把该灯泡接到高于220 V的电源上，通过它的电流变大，它实际消耗的功率就大于额定功率，有烧坏灯丝的危险。

所以，在使用各种用电器之前，必须仔细阅读其铭牌和说明书，确保加在用电器两端的电压与用电器的额定电压值相符。

三、焦耳定律

在日常生活中，我们知道：当电流通过电烙铁时，电烙铁发热；当电流通过电风扇时，电风扇在转动的同时也发热；当电流通过电灯时，电灯在发光的同时也发热。我们把**电流通过导体时发热的现象叫做电流的热效应。**

英国物理学家焦耳(1818-1889)通过实验总结出：**电流通过导体产生的热量，跟电流强度的平方、导体的电阻和通电时间均成正比，这就是焦耳定律。**其表达式为

$$Q = I^2Rt \tag{7.8}$$

式中，Q、I、R、t的国际单位分别为焦耳(J)、安培(A)、欧姆(Ω)、秒(s)。

四、电功和电热的关系

电流通过导体时要做功，而导体中有电阻，电流流过电阻时要产生热量。那么，电流所做的功跟它产生的热量之间，又有什么关系呢？

在纯电阻电路中，由于$U = IR$，因此，$UIt = I^2Rt$。这表明电流所做的功UIt跟产生的热量I^2Rt是相等的，即电功等于电热，输入的电能全部转变为热能。这时电功的公式也可以写成

$$W = I^2Rt = \frac{U^2}{R}t \tag{7.9}$$

如果电路中有电动机、电解槽等用电器(非纯电阻电路)，那么输入的电能除大部分转化为机械能、化学能外，还有一部分转化为热能，这就是电器设备在工作时发热的原因。这时电功仍然等于UIt，产生的热量仍然等于I^2Rt，但电功不等于电热，而是大于电热；加在电路两端的电压U也不再等于IR，而是大于IR了。在这种情况下，就不能再用I^2Rt或$\frac{U^2}{R}t$来计算电功了。

总之，只有在纯电阻电路里，电功才等于电热；在非纯电阻电路里，电功不等于电热，要注意电功和电热的区别。

【例题7-1】 一台电动机，额定电压是110 V，电阻是0.40 Ω，在正常工作时通过的电流是 50 A。问这台电动机每秒钟内电流做的功是多少？这台电动机每秒钟内产生的热量是多少？

解：这台电动机正常工作，因此，电动机两端加的电压等于额定电压。这台电动机每秒钟内电流做的功是 $W=UIt=110\times50\times1\ \text{J}=5500\ \text{J}$，每秒钟内产生的热量是

$$Q=I^2Rt=50^2\times0.4\times1\ \text{J}=1000\ \text{J}$$

从计算结果可以看出：在电动机电路中，电功不等于电热，电功大部分转化成了机械能，只有一小部分转化为热能。

【例题 7-2】 估算额定功率为 110 W 的电冰箱一天的耗电量。

估算电冰箱耗电量可用下面方法：待冰箱进入稳定运转状态后开始计时，先看冰箱压缩机运转时间与停机时间之比。例如，冰箱运转时间为 5 min，停机时间为 15 min，其运转比为 1∶3，由此可计算出一天 24 h 内冰箱大约运转 6 h。然后看电冰箱压缩机的额定功率，用此功率乘以每天运转时间，即可得出每天耗电量：

每天耗电量(kW · h)=额定功率(kW) × 每天运转时间(h)

例题中电冰箱压缩机的额定功率为 110 W，则每天耗电量为

$$W=Pt=0.110\ \text{kW}\times6\ \text{h}=0.66\ \text{kW}\cdot\text{h}=0.66\ 度$$

知识链接 学会认识电能表及电费计算

现在每家每户都安装了电能表，家庭电能表的作用是累计计量各种家用电器所消耗的总电能，以此作为核算收缴电费的依据。一般电费都是按月计算收缴的，因此，每月都要查抄电能表的读数。

电能表上设有计度器，它一般有五位读数。前四位数在黑色的格内，表示整数；最后一位数在红色的格内，表示小数，查抄时只记录整数。

月用电量=本月查抄电能表读数−上月查抄电能表读数

每月电费=月用电量 × 每度电的价格

假如你家 7 月底电能表读数为 2500，6 月底读数为 2200，则 2500−2200=300 度，也就是说，你家 7 月份用了 300 度电。如果每度电的价格为 0.5 元，则你家 7 月份应交电费为：0.5 元×300=150 元。

知识巩固 3

1. 电流通过电动机做功，使电动机转动，电能主要转化为__________；电流通过灯丝做功，使灯丝发光，电能主要转化为__________；电流通过电热丝做功，使电热丝发热，电能转化为__________。

2. (单选)有一个 4 Ω 的电阻器，每秒钟通过 5 C 的电量，则这个电阻器的实际功率是(　　)。

A. 100 W　　B. 80 W　　C. 20 W　　D. 1.2 W

3. 一只标有“220 V、45 W”的电烙铁，在额定电压下使用时，每分钟产生多少热量?

4. 有一台“220 V、1 kW”的电炉，正常工作时电流是多少？如果不考虑温度对电阻的影响，把它接在 110 V 的电压上，它实际消耗的功率是多少?

5. 室内装有 25 W 的电灯 4 只，40 W 日光灯 2 只，平均每天用电 6 h，30 天用多少度电?

6. 电烙铁的额定电压为 220 V，测得电热丝的电阻为 1920 Ω，问它的额定功率为多大?

在额定电压下工作，通过电热丝的电流为多大？如果通电 10 min，问电烙铁放出的热量为多少？

第4节 电阻的连接

串联和并联，是电阻元件之间最简单的连接方式，许多实际电路都可归结为电阻的串联、并联及它们的组合(混联)。

一、电阻的串联

(一)电阻的串联

几个电阻依次首尾相接，且通过每个电阻的电流都相同，这种连接方式叫做电阻的串联。(以两个电阻串联为例)

如图 7-6(a)所示，是两个电阻 R_1 、 R_2 组成的串联电路。

在同一电压 U 的作用下，保持电流 I 不变，则两个串联电阻可用一个等效电阻 R 来代替，如图 7-6(b)所示。

(二)串联电路的基本特点

1. 在串联电路中，各处的电流强度都相等，即

$$I = I_1 = I_2 \tag{7.10}$$

2. 串联电路两端的总电压等于各部分电路两端的电压之和，即

$$U = U_1 + U_2 \tag{7.11}$$

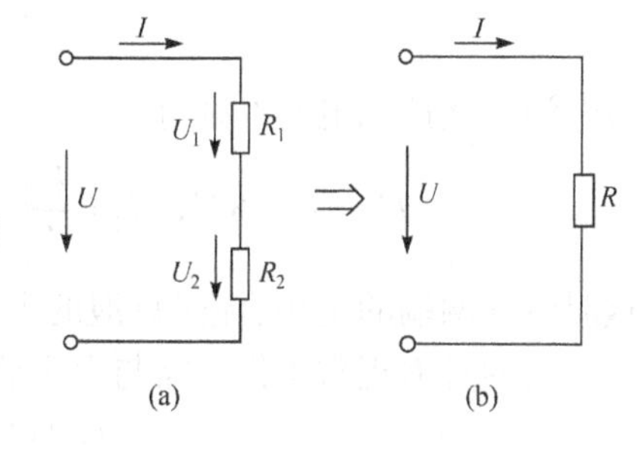

图 7-6 电阻的串联及其等效电阻

(三)串联电路的性质

从串联电路的基本特点出发，研究得出串联电路(以两个电阻串联为例)的几个重要性质：

1. 串联电路的总电阻等于各分电阻之和，即

$$R = R_1 + R_2$$

2. 在串联电路中，各电阻两端的电压与其阻值成正比，即

$$\frac{U_1}{R_1} = \frac{U_2}{R_2} = I$$

3. 在串联电路中，各电阻消耗的功率与其阻值成正比，即

$$\frac{P_1}{R_1} = \frac{P_2}{R_2} = I^2$$

这表明，如果把阻值不同的两个灯泡串联起来，则阻值大的灯泡消耗的功率大，灯泡的亮度大；阻值小的灯泡消耗的功率小，灯泡的亮度小。

(四)串联电阻的作用

若通过图 7-6(a)所示串联电路的电流为 I ，根据欧姆定律可知：

$$I = \frac{U}{R_1 + R_2}$$

R_1 和 R_2 上得到的电压分别为

$$\left.\begin{aligned} U_1 = R_1 I = \frac{R_1}{R_1 + R_2} U \\ U_2 = R_2 I = \frac{R_2}{R_1 + R_2} U \end{aligned}\right\} \tag{7.12}$$

上式是两个电阻串联时的分压公式，是分析计算串联电路时常用的公式。

串联电阻的主要作用是分压。利用串联电阻的分压作用，可以把额定电压较低的灯泡(或其他电器)与分压电阻串联后，接到较高的电源上使用。此外，还可以利用电阻的分压作用来扩大电压表的量程。

【例题 7-3】 一个灯泡上标有“6 V、3 W”的字样，若把它接在电压 U =8 V 的电源上，灯泡能否正常工作？若要使灯泡正常工作，应如何连接电路？连接后灯泡两端的电压与通过的电流各是多少？

解： 根据灯泡标定的额定值(U_N=6 V，P_N=3 W)，灯泡电阻应为

$$R_2 = \frac{{U_N}^2}{P_N} = \frac{6^2}{3}\ \Omega = 12\ \Omega$$

将灯泡直接接到电源上则有

$$U_2 = U = 8\ \text{V},\quad I_2 = \frac{U_2}{R_2} = \frac{8}{12}\ \text{A} = \frac{2}{3}\ \text{A},\quad P_2 = U_2 I_2 = 8 \times \frac{2}{3}\ \text{W} \approx 5.33\ \text{W}$$

这时灯泡两端的电压、流过灯泡的电流及其实际功率均超过其额定值，故灯泡不能正常工作。

要使灯泡正常工作，需与它串联一个电阻 R_1 后，再接到电源上，如图 7-7 所示。

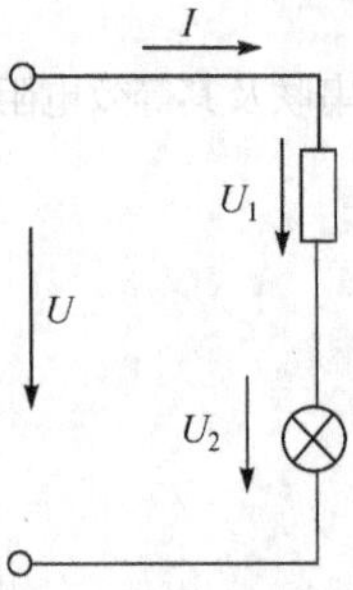

此时灯泡两端的电压应为额定电压 6 V，则电阻 R_1 两端的电压为

$$U_1 = U - U_2 = (8-6)\ \text{V} = 2\ \text{V}$$

根据串联电路的特点

$$\frac{U_1}{R_1} = \frac{U_2}{R_2}$$

R_1 的电阻值应为

$$R_1 = \frac{U_1 R_2}{U_2} = \frac{2 \times 12}{6}\ \Omega = 4\ \Omega$$

图 7-7 串联电阻的应用

串联电阻后通过灯泡的电流为

$$I = \frac{U}{R_1 + R_2} = \frac{8}{4 + 12}\ \text{A} = 0.5\ \text{A}$$

串联电阻后灯泡的实际功率为

$$P = U_2 I_2 = 6 \times 0.5\ \text{W} = 3\ \text{W}$$

计算结果表明，将灯泡串联一个 4 Ω 电阻后再接入电源，便可以正常工作。由上例可以

看出，与灯泡串联的电阻，同时起到了分压和限流的作用。

二、电阻的并联

（一）电阻的并联

几个电阻的一端连接在一起，另一端也连接在一起，这种连接方式叫做电阻的并联。（以两个电阻并联为例）

如图 7-8（a）所示，是两个电阻并联的电路，R_1 与 R_2 并联可记作 $R_1//R_2$。

如果用一个电阻 R 代替 R_1 和 R_2 并联所起的作用，则 R 叫做并联电阻 R_1 和 R_2 的等效电阻，如图 7-8（b）所示。

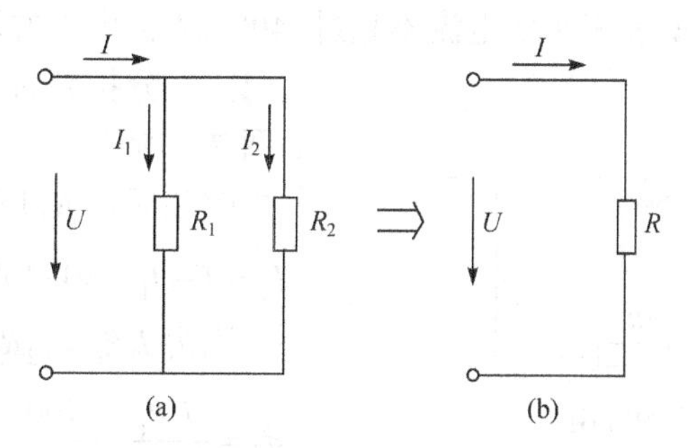

图 7-8　电阻的并联及其等效电阻

（二）并联电路的基本特点

1. 在并联电路中，各支路两端的电压都相等，即

$$U=U_1=U_2 \tag{7.13}$$

2. 并联电路的总电流等于各分电流之和，即

$$I=I_1+I_2 \tag{7.14}$$

（三）并联电路的性质

从并联电路的两个基本特点出发，研究得出并联电路的几个重要性质：

1. 并联电路总电阻的倒数等于各分电阻的倒数之和，即

$$\frac{1}{R}=\frac{1}{R_1}+\frac{1}{R_2}$$

2. 并联电路中流过各电阻的电流与其阻值成反比，即

$$I_1R_1=I_2R_2=U$$

3. 并联电路中各电阻消耗的功率与其阻值成反比，即

$$P_1R_1=P_2R_2=U^2$$

（四）并联电阻的作用

图 7-8（a）中并联电路两端的电压为 U，由欧姆定律可知：

$$U=RI=\frac{R_1R_2}{R_1+R_2}I$$

通过 R_1 和 R_2 的电流分别是

$$\left.\begin{aligned} I_1 &= \frac{U}{R_1} = \frac{R_2}{R_1 + R_2} I \\ I_2 &= \frac{U}{R_2} = \frac{R_1}{R_1 + R_2} I \end{aligned}\right\} \tag{7.15}$$

上式是两个电阻并联时的分流公式，是分析计算并联电路时常用的公式。

并联电阻的主要作用是分流，利用并联电阻的分流作用，可以扩大电流表的量程。

【例题 7-4】 如图 7-9 所示，一个量程为 400 μA，内阻为 1480 Ω 的微安表，若要把它改装成量程为 30 mA 的毫安表，问应如何改装？

解： 为了使通过原微安表表头的电流不超过 400 μA，可以并联一个电阻 R_2 到微安表上，让 R_2 分担超过 400 μA 的那部分电流，如图 7-9 所示。

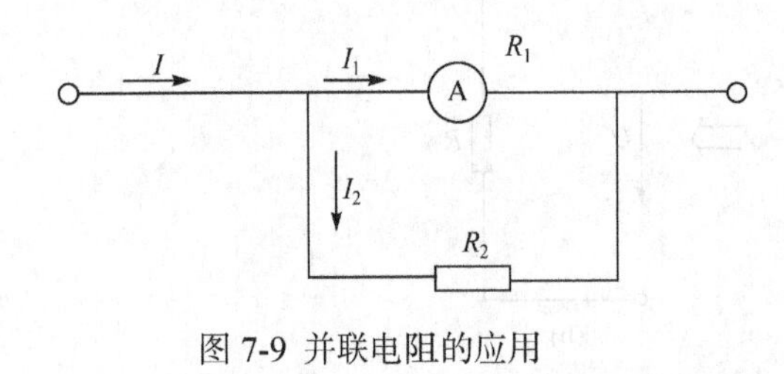

图 7-9 并联电阻的应用

改装后，R_2 应分担的电流为

$$I_2 = I - I_1 = 30 - 400 \times 10^{-3}\ \text{mA} = 29.6\ \text{mA}$$

因为 $I_1 R_1 = I_2 R_2$，所以

$$R_2 = \frac{I_1 R_1}{I - I_1} = \frac{400 \times 10^{-3} \times 1480}{30 - 400 \times 10^{-3}}\ \Omega = 20\ \Omega$$

三、电阻的混联

在一段电路中，既有电阻的串联，又有电阻的并联，这种连接方式叫做电阻的混联。

分析计算混联电路，首先要明确计算哪两个端点之间的等效电阻，再弄清楚电路中这两个端点间各电阻的连接关系，然后再根据电阻串、并联的特点，对电路逐步进行等效简化。

对混联电路进行等效简化的一般步骤：① 将电路中电势相同的点用同一字母表示；② 标出除端点以外的其他连接点；③ 在一条直线上，画出待求电路的两个端点，在两端点之间适当位置画出其他连接点；④ 将待求电路中的所有电阻逐个连接在相应的两个连接点之间。这样等效简化后的电路，电阻的串并联关系变得十分清楚。

【例题 7-5】 图 7-10(a)中，R_1=2 Ω，R_2=12 Ω，R_3=R_4=8 Ω，计算电路中 a、b 两点间的等效电阻 R_{ab}。

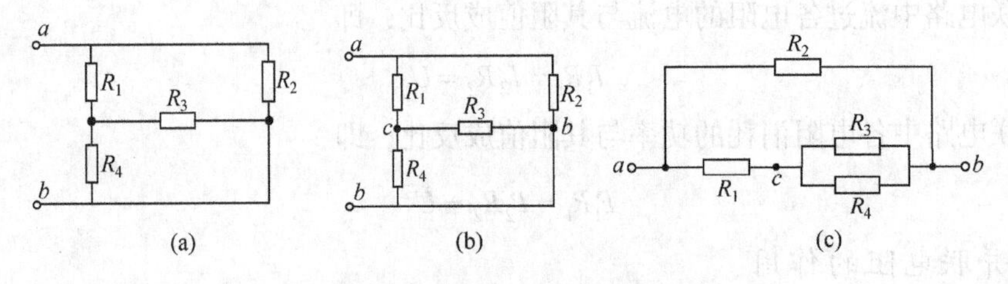

图 7-10 混联电路的等效简化

解： 根据上述混联电路等效简化的步骤，在图 7-10(a)中，标出等电势点 b 和除端点 a、

b 以外其他的连接点 c，如图 7-10(b)所示；在一条直线上画出端点 a、b 和连接点 c，并将图 7-10(b)中的各个电阻逐个连接在相应的两个连接点之间，如图 7-10(c)所示。这样，电路中 a、b 两端点间各电阻的连接关系就是：

R_3 与 R_4 并联，得

$$R_{34} = R_3 // R_4 = \frac{R_3 R_4}{R_3 + R_4} = \frac{8 \times 8}{8 + 8}\,\Omega = 4\,\Omega$$

R_{34} 与 R_1 串联，而后再与 R_2 并联，得 R_{ab}：

$$R_{ab} = \frac{(R_{34} + R_1) \times R_2}{R_{34} + R_1 + R_2} = \frac{(4+2) \times 12}{4+2+12}\,\Omega = 4\,\Omega$$

知识巩固 4

1. (单选)两阻值均为 R 的电阻，串联后的总电阻与并联后的总电阻之比为(　　)。

A. 2∶1　　B. 4∶1　　C. 1∶4　　D. 1∶2

2. 把 10 Ω、20 Ω、40 Ω 的三个电阻任意连接，得到的等效电阻的最大值是＿＿＿＿＿Ω，最小值是＿＿＿＿＿Ω。

3. 如果把阻值不同的灯泡并联起来，则阻值大的灯泡消耗的功率＿＿＿＿＿，灯泡的亮度＿＿＿＿＿；阻值小的灯泡消耗的功率＿＿＿＿＿，灯泡的亮度＿＿＿＿＿。(填“大”或“小”)

4. 有一额定电压为 40 V，额定功率为 200 W 的用电器，应该怎样把它接入电源电压是 220 V 的照明电路中，才能保证用电器正常工作？

5. 在图 7-11 中，绘出两个小灯泡、一个电池组、两个电键、木板、导线若干、两个灯头。请按图所示在木板上安装好电池组和两个灯头、灯泡，用导线把两个电键接好，分别控制甲、乙两个灯泡，从而实现学校的前、后门来人时指示灯都亮。

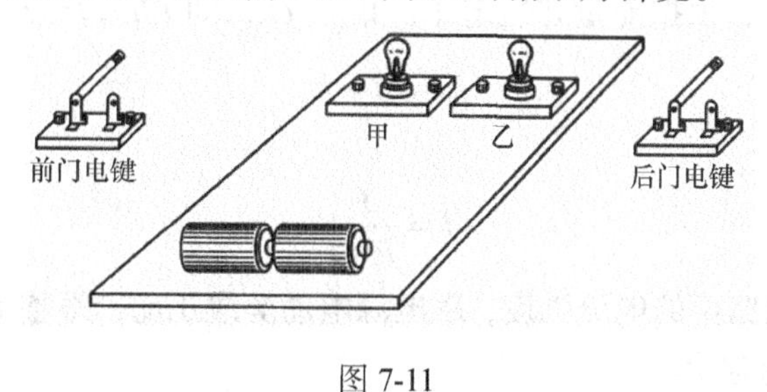

图 7-11

第5节 欧姆定律

欧姆定律是电路的基本定律之一，它反映了电流、电压和电阻三者间的相互关系。

一、部分电路欧姆定律

德国物理学家欧姆(1787—1854)最先通过实验研究了电流跟电压、电阻之间的关系，并得出结论：**导体中的电流强度，跟导体两端的电压成正比，跟导体的电阻成反比。这就是部分电路欧姆定律。**

用I表示导体中的电流，U表示导体两端的电压，R表示导体的电阻，则部分电路欧姆定律可表示为

$$I=\frac{U}{R} \tag{7.16}$$

式中，I、U、R的国际单位是安培(A)、伏特(V)、欧姆(Ω)。

欧姆定律适用于金属和电解液导电的情况，对于气体导电的情况则不适用。

二、全电路欧姆定律

(一)全电路欧姆定律内容

图 7-12 是最简单的闭合电路。在第 1 节中我们把电源内部的电路叫做内电路，把电源以外的电路叫做外电路。本节我们研究的全电路是内电路和外电路的闭合电路。

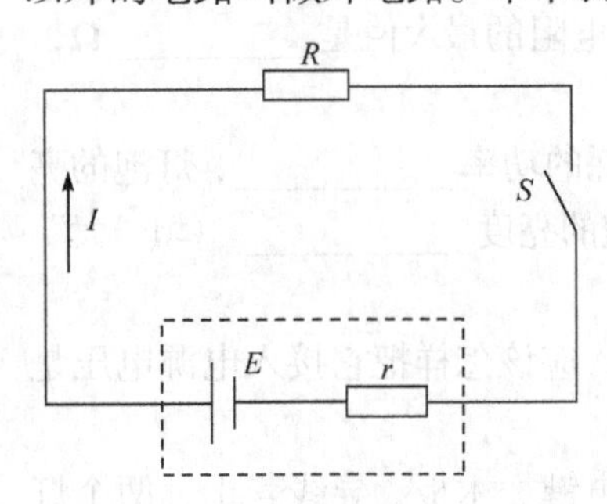

图 7-12 最简单的闭合电路

在闭合电路里，通过电路的电流强度与哪些因素有关呢？这个问题我们通过能量守恒定律和焦耳定律来分析解决。

设在t时间内，有电量q通过闭合电路的横截面。在电源内部，非静电力把q从负极移到正极做功$W_E=Eq$，由于$q=It$，则$W_E=EIt$。

电流通过电阻R和r时，电能转化为热能，根据焦耳定律，$Q=I^2Rt+I^2rt$。

在电源内部其他形式的能转化成的电能，在电流通过电阻时全部转化成热能，根据能量守恒定律，$W_E=Q$，即$EIt=I^2Rt+I^2rt$，所以，

$$E=IR+Ir$$

或

$$I=\frac{E}{R+r} \tag{7.17}$$

上式表明：**闭合电路中的电流强度，跟电源电动势成正比，跟整个电路中的总电阻成反比，这就是全电路欧姆定律。**

IR是外电路上的电压，也叫路端电压，用U表示；Ir是内电路上的电压，所以有

$$E=U+Ir$$

上式说明：电源的电动势，等于外电路上的电压和内电路上的电压之和。

(二)路端电压跟负载的关系

对于给定的电源，E和r是一定的。由于$I=E/(R+r)$，当外电路的电阻R增大时，电流强度I减少，由于路端电压$U=E-Ir$，当电流强度I减少时，路端电压U就增大；反之，当外电路的电阻R减少时，路端电压U也减小。

现在来讨论两种特殊情况。

1. 开路状态 当外电路断开时，电阻 R 可以看成无限大，电流 $I=0$，由 $U=E-Ir$ 可知，此时 $E=U$。

这表明，外电路断开时，路端电压等于电源的电动势。利用这一特点，可以用电压表粗略地测定电源电动势。

2. 短路状态 当外电路短路时，电阻 R 近似为零，路端电压 U 也近似为零，内电压近似等于电源电动势，这时电路中的电流强度近似等于 E/r。

发生短路时，电流强度不但取决于电动势，还取决于电源的内电阻。电源的内电阻一般都很少，例如铅蓄电池的内阻只有 0.005～0.1 Ω，所以外电路短路时，会在电路中产生很大的电流，以致毁坏电路，酿成火灾事故。

为了防止短路所造成的危害，通常在电路中接入保护装置。电路中一旦发生短路故障，保护装置立即切断电路，保护电源和设备。

【例题 7-6】 在图 7-12 中，电源电动势 $E=3$ V，路端电压 $U=2.8$ V，已知外电路的电阻 $R=8$ Ω，试求电源内阻 r 和电路中的电流 I。

解：由部分电路欧姆定律得

$$I=\frac{U}{R}=\frac{2.8}{8}\text{ A}=0.35\text{ A}$$

由全电路欧姆定律 $E=U+Ir$，变换得

$$r=\frac{E-U}{I}=\frac{3-2.8}{0.35}\,\Omega\approx0.57\,\Omega$$

【例题 7-7】 如图 7-13 所示，线路的电压为 220 V，每条输电线的电阻 r 是 5 Ω，电炉 A 的电阻是 100 Ω，求电炉 A 上的电压和它消耗的功率。如果在 A 的旁边再并联一个电阻为 50 Ω 的电炉 B，这时电炉上的电压和每个电炉消耗的功率又各是多少？

解：(1) 没有加接电炉 B 时：

线路的总电阻为

$$R=R_A+r+r=(100+5+5)\,\Omega=110\,\Omega$$

线路中的电流强度为

$$I=\frac{U}{R}=\frac{220}{110}=2\,(\text{A})$$

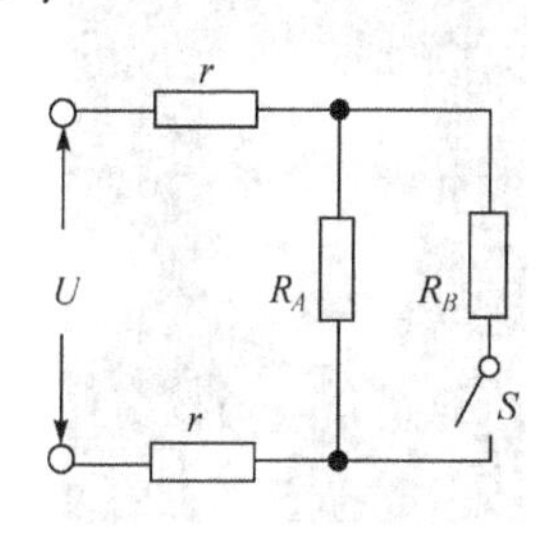

图 7-13 计算电功率

电炉 A 上的电压为

$$U_A=IR_A=2\times100=200\,(\text{V})$$

电炉 A 消耗的功率为

$$P_A=U_AI=200\times2=400\,(\text{W})$$

(2) 加接电炉 B 以后：

R_A 和 R_B 并联后的电阻为

$$R_{并}=\frac{R_AR_B}{R_A+R_B}=\frac{100\times50}{100+50}\approx33.3\,(\Omega)$$

线路的总电阻为

$$R' = R_{并} + r + r = 33.3 + 5 + 5 \approx 43.3\,(\Omega)$$

线路中的电流强度为

$$I' = \frac{U}{R'} = \frac{220}{43.3} \approx 5.08\,(\text{A})$$

电炉上的电压为

$$U_{并} = I'R_{并} = 5.08 \times 33.3 \approx 169\,(\text{V})$$

电炉 A 消耗的功率为

$$P'_A = \frac{U^2{}_{并}}{R_A} = \frac{169^2}{100} \approx 286\,(\text{W})$$

电炉 B 消耗的功率为

$$P'_B = \frac{U^2{}_{并}}{R_B} = \frac{169^2}{50} \approx 571\,(\text{W})$$

从这道例题可以看出，加接电炉 B 之后，电炉 A 消耗的功率减少了。这是因为线路里并联的用电器越多，并联部分的电阻就越少，在总电压不变的条件下，电路里的总电流就越大，因而输电线上的电压降就越大，这样，加在用电器上的电压越少，每个用电器消耗的功率越少。学校晚自习期间，大家都用电灯照明，这时电灯就比深夜时暗一些，就是这个缘故。

知识链接

科学家欧姆

乔治·西蒙·欧姆(1787-1854)(图 7-14)，1787 年 3 月 16 日生于德国埃尔兰根城，德国物理学家。

图 7-14 欧姆

欧姆的父亲是一名的锁匠，父亲自学了数学和物理方面的知识。欧姆从小就在父亲的教育下学习数学，并受到有关机械技能的训练，这对他后来进行研究工作特别是自制仪器有很大的帮助。欧姆 1800 年在中学接受过古典式教育，1803 年考入埃尔兰根大学，后来由于家庭经济困难，于 1806 年被迫退学，到一所中学任教，但他始终坚持学习和研究，自己动手制作仪器设备，进行科学实验，并于 1813 年通过考试获得哲学博士学位。

1817 年，他的《几何学教科书》一书出版。同年他应聘在科隆大学预科教授物理学和数学。在该校设备良好的实验室里，他做了大量实验研究，完成了一系列重要发明。

这期间，欧姆对导线中的电流进行了研究。他从傅里叶发现的热传导规律受到启发，导热杆中两点间的热流正比于这两点间的温度差。因而欧姆认为，电流现象与此相似，猜想导线中两点之间的电流也许正比于它们之间的某种驱动力，即现在所称的电动势。欧姆在这方面花费了很大的精力进行研究。开始他用伏打电堆作电源，但是因为电流不稳定，效果不好。

后来他接受别人的建议改用温差电池作电源，从而保证了电流的稳定性。但是如何测量电流的大小，这在当时还是一个没有解决的难题。开始，欧姆利用电流的热效应，用热胀冷缩的方法来测量电流，但这种方法难以得到精确的结果。后来他把奥斯特关于电流磁效应的发现和库仑扭秤结合起来，巧妙地设计了一个电流扭秤，用一根扭丝悬挂一磁针，让通电导线和磁针都沿子午线方向平行放置；再用铋和铜温差电池，一端浸在沸水中，另一端浸在碎冰中，并用两个水银槽作电极，与铜线相连。当导线中通过电流时，磁针的偏转角与导线中的电流成正比。

1826 年，他把这些研究成果写成题目为《金属导电定律的测定》的论文，发表在德国《化学和物理学杂志》上。欧姆在 1827 年出版的《动力电路的数学研究》一书中，从理论上推导了欧姆定律。1833 年，他前往纽伦堡理工学院任物理学教授。1841 年，英国皇家学会授予他科普利金质奖章，并且宣称欧姆定律是“在精密实验领域中最突出的发现”。第二年欧姆当选为该学会的国外会员。1852 年，他被任命为慕尼黑大学教授。1854 年 7 月，欧姆在德国曼纳希逝世。十年之后英国科学促进会为了纪念他，决定用欧姆的名字作为电阻单位的名称。

知识巩固 5

1. 要使阻值是 180 Ω 的导体内通过 0.2 A 的电流，应给导体两端加的电压 U=__________V。

2. 电路如图 7-12 所示，已知电动势 E=2.0 V，内阻 r=0.5 Ω，负载电阻 R=9.5 Ω，当开关断开时，路端电压等于__________V；当外电路短路时，电路中的电流强度等于__________A。

3. 两个阻值相同的电阻，串联在电路中，现改成并联状态重新接入电路。若保持电路两端的电压不变，则电路中的总电流变为原来的__________倍。

4. 电路如图 7-12 所示，已知 E= 100 V，内阻 r = 0.5 Ω，负载电阻 R= 9.5 Ω，求电路的正常工作电流 I 和路端电压 U。

5. (单选) 关于闭合电路的性质，下列说法中正确的是(　　)。

A. 电源被短路时，电流为无限大

B. 电源被短路时，路端电压最大

C. 外电路短路时，路端电压等于电源的电动势

D. 外电路电阻增大时，外电路电压增大

第6节 安全用电

随着国家经济的日益发展及人们生活水平的不断提高，各种电器设备越来越多。由于电本身看不见，当人们接触或接近带有电荷的设备或导体时，即有可能造成触电事故。另外，如果使用电气设备不当，引起火灾，不但使设备受损，还可能造成人身伤亡事故，因此安全用电十分重要。

一、触　电

(一) 电流对人体的作用

1 mA 左右的电流通过人体时，会引起麻的感觉；10 mA 左右的电流通过人体时，人体可以自己摆脱电流而不致造成事故；但是超过 30 mA 电流通过人体时，人体就会有伤亡的危险。

1. 触电 当人体接触或接近带电体时，有电流流过人体而引起的局部伤害或死亡的现象，称为触电。

2. 影响人体触电程度的因素 人体触电程度除了与通过的电流和人体的电阻有关外，还与通电部位、通电时间、电源的频率和触电者的身体素质等因素有关。通常把触电电流与触电时间的乘积作为触电安全参数，目前国际上公认为30 mAs，即30 mA的电流通过1 s即能伤害人体。电流通过心脏时，伤害最严重。

（二）安全电压

触电时，人体接触的电压越低，通过人体的电流就越小，伤害就越轻。人体在没有采取任何防护措施的情况下触及带电体，不会导致触电者致残或直接死亡的电压，叫做**安全电压**。

国际电工委员会（IEC）规定50 V为交流安全电压值。我国规定了42 V、36 V、24 V、12 V、6 V五个安全等级（视工作环境而定）。所谓安全也是相对而言的，如机床局部照明灯具、移动行灯等，安全电压为36 V；工作地点狭窄、工作人员活动困难、金属构架或容器内以及特别潮湿的场所，安全电压为12 V。

在一般干燥环境中，36 V电压为安全电压。

（三）触电的方式

照明电路的电压是220 V，而动力电路的电压是380 V，这些电路虽属低压线路，但仍比安全电压高很多；高压线路的电压可达几千伏、几百千伏，远远超过安全电压的数值，一旦接触或接近很容易发生触电，造成伤亡事故。触电的方式有以下三种：

1. 单线触电 人体站在地面上，接触一根相线所造成的触电现象，称为单线触电，如图7-15所示。单线触电加在人体两端的电压是220 V。

2. 双线触电 人体同时接触两根相线所造成的触电现象，称为双线触电，如图7-16所示。双线触电加在人体两端的电压是380 V。

3. 跨步电压触电 如果电气设备发生接地故障或高压输电线断落到地面上，电流通过落地点流入大地，此落地点周围形成电场，距落地点越近，电场越强。当人们走近落地点时，两脚站在离落地点远近不同的位置上，两脚之间就存在电势差，形成跨步电压。跨步电压加在两脚之间，有电流通过人体，造成触电，这种触电现象叫做跨步电压触电。

因此，当高压电线断落在地上时，一定不要靠近，更不能用手去拾。

（四）发生触电时的急救措施

当发现有人触电时，应尽快做到以下几点。

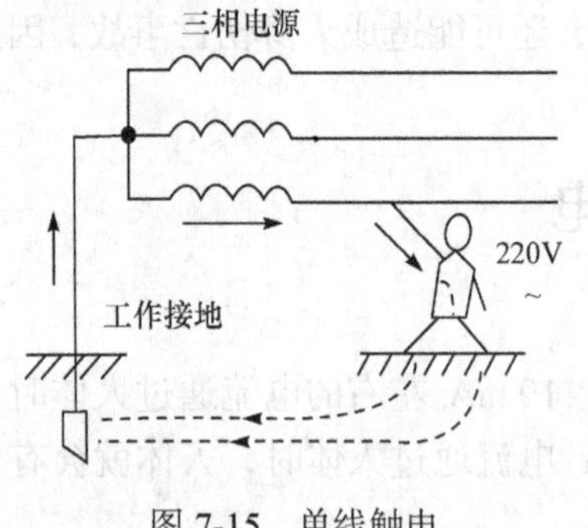

图7-15 单线触电

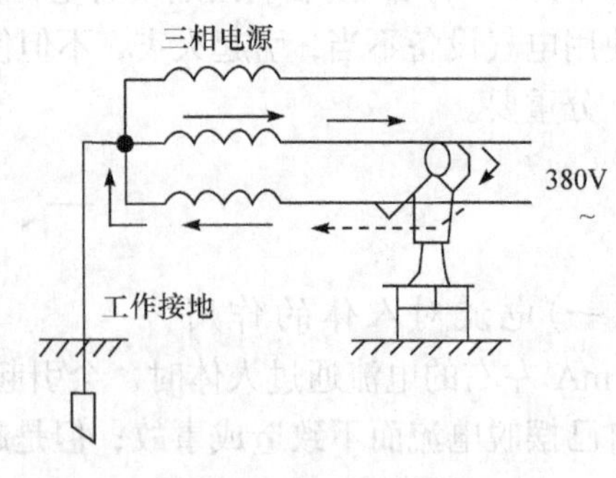

图7-16 双线触电

(1) 首先切断电源，或者用干燥的木棍等迅速将触电者与带电体分开，绝对不能用手去拉触电人体或电线，以防触电。

(2) 使触电人体脱离电源后，应立即拨打120急救电话。

(3) 进行现场急救。急救方法：① 通过呼叫触电者，判断触电者有无意识；② 发现触电者有呼吸无心跳，实施体外心脏按压法；③ 发现触电者有心跳无呼吸，实施口对口或口对鼻人工呼吸法；④ 发现触电者无心跳与呼吸，轮流进行体外心脏按压法与口对口人工呼吸法，直到救护人员赶到现场，立即送往医院救护。

二、电 气 火 灾

安全用电的另一个重要问题，是如何避免电气火灾。电气火灾给我们的生产、生活都造成了不可挽回的损失，因此，我们必须了解引起电气火灾的原因、如何预防电气火灾以及应采取的扑救措施。

(一) 引起电气火灾的原因

引起电气火灾的原因很多，直接原因主要有两点：一是由短路、过载、接触不良、铁心发热以及散热不良等原因造成的电气设备过热，引起导线的绝缘层发生燃烧；二是由于放电火花或雷电，引燃附近的可燃物或导线上积落的粉尘、纤维等，从而造成火灾。

(二) 电气火灾的预防

预防电气火灾：① 要合理选用导线、开关和插座等线路元器件，保证电气设备正常运行；② 定期检查、维护，防止绝缘损坏等造成短路；③ 要特别注意线路或设备连接处的接触；④ 在安装开关、熔断器或架线时，应避开易燃物；⑤ 要保证电气设备的通风良好；⑥ 要使电气设备的金属外壳可靠接地或接零。

(三) 电气火灾的扑救措施

电气火灾有两个突出的特点：一是电气设备着火后可能仍然带电，并且在一定范围内存在触电危险；二是有些电气设备如变压器等受热后可能会喷油、甚至爆炸，造成火灾蔓延，危及救火人员的安全。

所以，一旦发生电气火灾，必须首先切断电源；选用合理的灭火器材（如干粉灭火器）灭火；保持人及所使用的消防器材与带电体之间有足够的距离；扑救人员应手持绝缘物体，脚踩绝缘物等。

三、安全用电常识

为了防止意外触电事故，对各种电气设备均应采取保护接地或保护接零及安装漏电保护器等措施。对高压系统和带电工作区应设置围栏或其他隔离保护设施，并挂明显的警示牌，避免非工作人员接近。

日常工作生活中，不接触低压带电体，不靠近高压带电体。熟知电源总开关，学会在紧急情况下切断总电源。更换、维修设备时，应先切断电源，切勿带电操作。不用手或导电物体（如铁丝、钉子、别针等金属制品）去接触、探试电源插座内部。不用湿手接触开关、插头、用电器，不用湿布擦拭用电器，不在电线上晾晒衣物。电器使用完毕后，及时拔掉电源插头。注意拔电源插头时，不要用力拽拉电线，以防止电线的绝缘层受损造成触电。电线的绝缘损坏或剥落，要及时更换新线或者用绝缘胶布包好。发现用电器有冒烟、冒火花、发出焦煳的异味等情况，应立即关掉电源开关，停止使用，绝不能在带电情况下用水救火。遇到高压线断落地面，应与落地点保持超过 8 m 的距离。如果在 8 m 之内，要双脚并拢跳离危险区域，防止跨步电压触电。

知识巩固 6

1. 人体触电的方式有______、______、______。
2. 影响人体触电程度的因素包括______、______、______、______、______、______等。
3. 电气火灾产生的主要原因是什么？简述如何预防电气火灾。
4. 人体触电后应采取怎样的急救措施？
5. 简述安全用电常识。

知识链接　**辨别家庭照明电路中的火线和零线**

家庭照明电路中的两根电线，一根是火线，一根是零线，它们之间电压为 220 V。用测电笔可以辨别火线和零线。使用测电笔时，用手接触笔尾的金属部分，笔尖接触电线或与电线相连的导体，如测电笔发亮光则接触的是火线，不发光则接触的是零线。

小　结

（一）电路的组成

电路主要由电源、负载和中间环节组成。

（二）电路的基本概念

1. 电流　自由电荷的定向移动形成电流。用符号 I 表示，$I=q/t$。规定：正电荷定向移动的方向为电流方向。方向和大小都不随时间变化的电流，叫做恒定电流。

2. 电压　电场中任意两点间的电压，数值上等于将单位正电荷从一点移至另一点时，电场力所做的功。

电场中 A、B 两点之间的电压：$U_{AB}=W_{AB}/q$。

3. 电动势　电动势是表示电源内部非静电力做功能力的物理量。

电动势 E 的大小为：$E=W_E/q$。

4. 电阻　导体对电流的阻碍作用。电阻是导体本身的一种属性，它的大小决定于导体本身的一些因素。

电阻定律：对于一段均匀的导体，导体的电阻跟它的长度及电阻率成正比，跟它的横截面积成反比。其表达式是：

$$R=\rho\frac{L}{S}$$

5. 电功 电流在一段电路上所做的功，跟这段电路两端的电压、电路中的电流强度和通电时间成正比：$W=UIt$。

6. 电功率 单位时间内电流所做的功，叫做电功率。用P表示，即

$$P=\frac{W}{t}=\frac{UIt}{t}=UI$$

7. 电热 电流流过导体产生的热量，跟电流强度的平方、导体的电阻和通电时间均成正比，这就是焦耳定律。其表达式为

$$Q=I^2Rt$$

在纯电阻电路中，电功等于电热；在非纯电阻性电路中，电功大于电热。

（三）电阻的连接

包括串联、并联和混联三种方式。

（四）欧姆定律

1. 部分电路欧姆定律 导体中的电流强度，跟导体两端的电压成正比，跟导体的电阻成反比：$I=U/R$。

2. 闭合电路欧姆定律 闭合电路中的电流强度，跟电源电动势成正比，跟整个电路中的总电阻成反比。这就是全电路欧姆定律：$I=E/(R+r)$。

（五）安全用电

我国规定安全电压的等级分为：42 V、36 V、24 V、12 V、6 V。

一、填空题

1. 电源是把__________能转换为__________能的装置。电源的电动势是衡量电源内__________的物理量。电动势的正方向规定为在电源内部由__________指向__________。

2. 闭合电路包括电源__________电路和电源__________电路。电源电动势等于内、外电路的__________之和。

3. 根据欧姆定律 $I=U/R$，所以 $R=U/I$。因此可以说："导体的电阻跟导体两端的电压成正比，跟导体的电流强度成反比。"这种说法__________（填"对"或"错"）。

4. 标有"220 V 40 W"和"220 V 100 W"的甲、乙两个灯泡串联接入220 V电路中，则甲灯泡电阻比乙灯泡电阻__________，甲灯泡的亮度比乙灯泡的亮度__________。（填"大"或"小"）

5. 有两个电阻串联，其中R_1为10 Ω，R_2为50 Ω，已知R_1两端的电压U_1为20 V，则R_2两端的电压U_2=__________，整个串联电路的电压U=__________。

6. 有两个电阻并联，其中R_1为200 Ω，通过R_1的电流强度I_1为0.20 A，通过整个并联电路的电流强度I为 0.80 A，则R_2=

__________，通过 R_2 的电流强度 I_2 = __________。

7. 把额定值为 110 V、40 W 的两个灯泡，串联接入 220 V 的电压线路中，两灯泡是否可以正常工作__________；把额定值分别为 110 V、40 W 和 110 V、60 W 的两个灯泡，串联接入 220V 的电压线路中，两灯泡是否可以正常工作__________。(填“是”或“否”)

8. 一个电阻接在恒压电源上，消耗的电功率是 110 W，通过 3 C 电量时，有 330 J 的电能转化为内能，则流过电阻的电流为__________A。

9. 一度电可供两只 25 W 的电灯正常发光__________小时。

10. 照明电路的电压是__________V，而动力电路的电压是__________V。触电电流经过人体的__________最危险。

二、选择题(单选)

1. 对一只标有“220 V　100 W”的灯泡，下列说法正确的是(　　)。

A. 正常工作时的电流为 2.2 A

B. 正常工作时的电流为 0.45 A

C. 只要通电，电功率就是 100 W

D. 只要通电，电压就是 220 V

2. R_1 和 R_2 分别标有“2 Ω　1.0 A”和“4 Ω　0.5 A”，将它们串联后接入电路中，则此电路中允许消耗的最大功率为(　　)。

A. 6.0 W　　B. 5.0 W

C. 3.0 W　　D. 1.5 W

3. 判断电灯明、暗的主要依据是它们实际消耗的(　　)。

A. 电功　　B. 电功率

C. 电流强度　　D. 电热

4. 两个电阻分别标有“100 Ω　4 W”和“12.5 Ω　8 W”字样，将它们串联起来，能承受的最大电压是(　　)。

A. 30 V　　B. 90 V

C. 22.5 V　　D. 25 V

5. 两根材料相同、横截面积也相同的导线，长度之比是 5 : 1，把它们串联在电路上产生的热量之比是(　　)。

A. 1 : 5　　B. 5 : 1

C. 1 : 25　　D. 25 : 1

6. 在电源电压不变的情况下，为使正常工作的电热器在单位时间内产生的热量增加一倍，下列措施可行的是(　　)。

A. 剪去一半的电阻丝

B. 并联一根相同的电阻丝

C. 串联一根相同的电阻丝

D. 使电热器两端的电压增大一倍

7. 铅蓄电池的电动势为 2 V，这表示(　　)。

A. 蓄电池两极间的电压为 2 V

B. 蓄电池能在 1 s 内将 2 J 的化学能转变成电能

C. 电路中每通过 1 C 电量，电源把 2 J 的化学能转化为电能

D. 电路中通过相同的电荷量时，蓄电池比 1 节干电池非静电力做的功多

8. 关于电源的电动势，下列叙述正确的是(　　)。

A. 电源的电动势在数值上等于电源没有接入电路时两极间的电压，所以当电源接入电路时，电动势将变化

B. 闭合电路中，接在电源两极间的电压表的示数等于电源的电动势

C. 在闭合电路中，电源的电动势等于内、外电压之和，所以电动势就是电压

D. 电动势是反映电源本身特性的物理量，不同种类的电源的电动势不同

9. 一般干燥环境下，安全电压为(　　)。

A. 36 V　　B. 38 V

C. 220 V　　D. 380 V

10. 在日常生活中，符合安全用电常识

的做法是(　　)。

A. 用湿抹布擦电灯泡

B. 有金属外壳的家用电器，金属外壳不接地

C. 保险丝烧断后，可用铜丝代替保险丝接上

D. 发生火灾时，首先切断电源

三、计算题

1. 有一条康铜丝，横截面积为 $0.10\ mm^2$，长度为 1.22 m，在它的两端加 0.60 V 电压时，通过它的电流强度正好是 0.10 A，求这种康铜丝的电阻率。

2. 有两个串联电阻接在 30 V 的电源上，电阻的阻值分别是 $R_1=50\ \Omega$ 和 $R_2=250\ \Omega$。求各电阻上的电流强度和电压。

3. 有两个 220 V 的电炉，一个是 800 W，一个是 500 W。把它们串联起来接在 220 V 的线路上，每个电炉消耗的功率各是多少？

4. 输电线的电阻共计 1.0 Ω，输送的电功率是 100 kW。用 400 V 的低压输电，输电线上发热损失的功率是多少千瓦？改用 1 万伏的高压输电呢？

5. 电源的电动势为 4.5 V，内电阻为 0.50 Ω，把它接在 4.0 Ω 的外电路中，路端电压是多少？如果在外电路上并联一个 6.0 Ω 的电阻，路端电压又是多少？

第8章 磁场　电磁感应

大到天体，小到粒子，磁现象无处不在。在人类生活和生产中，对磁场的利用非常多。指南针为什么能指引方向？电厂里发电机怎么会发出电来？许多电和磁连在一起的词汇，如电磁铁、电磁炉、电磁波、电磁场等，表明电与磁联系非常紧密。它们之间究竟有怎样的关系呢？本章中，让我们来探究电和磁之间的奥秘吧！

本章主要学习磁场、磁场对通电导体的作用、法拉第电磁感应定律、自感与互感等基本知识。

第1节　磁　场

候鸟和海龟长途迁徙不会迷失方向，它们的秘密武器就是对地磁场的感知能力；地球的磁场为我们导航、寻找矿藏，帮助我们测定岩层年龄，传递大陆漂移信息；利用磁场进行电能和机械能的相互转换，可以制造出发电机、电动机；利用磁性材料的磁化和退磁，人们广泛使用着磁卡和磁盘。

一、磁场　磁感线

(一)磁场

1. 磁现象　公元前3世纪，在《吕氏春秋》这部古书中就有了“慈石召铁”的记载，现在人们把物体能吸引铁、镍、钴等物质的性质叫**磁性**，具有磁性的物体叫**磁体**。磁体有天然磁体和人造磁体两类。地球就是一个天然磁体，如图8-1所示；而实验室用的条形或蹄形磁铁是人造磁体，如图8-2和图8-3所示。

磁体的各部分磁性强弱不同，磁性最强的区域叫做磁极。悬挂着的小磁针，静止时指南的磁极叫南极，又叫S极，指北的磁极叫北极，又叫N极。

地球表面上地磁场方向与地面垂直、磁场强度最大的地方，称为地磁极。地磁极有两个(磁北极和磁南极)，其位置与地理两极接近，但不重合。现代地球的磁极其地理坐标分别是：北纬76°1′，西经100°和南纬65°8′，东经139°。

2. 磁场　磁体是分极性的，任何磁体都分两极。同名磁极相互排斥，异名磁极相互吸引。磁极之间的相互作用是怎样发生的？在前面的学习中我们知道，电荷之间的相互作用是通过电场发生的。与此类似，磁体之间的相互作用是通过磁场发生的。

图 8-1　地球磁体　　　　图 8-2　条形磁铁　　　　图 8-3　蹄形磁铁

磁体并不是磁场的唯一来源，1820 年，丹麦物理学家奥斯特(1777-1851)通过实验发现电流周围也存在磁场：把通电的导线平行地放在磁针的上方，磁针就发生偏转，如图 8-4 所示。这说明不仅磁铁能产生磁场，电流也能产生磁场。

所以磁场是存在于磁体与电流周围的一种特殊物质。

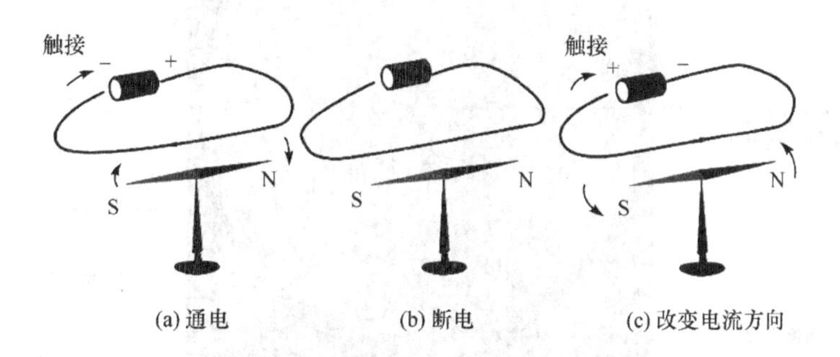

图 8-4　奥斯特的实验"电流周围存在磁场"

3. 磁场的方向　小磁针在磁场中不同位置，其指向一般是不同的，说明小磁针在不同位置受到了不同方向的作用力，所以磁场是有方向的。物理学规定，在磁场中的任一点，小磁针北极(N 极)受力的方向，亦即小磁针静止时北极(N 极)所指的方向，就是该点的磁场方向。

(二) 磁感线

与电场线描述电场相似，磁场可以用磁感线来描述。在磁场中画一些曲线，用(虚线或实线表示)使曲线上任何一点的切线方向都跟这一点的磁场方向相同(且磁感线互不交叉)，这些曲线叫磁感线，也叫磁力线。磁感线是闭合曲线。规定小磁针的北极所指的方向为磁感线的方向。条形磁铁和蹄形磁铁的磁感线分布如图 8-5、图 8-6 所示。磁铁周围的磁感线都是从 N 极出来进入 S 极，在磁体内部磁感线从 S 极到 N 极。

【探索与实践】

日常生活中的许多器具都利用了磁体的磁性，比如扬声器、电话、磁盘、磁卡等。比如，对于硬盘，大家一定不会陌生，我们可以把它比喻成电脑储存数据和信息的大仓库。那么硬盘是如何利用磁体的磁性来工作的呢?

如图 8-7 所示，是计算机的机械硬盘，它由盘片、磁头、音圈马达、永磁铁、空气过滤片、接口等多个部分组成。

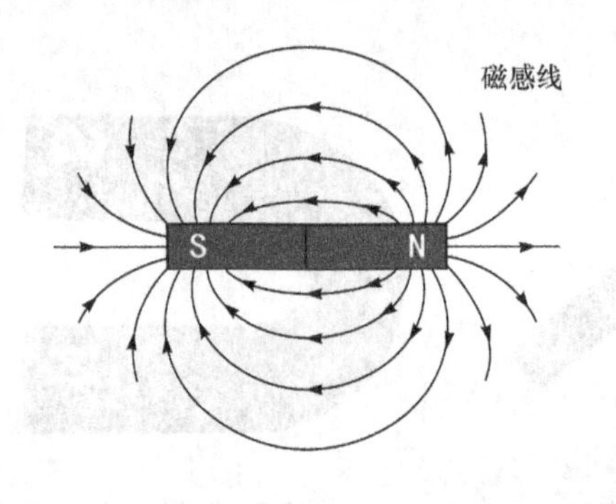

图 8-5 条形磁铁磁感线分布

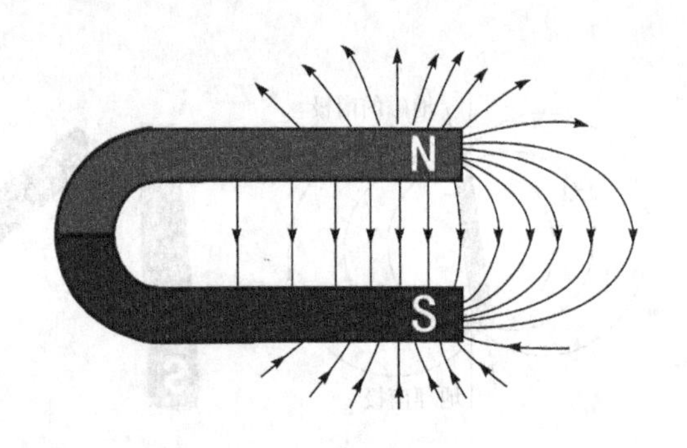

图 8-6 蹄形磁铁的磁感线分布

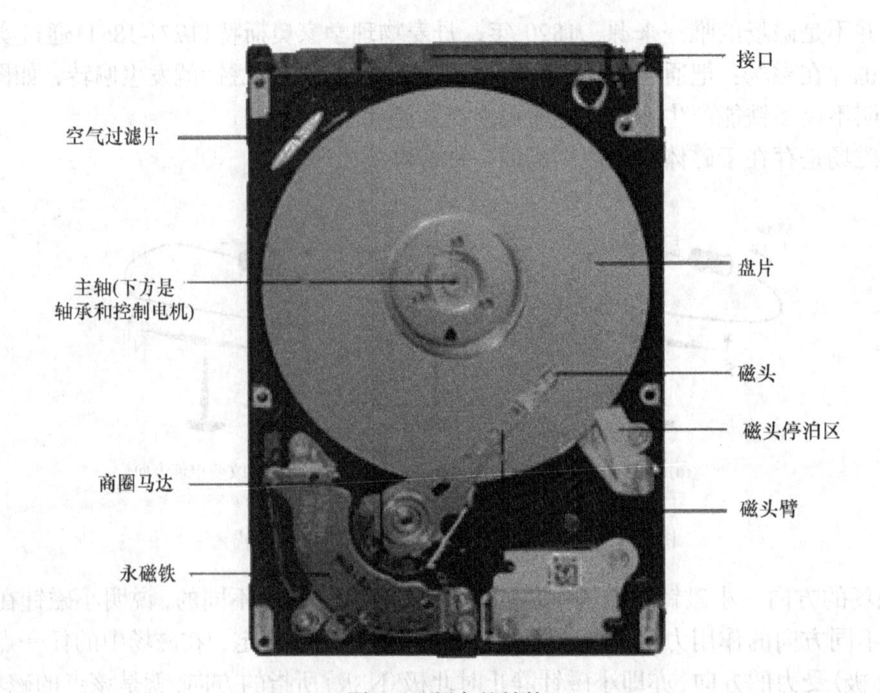

图 8-7 硬盘的结构

所有的盘片都固定在一个旋转轴上，这个轴即盘片主轴。而所有盘片之间是绝对平行的，在每个盘片的存储面上都有一个磁头，磁头与盘片之间的距离比头发丝的直径还小。所有的磁头连在一个磁头控制器上，由磁头控制器负责各个磁头的运动。磁头可沿盘片的半径方向动作，(实际是斜切向运动)，每个磁头同一时刻也必须是同轴的，即从正上方向下看，所有磁头任何时候都是重叠的(不过目前已经有多磁头独立技术，可不受此限制)。而盘片以每分钟数千转到上万转的速度在高速旋转，这样磁头就能对盘片上的指定位置进行数据的读写操作。

由于硬盘是高精密设备，尘埃是其大敌，所以必须完全密封。

知识链接

磁悬浮列车

磁悬浮列车是运用磁铁“同极相斥，异极相吸”的性质，使磁铁具有抗拒地心引力的能力，即“磁性悬浮”。科学家将“磁性悬浮”这种原理运用在铁路运输系统上，使列车完全脱离轨道而悬浮行驶，成为“无轮”列车，时速可达几百千米以上。这就是所谓的“磁悬浮列车”，亦称之为“磁垫车”，如图 8-8 所示。世界第一条商业运营的磁悬浮专线——上海磁悬浮列车专线：西起上海地铁 2 号线的龙阳路站，东至上海浦东国际机场，2003 年 1 月 4 日正式开始商业运营。

图 8-8　磁悬浮列车

二、磁感应强度　磁通量

巨大的电磁铁能吸起成吨的钢材，实验室中的小磁铁却只能吸起几枚小铁钉。磁场有强弱之分，怎样认识和描述磁场的强弱呢？

（一）磁感应强度

磁场对放入其中的磁极或电流有磁场力的作用，磁场的强弱也可以用电流受力的大小来描述。

【演示实验】

如图 8-9 所示，把一段通电的直导线悬挂在蹄形磁铁的两极之间，发现导线会移动。用磁性强弱不同的磁铁来做同样的实验，发现即使导线中通过相同大小的电流，导线受力的大小却是不同的。

实验还发现，不改变电流大小和通电导线长度，将导线从磁铁中移到磁铁外，导线的摆角减小，说明导线受到磁场的作用力减小了，这样磁场中不同位置的磁场强弱也不同。为了描述磁场强弱，物理中引入磁感应强度这个物理量。

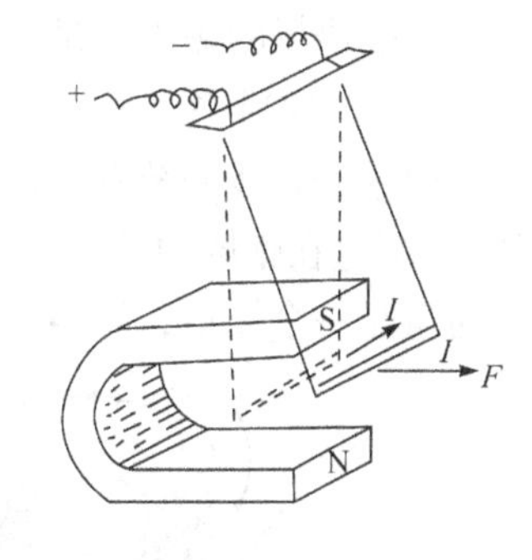

图 8-9　磁场对电流的作用

磁场中某处，垂直于磁场方向的通电导线，受到的磁场力 F 跟电流强度 I 和导线长度 L 的乘积 IL 的比值，叫做磁场中该处的**磁感应强度**。通常用 B 表示，则磁感应强度为

$$B=\frac{F}{IL} \tag{8.1}$$

磁感应强度 B 的单位由 F、I 和 L 的单位决定。在国际单位制中，B 的单位是**特斯拉**，

简称特，符号是 T。

在磁场中某处，垂直于磁场方向、长度为 1 m、通过 1 A 电流的导线，在该处所受到的磁场力为 1 N 时，该处的磁感应强度就是 1 T。

$$1\ \mathrm{T}=1\ \mathrm{N/(A\cdot m)}$$

几种磁场的磁感应强度见表 8-1。

表 8-1 几种磁场的磁感应强度

磁场类型	磁感应强度/T
人体器官内的磁场	10^{-13}～10^{-9}
地面附近地磁场	5×10^{-5}
电视机偏转线圈内的磁场	约 0.1
磁疗用的磁片的磁场	0.15～0.18
永久磁体附近磁场	0.4～0.8
电机和变压器的铁心中的磁场	0.8～1.4
通过超导材料强电流的磁场	1000
原子核表面的磁场	约 10^{12}

磁感应强度 B 是矢量。**磁场中某点磁场的方向就是该点磁感应强度的方向，即该点磁感线的切线方向**。

(二) 匀强磁场

磁感应强度大小和方向处处相同的磁场称为**匀强磁场**。如图 8-10 所示，两个距离很近的平行的异名磁极之间的磁场，除边缘部分外，可以认为是匀强磁场。

匀强磁场的磁力线是一些间隔相同的平行直线。

(三) 磁通量

由于磁感线的疏密可以表示磁感应强度，所以，在物理学中引入了一个叫做磁通量的物理量。穿过在磁场中某一个面积 S 的磁感线条数，就叫做穿过这个面积的**磁通量**，简称**磁通**。磁通量是一个标量，用字母 $\boldsymbol{\Phi}$ 表示，如图 8-11 所示。

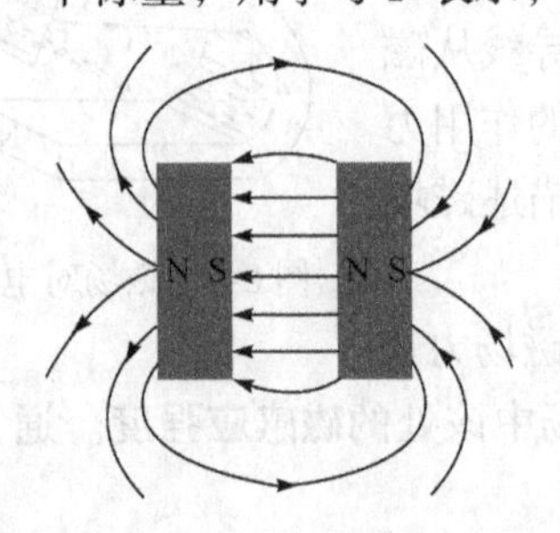

图 8-10 永磁铁两个平行的异名磁极间的匀强磁场

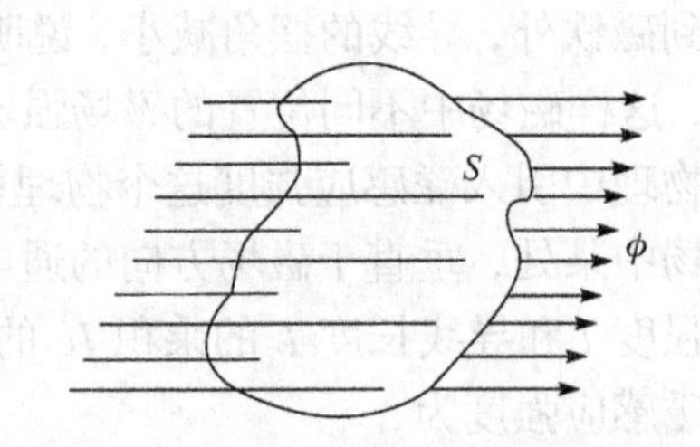

图 8-11 穿过 S 面的磁通量

由于在物理学中规定穿过垂直于磁感应强度方向的单位面积的磁感线条数，在数值上

等于 B 值，因此在匀强磁场中，垂直于磁感应强度的某一面积 S 的磁通量 Φ(即磁感应线条数)为

$$\Phi=BS \tag{8.2}$$

上式常可作为磁通量的定义式。在国际单位制中规定磁通量的单位是韦伯(Wb)。

同一平面，当它跟磁场方向垂直时，磁通量最大；当平面跟磁场方向平行时，没有磁感线穿过该平面，磁通量为零，如图 8-12 所示。

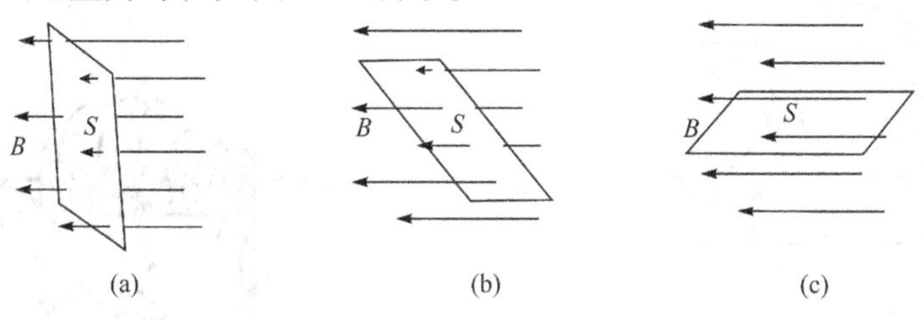

图 8-12　磁通量的大小

【问题与思考】

有人根据 $B=\dfrac{F}{IL}$ 提出：磁场中某点的磁感应强度 B 跟磁场力 F 成正比，跟电流强度 I 和导线长度 L 的乘积 IL 成反比。这种说法有问题吗？

三、电流的磁场

电流产生的磁场，磁场方向可用安培定则(也称右手螺旋定则)来判定。

(一)直线电流的磁场方向判定

如图 8-13 所示，直线电流磁场的磁感线，是一些以导线上各点为圆心的同心圆，这些同心圆都在与导线垂直的同一平面上。判断其方向时可以用安培定则表示：用右手握住导线，让伸直的大拇指指向导线电流的方向，弯曲四指所指的方向就是通电直导线周围磁场的方向，即磁感线的环绕方向。

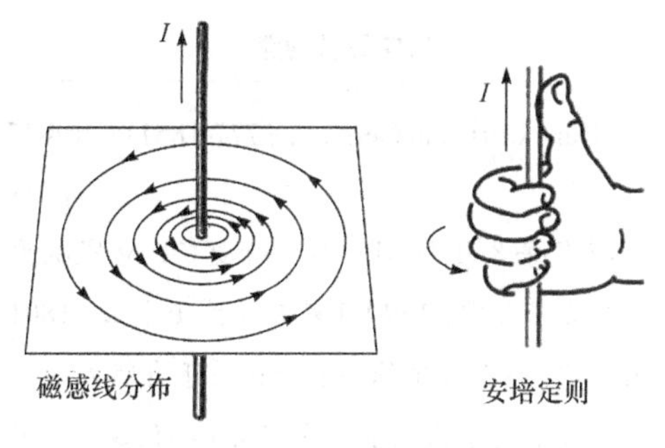

图 8-13　直线电流产生的磁场

(二)环形电流的磁场方向判定

环形电流的磁场方向可以用小磁针来研究，如图 8-14 所示。也可以用安培定则来判定：右手握住导线，弯曲的四指与环形电流的方向一致，伸直的大拇指所指的方向就是环形导线中心轴线上的磁场方向。

(三)通电螺线管的磁场方向判定

通电螺线管其实就是许多匝环形电流串联而成的，如图 8-15 所示。所以，通电螺线管的磁场就是这些环形电流磁场的叠加。所以通电螺线管的磁场也可以用安培定则来判定：用右手握住通电螺线管，让弯曲的四指所指的方向与电流的方向一致，大拇指所指的方向就是通电螺线管的北极(N 极)。

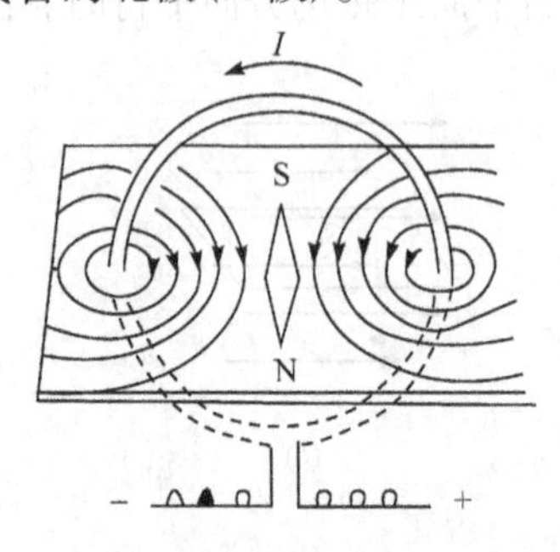

图 8-14 环形电流形成的磁场

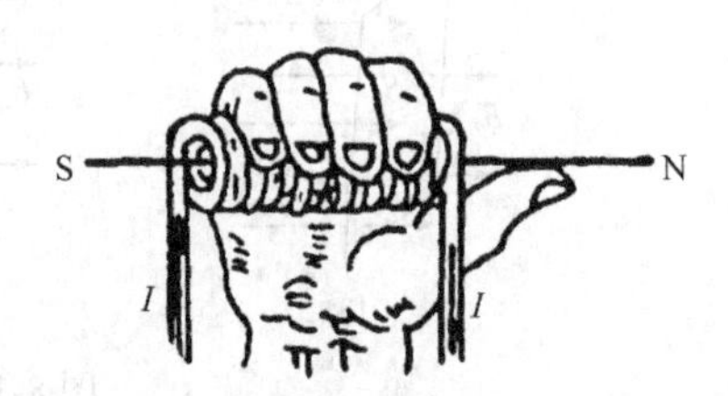

图 8-15 通电螺线管形成的磁场

【例题 8-1】 如图 8-16 所示，两通电螺线管在靠近时相互排斥，请在(b)图中标出通电螺线管的 N、S 极，螺线管中电流的方向及电源的正负极。

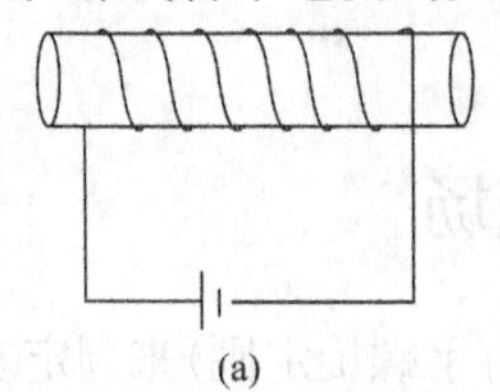

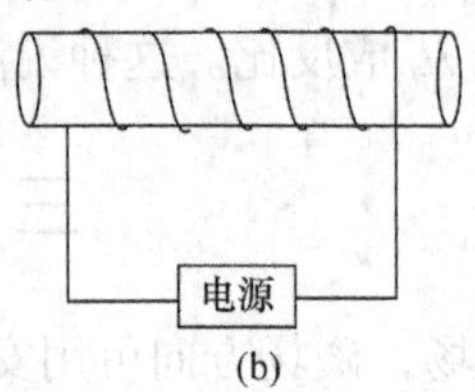

图 8-16 通电螺线管

解析：在(a)图中，根据安培定则，判断出通电螺线管的右端为 N 极。而(a)图和(b)图两通电螺线管在靠近时，相互排斥，(b)图左端为 N 极，再由安培定则可判断出，(b)图的电源右端是正极。

知识链接

科学家奥斯特

汉斯·克里斯蒂安·奥斯特(Hans Christian Oersted，1777-1851)(图 8-17)，丹麦物理学家、化学家。电流磁效应的发现者。

图 8-17 奥斯特

1777 年 8 月 14 日他生于丹麦鲁兹克宾城的一个药剂师家庭，1794 年考入哥本哈根大学，1799 年获哲学博士学位。1801～1803 年，他先后到德国和法国游学，受到 I.康德和 F.谢林关于自然力统一的思想的熏陶。1806 年他担任哥本哈根大学物理学教授，1824 年倡议成立丹麦自然科学促进会，1829 年出任哥本哈根理工学院院长，直到 1851 年 3 月 9 日在哥本哈根逝世。

奥斯特从事物理学和化学许多方面的研究，主要的贡献是发现电流的磁效应。自从 18 世纪 80 年代末 C.A.de 库仑根据电荷可以传导、磁荷不能传导的事实进一步肯定电和磁是不相同的实体以后，当时的物理学家都认为电和磁不会有任何联系。奥斯特在康德的哲学引导下，坚信电力和磁力有着共同的根源。1820年4月他观察到通电导线扰动磁针的现象，发现了电流的磁效应，从而彻底否定了那种不正确的观点。论文在7月21日发表后在欧洲引起了很大反响。奥斯特的发现促进了安培对电磁力的研究(1820-1827)。这方面的研究工作发展迅速，同年12月就导致发现了毕奥-萨伐尔定律，并由此导致电与磁关系的一系列发现以及应用广泛的电磁铁的出现。

奥斯特在1825年最早提炼出铝，但纯度不高，以致这项成就在冶金史上归属于德国化学家F.维勒(1827)。他最后一项研究是40年代末期对抗磁体的研究，试图用反极性和反感应效应来解释物质的抗磁性。为了纪念奥斯特在电磁学上的贡献，1934年召开的国际标准计量会议通过用“奥斯特”命名CGS单位制中的磁场强度单位。

奥斯特又是一位优秀的物理学教师，美国物理学教师协会从1937年起每年颁发一枚“奥斯特奖章”给在教学上做出杰出贡献的物理学教师。

知识巩固1

一、填空题

1. 天然磁石或人造磁铁都能吸引铁质物质，我们把这种性质叫做__________。

2. 磁体的各部分磁性强弱不同，磁性最强的区域叫做__________。悬挂的小磁针静止时，指南的磁极叫做__________，又叫做S极，指北的磁极叫做__________，又叫做N极。

3. 磁极间的相互作用：自然界中的磁体总存在着两个磁极，磁极间的相互作用规律是同名磁极相互__________，异名磁极相互__________。

4. 电流的磁效应：电流与磁极间相互作用的现象称为电流的__________，电流的磁效应是丹麦物理学家__________发现的。

5. 磁极周围和通电导体周围存在着__________。

二、选择题

1. (单选)地球是一个大磁体，它的磁场分布情况与一个条形磁铁的磁场分布情况相似，以下说法正确的是(　　)。

A. 地磁场的方向是沿地球上经线方向的

B. 地磁场的方向是与地面平行的

C. 地磁场的方向是从北向南方向的

D. 在地磁南极上空，地磁场的方向是竖直向下的

2. (单选)发现通电导线周围存在磁场的科学家是(　　)。

A. 洛伦兹　　B. 奥斯特　　C. 法拉第　　D. 库仑

3. (单选)关于地磁场，下列叙述正确的是(　　)。

A. 地球的地磁两极与地理的两极重合

B. 我们用指南针确定方向，指南的一极是指南针的南极

C. 地磁的北极与地理南极重合

D. 地磁的北极在地理南极附近

4.(多选)关于磁极间的相互作用，下列说法正确的是(　　)。

A. 同名磁极相吸引　　　　B. 同名磁极相排斥

C. 异名磁极相排斥　　　　D. 异名磁极相吸引

5.(单选)下列关于磁场的说法正确的是(　　)。

A. 最基本的性质是对处于其中的磁体和电流有力的作用

B. 磁场是看不见、摸不着、实际不存在的，是人们假想出来的一种物质

C. 磁场是客观存在的一种特殊的物质形态

D. 磁场的存在与否决定于人的思想，想其有则有，想其无则无

三、简答题

一块没有标明南、北极的小磁针，你能想办法判断它的磁极吗？A 同学用一个已知磁性的小磁针，立刻得出了结果。你知道他是怎样得出的吗？B 同学设计了这样一个方案：他将小磁针固定在小塑料盘中，然后放在水中。他的结论也是正确的，你能说出他利用了什么原理吗？

第 2 节　磁场对通电导线的作用

在第 1 节中我们已经初步了解了磁场对通电导线的作用力，本节我们将对通电导线在磁场中的受力做进一步的讨论。

一、安 培 定 律

法国物理学家安培(1775-1836)在研究磁场与电流的相互作用中做出了伟大贡献，为了纪念他，人们把通电导线在磁场中受到的力称为是**安培力**。

【演示实验】

按照图 8-18 所示进行实验。

(1)上下交换磁极位置以改变磁场的方向，观察磁场的受力方向是否改变。

(2)改变导线中电流的方向，观察受力方向是否发生变化。

(3)改变电路中滑动变阻器的位置，观察受力大小的变化。

通过实验发现，安培力的大小与导线中通入的电流、磁场的强弱以及通电导线在磁场中的长度都有关。其方向可以用左手定则来判定。

左手定则：伸开左手，使拇指与其余四指垂直，并且都与手掌在同一个平面内，让磁感线垂直穿过手心，伸开的四指指向电流的方向，则拇指所指的方向就是通电导线在磁场中的受力方向，即安培力的方向，如图 8-19 所示。

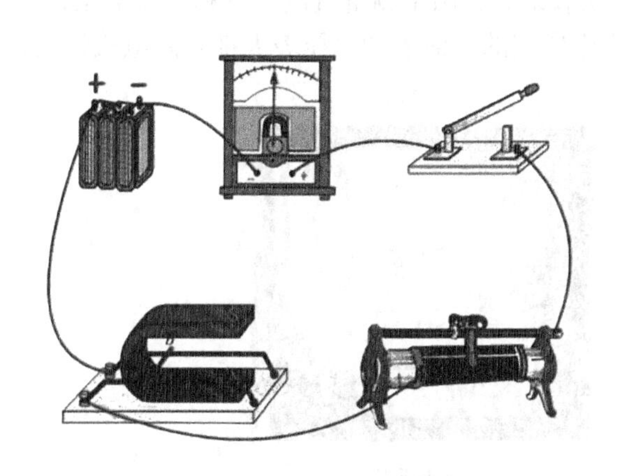

图 8-18　磁场对通电导线的作用

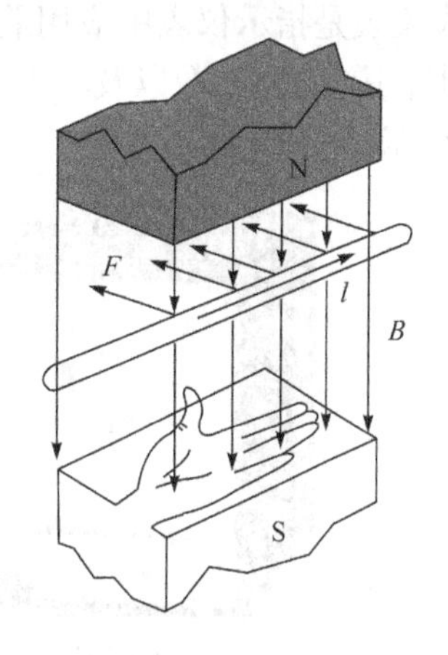

图 8-19　左手定则

安培力的大小是多少呢？根据磁感应强度的定义，由式(8.1)可得

$$F=BIL \tag{8.3}$$

式(8.3)说明，当磁场与通电导线垂直时，磁场对一段通电导线的作用力 F 的大小，等于导线长度 L、通电导线的电流 I、它所在位置的磁感应强度 B 的乘积，这就是**安培定律**。

当导线方向与磁感应强度 B 的方向垂直时，导线所受的安培力最大，如图 8-20(a)所示。

当导线方向与磁感应强度 B 的方向一致时，导线不受安培力，$F=0$，如图 8-20(b)所示

当导线方向与磁感应强度 B 的方向斜交成 θ 角时，导线所受的安培力介于最大值和 0 之间。我们可以把它分解为与导线垂直的分量 B_1 和与导线平行的分量 B_2，如图 8-20(c)所示。

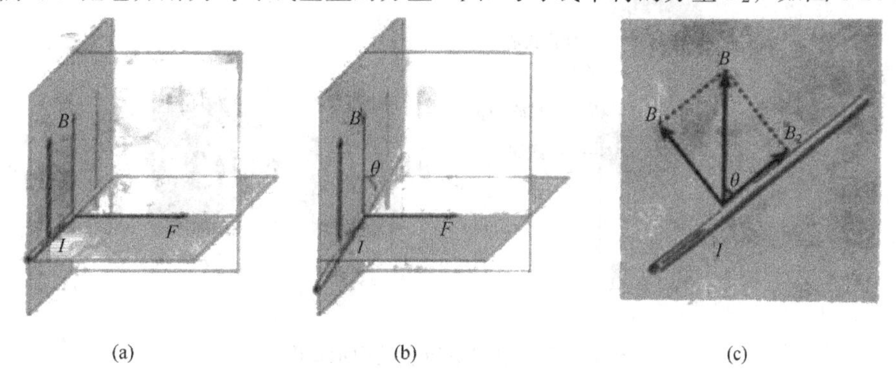

图 8-20　导线与磁场夹角不同时受力情况

$$B_1=B\sin\theta$$
$$B_2=B\cos\theta$$

其中，B_1 不产生安培力，导线所受的安培力只是 B_2 产生的，由此得到

$$F=BIL\sin\theta \tag{8.4}$$

二、磁电式仪表

磁电式仪表是指示仪表中应用最广泛的一类仪表，它用于测量直流电流和直流电压，还可测量其他电量、电路参数以及非电量。实验室中所用的电流表和电压表大都是磁电式仪表，如图 8-21 所示。

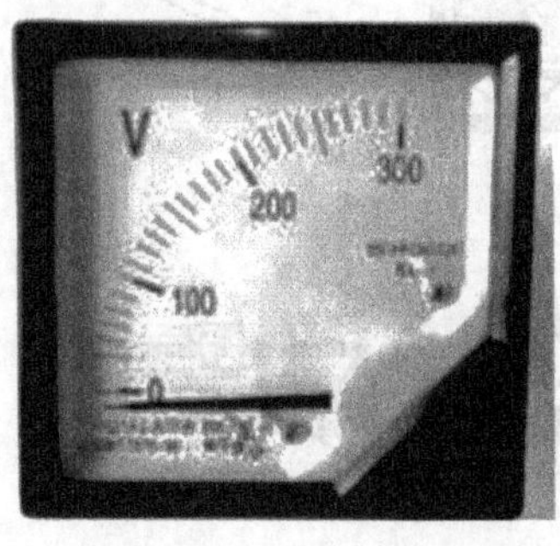

(a) 电流表　　(b) 电压表

图 8-21　实验室用的磁电式仪表

磁电式电流表所依据的物理学原理就是安培力和电流的关系。它由蹄形磁铁、柱形铁心、线圈、螺旋弹簧、指针、刻度盘等六部分组成。如图 8-22 所示，当电流通过线圈时，导线受到安培力的作用，线圈左右两边所受安培力的方向相反，安装在轴上的线圈就会转动。线圈中的电流方向改变时，安培力的方向随着改变，指针的偏转方向也随着改变。根据指针的偏转方向，可以知道被测电流的方向。

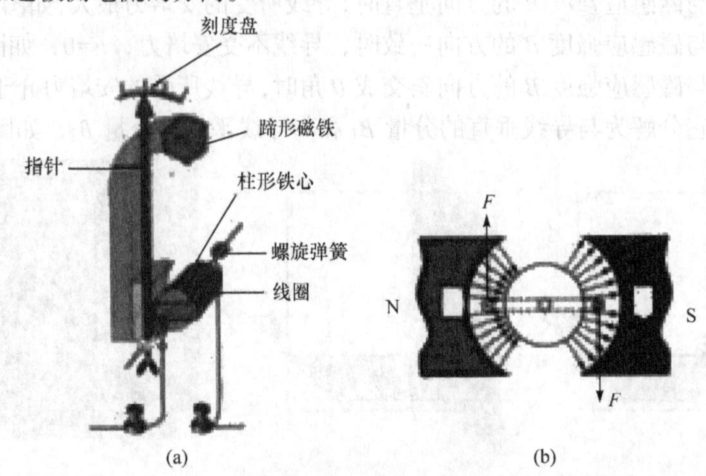

图 8-22　磁电式电流表结构示意图

电流表由于蹄形磁铁和铁心间的磁场是辐向均匀分布的，因此不管通电线圈转到什么角度，它的平面都跟磁感线平行。因此，磁力矩与线圈中电流成正比(与线圈位置无关)。当通电线圈转动时，螺旋弹簧将被扭动，产生一个阻碍线圈转动的阻力矩，其大小与线圈转动的角度成正比。当磁力矩与螺旋弹簧中的阻力矩相等时，线圈停止转动，此时指针偏向的角度与电流成正比，故电流表的刻度是均匀的。当线圈中的电流方向改变时，安培力的方向随着改变，指针的偏转方向也随着改变，所以，根据指针的偏转方向，可以知道被测电流的方向。

磁电式电流表由于灵敏度高，可以测量较微弱的电流；缺点是线圈的导线很细，允许通过的电流很小(几十微安到几毫安)，若想用它测量较大的电流值，可以采用其他方法扩大其量程。

知识链接

科学家安培

安德烈 · 玛丽 · 安培(André -Marie Ampère，1775-1836)，法国物理学家、化学家、数学家，在电磁作用方面的研究成就卓著。安培(图 8-23)最主要的成就是 1820 ~ 1827 年对电磁作用的研究，他被麦克斯韦誉为“电学中的牛顿”。

安培和他的实验装置(导体间作用力)

图 8-23　安培

奥斯特发现电流磁效应的实验，引起了安培注意，使他长期信奉库仑关于电、磁没有关系的信条受到极大震动，于是他集中全部精力进行研究，两周后就提出了磁针转动方向和电流方向的关系及右手定则的报告，以后这个定则被命名为安培定则。

接着他又提出了电流方向相同的两条平行载流导线互相吸引，电流方向相反的两条平行载流导线互相排斥，对两个线圈之间的吸引和排斥也作了讨论。安培还发现，电流在线圈中流动的时候表现出来的磁性和磁铁相似，创制出第一个螺线管，在这个基础上发明了探测和量度电流的电流计。

他根据磁是由运动的电荷产生的这一观点来说明地磁的成因和物质的磁性，提出了著名的分子电流假说。安培认为构成磁体的分子内部存在一种环形电流——分子电流。由于分子电流的存在，每个磁分子成为小磁体，两侧相当于两个磁极。通常情况下磁体分子的分子电流取向是杂乱无章的，它们产生的磁场互相抵消，对外不显磁性。当外界磁场作用后，分子电流的取向大致相同，分子间相邻的电流作用抵消，而表面部分未抵消，它们的效果显示出宏观磁性。

安培做了关于电流相互作用的四个精巧的实验，并运用高度的数学技巧总结出电流元①之间作用力的定律，描述两电流元之间的相互作用同两电流元的大小、间距以及相对取向之间的关系。后来人们把这定律称为安培定律。安培是第一个把研究动电的理论称为“电动力学”的科学家。1827 年安培将他的电磁现象的研究综合在《电动力学现象的数学理论》一书中。这是电磁学史上一部重要的经典论著。为了纪念他在电磁学上的杰出贡献，电流的单位以他的姓氏命名即“安培”。

① 电流元：物理学中把很短一段通电导线中的电流 I 与导线长度 L 的乘积 IL 称为电流元。

他在数学和化学方面也有不少贡献。他曾研究过概率论和积分偏微方程；他几乎与H 戴维同时认识元素氯和碘，导出过阿伏伽德罗定律，论证过恒温下体积和压强之间的关系，还试图寻找各种元素的分类和排列顺序关系。

知识巩固 2

1. 通电导线在磁场中受到的力称为＿＿＿＿＿。

2. 磁场对放入其中的＿＿＿＿＿或＿＿＿＿＿会产生磁力作用。

3. 当通电导线方向与磁感应强度 B 的方向垂直时，它所受的安培力＿＿＿＿＿，当导线方向与磁感应强度 B 的方向一致时，它所受的安培力＿＿＿＿＿，当导线方向与磁感应强度 B 的方向斜交成 θ 角时，它所受的安培力 F=＿＿＿＿＿。

4. 如图 8-24 所示，表示一根放在磁场里的通电直导线，直导线与磁场方向垂直。图中已分别标明电流、磁感应强度这两个物理量的方向，请标出安培力的方向。(用“· ”表示磁感线垂直于纸面向外，“×”表示磁感线垂直于纸面向里；“⊙”表示电流垂直于纸面向外，“⊕”表示电流垂直于纸面向里。)

5. 如图 8-25 所示，表示一根放在磁场里的通电直导线，直导线与磁场方向垂直。图中已分别标明电流、磁感应强度和安培力这三个物理量中两个的方向，请标出第三个量的方向。

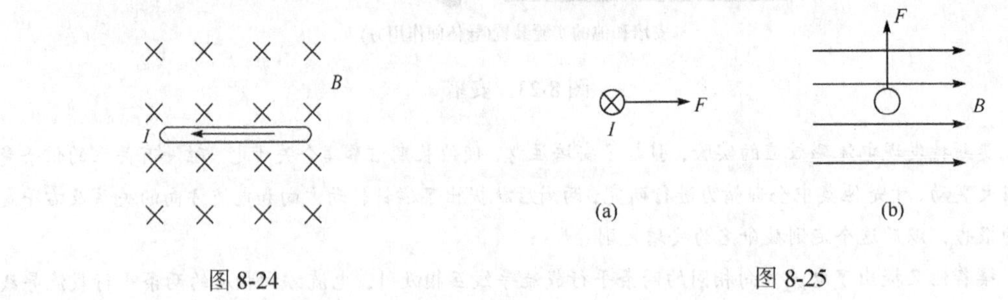

图 8-24　　　　图 8-25

第 3 节　法拉第电磁感应定律

一、电磁感应现象

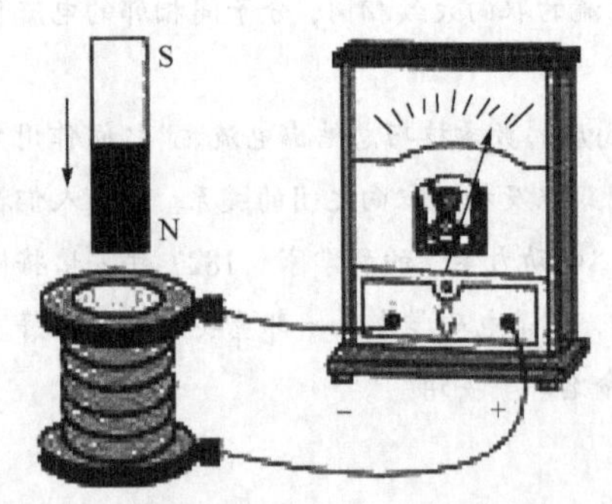

图 8-26　线圈中插入拔出磁铁的瞬间产生电流

自从 1820 年，丹麦物理学家奥斯特发现电流产生磁场的现象后，科学家们就开始思考着这样一个问题：既然电流可以生磁，反过来，磁是否能产生电流？1831 年，英国物理学家法拉第发现：变化的磁场能使闭合导线中产生电流。

(一) 产生感应电流的条件

【观察实验一】

如图 8-26 所示实验，在线圈中插入或拔出磁铁的瞬间，观察电流表的指针有没有发生偏转？其偏转方向有何变化？

【观察实验二】

如图 8-27 所示实验电路，把线圈 A 插在线圈 B 中，当用开关接通或断开线圈 A 的电路时，观察电流表的指针是否发生偏转；当接通线圈 A 的电路后，通过滑动变阻器改变线圈 A 中的电流大小，观察电流表的指针是否发生偏转。

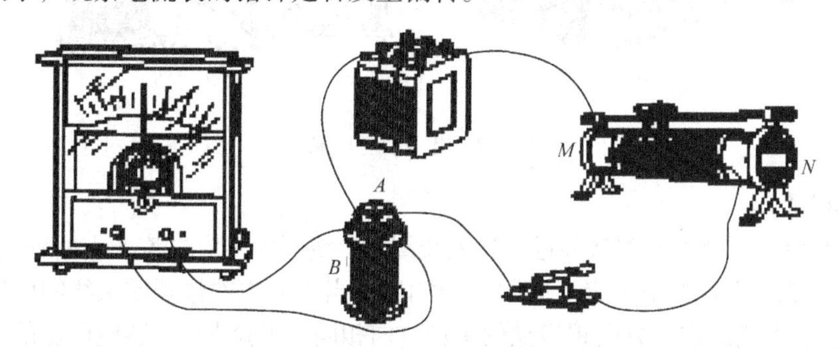

图 8-27　接通或断开线圈 A 的电路线圈 B 中产生感应电流

分析上述实验可以发现，虽然可以采用不同的方式产生感应电流，但都可以归结为穿过闭合电路的磁通量发生了变化。由此我们得出产生感应电流的条件：只要穿过闭合电路的磁通量发生变化，闭合电路中就有感应电流产生。

那么，感应电流的方向如何确定呢？

（二）右手定则

实验表明，感应电流的方向与磁场的方向及导体的运动方向有关，三者的方向关系可以用右手定则来确定：伸开右手，使大拇指和其余四个手指垂直，并且都和手掌在一个平面内，把右手放入磁场中，让磁感应线垂直穿入掌心，大拇指指向导体运动的方向，那么，其余四指所指的方向就是导体中产生的感应电流的方向，如图 8-28 所示。

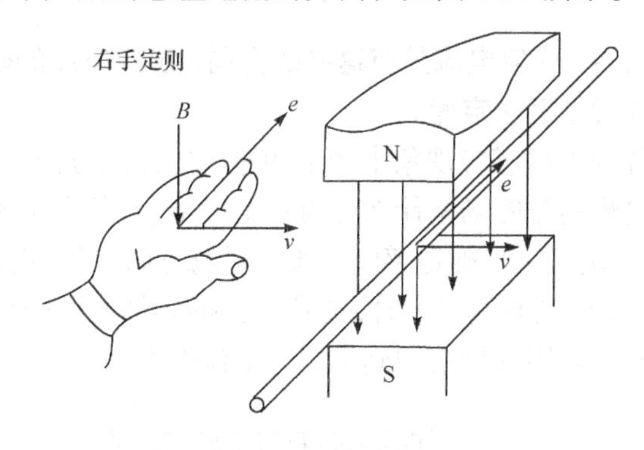

图 8-28　右手定则

（三）楞次定律

右手定则可判断图 8-29(a) 中的感应电流的方向，但不能判断图 8-29(b) 中的感应电流方向。而楞次定律对图 8-29(a)、(b)都适用。

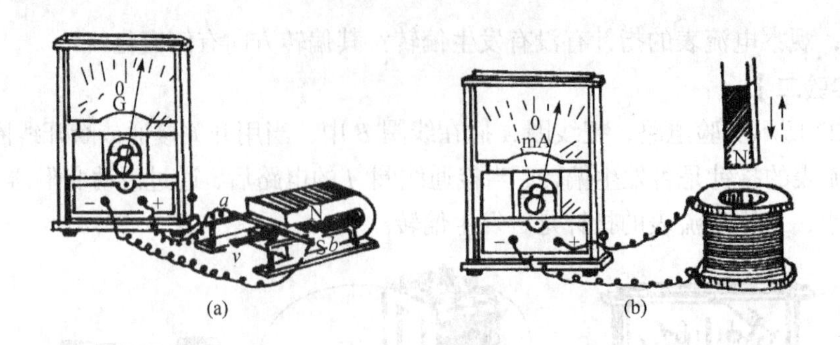

图 8-29 电磁感应现象

【演示实验】

如图 8-30 所示，当条形磁铁移近或插入线圈时，线圈中感应电流产生的磁场方向(图中虚线所示)跟磁铁的磁场(图中实线所示)方向相反；当条形磁铁移开或从线圈中抽出时，线圈中产生的感应电流的磁场方向跟磁铁的磁场方向相同。实验表明，感应电流的磁场阻碍了条形磁铁的运动。

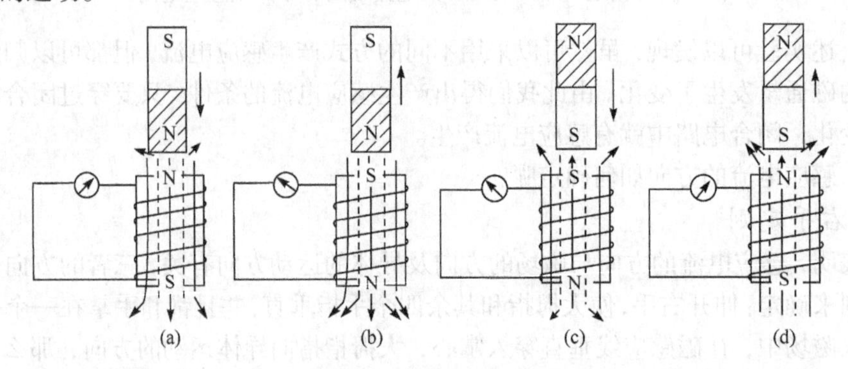

图 8-30 楞次定律

上述实验事实可概括为：**感应电流具有这样的方向，感应电流的磁场总要阻碍引起感应电流的磁通量的变化**。这就是**楞次定律**。

楞次定律适于判断各种电磁感应现象中产生的感应电流的方向。判断的步骤：第一步，弄清引起线圈产生感应电流的原磁场是什么方向？第二步，线圈的磁通量怎样变化?(指增加或减少。)第三步，根据楞次定律来确定感应电流的磁场方向。(原磁通量增加时，感应电流的磁场与原磁场方向相反；原磁通量减少时，感应电流的磁场与原磁场方向相同。)第四步，根据感应电流的磁场方向，利用安培定则确定感应电流的方向。

二、法拉第电磁感应定律

(一)感应电动势

穿过闭合导体回路的磁通量发生变化，导体中就有感应电流。既然有电流，电路中就一定有电动势。如果电路没有闭合，这时虽然没有感应电流，电动势依然存在。在电磁感应现象中产生的电动势叫做**感应电动势**。产生感应电动势的那部分导体就相当于电源。

在图 8-29(b)所示的实验中可以看到，磁棒运动得越快，感应电流越大；磁棒运动得越慢，感应电流越小。这说明感应电动势的大小与磁棒运动的快慢有关。而磁棒运动的快慢又直接影响到磁通量的快慢，所以，感应电动势的大小跟穿过电路的磁通量变化的快慢有关。法拉第通过实验总结出如下的规律：**闭合电路中感应电动势的大小，跟穿过这一电路的磁通量的变化率成正比，这就是法拉第电磁感应定律**。用 E 表示感应电动势，写成公式为

$$E = k\frac{\Delta\Phi}{\Delta t} \tag{8.5}$$

在上式中，k 为比例系数，若感应电动势用伏特(V)作单位，磁通量用韦伯(Wb)作单位，时间用秒(s)作单位，则 $k=1$，上式可写为

$$E = \frac{\Delta\Phi}{\Delta t} \tag{8.6}$$

式(8.6)是针对单个线圈而言的。在实际工作中，为了获得较大的感应电动势，往往使用多匝线圈，由于穿过每匝线圈的磁通量的变化率都相同，而 N 匝线圈可看成是 N 个单匝线圈串联组成，所以，整个线圈的感应电动势可看成是单匝线圈的 N 倍，即

$$E = N\frac{\Delta\Phi}{\Delta t} \tag{8.7}$$

(二)导体切割磁力线运动时的感应电动势

根据法拉第电磁感应定律，我们可以推导出导体切割磁力线运动时的感应电动势的大小。

如图 8-31 所示，导体 ab 处于匀强磁场中，磁感应强度是 B，长为 L 的导体棒 ab 以速度 v 匀速切割磁感线，回路在时间 Δt 内增大的面积为：$\Delta S=Lv\Delta t$，穿过回路的磁通量的变化为 $\Delta\Phi=B\Delta S=BLv\Delta t$，产生的感应电动势为

$$E = \frac{\Delta\Phi}{\Delta t} = \frac{BLv\Delta t}{\Delta t} = BLv \tag{8.8}$$

式(8.8)的使用条件是：导体放置方向与 B、v 三者必须相互垂直，如果不垂直，则产生的 E 值比 BLv 要小。

【例题 8-2】 如图 8-31 所示，磁棒长度为 $L=0.30$ m，匀强磁场的磁感应强度 $B=0.2$ T，求：当 ab 以 4.0 m/s 的速度向右匀速运动时，ab 棒上的感应电动势 E 的大小和方向。

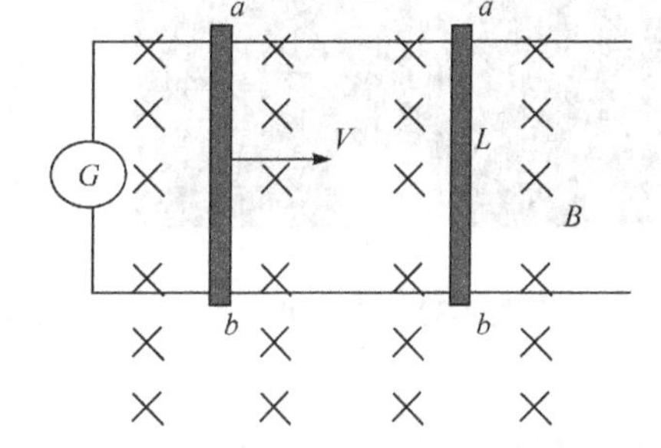

图 8-31　导体切割磁力线运动时的电动势

解： 由式(8-8)可得

$E=BLv=0.2\times0.3\times4.0=0.24$ (V)

根据右手定则判定 E 的方向由 b 到 a。

电磁感应现象是电磁学中重大的发现之一，它揭示了电、磁现象之间的相互联系。法拉第电磁感应定律的重要意义在于，依据电磁感应的原理，人们制造出了发电机，使电能的大规模生产和远距离输送成为可能；另外，电磁感应现象在电工技术、电子技术以及电磁测量等方面都有广泛的应用。人类社会从此迈进了电气化时代。

【小制作】

利用电磁感应现象自制一个简易发电机

最简单的发电机就是绕一个线圈，让磁铁在里面旋转，就成了一个无刷交流发电机。大家可以因地制宜，用胶卷盒、药瓶或塑料水管等作为绕线圈的框架。

1. 工具/原料

(1)漆包线(直径为 0.213 mm)；(2)10 cm 长的自行车辐条做转轴；

(3)2 块高强度磁铁(用胶粘在转轴正中)；(4)发光二极管；(5)胶卷盒；(6)2 段塑料吸管(防止转轴与线圈摩擦)

2. 步骤/方法

(1)在胶卷盒上钻两个小孔，把转轴穿进去。其中一边要开一个豁口，不然转轴放不进去。

(2)把两小段吸管塞进胶卷盒上的小孔里，让转轴能够在吸管内部自由转动。

(3)漆包线在上面绕 700 圈。这下知道那两段吸管的作用了吧?没有它们，转轴会被漆包线缠住，不能动弹。

(4)把线圈两端的漆包线上的绝缘漆用小刀刮掉，分别缠在发光二极管的两个管脚上。

(5)转动转轴，磁铁在线圈内旋转，线圈内的磁通量发生变化，产生电流。

知识链接

科学家法拉第

迈克尔·法拉第(Michael Faraday，1791-1867)，英国物理学家、化学家，也是著名的自学成才的科学家。法拉第(图 8-32)生于萨里郡纽因顿一个贫苦铁匠家庭，仅上过小学。

图 8-32　法拉第

1820 年，丹麦著名物理学家奥斯特发现了电流的磁效应，揭开了研究电磁本质联系的序幕。他的这个重大发现很快便传遍了欧洲，并被许多物理学家所证实。因此，人们确信电流能够产生磁场。但反过来，磁能产生电吗? 许多物理学家很自然地提出了这个相反的问题，并开始对这个问题进行艰苦的探索。其中，最有成效的是英国物理学家法拉第。

1821～1831 年，法拉第整整花费了 10 年时间，从设想到实验，经过无数次反复的研究实验，终于发现了电磁感应现象，于 1831 年确定了电磁感应的基本定律，取得了磁感应生电的重大突破。

法拉第在成绩面前毫不骄傲，继续大踏步地勇往直前，继续探索科学的奥秘，取得了累累硕果：发现了电解定律和电荷的不连续性；最早进行电介质的性质和气体放电形式的研究，发现了顺磁性和抗磁性，磁的各向异性；发现了光偏振面在磁场中的转动；把基本物理概念之——磁场概念引入科学；创立了用低温与高压相结合的方法使气体液化的工艺；发明了电压电流表、电动机、直流发电机、变压器等。

俄国著名物理学家斯托列托夫赞誉道：“在伽利略之后，人类再没有看到像法拉第那样能做出如此惊人和多样发现的人，也未必能很快看到另一个法拉第。”伟大的恩格斯也给予法拉第很高的评价，称他是“最伟大的电学家”。

法拉第的科学造诣，已经达到了绝大多数人认为的世界科学成就的最高峰。英国皇家学院院长廷德尔教授特地请法拉第担任英国皇家学会会长的职务。可是，这位“当代最优秀的科学家”却拒绝了这个荣誉职位。法拉第说：“我决心一辈子当一个平凡的迈克尔·法拉第”。

这句话充分地概括了法拉第一生中不平凡的人格。

知识巩固3

1. 闭合电路的__________发生变化，闭合电路中就有电流产生，这种现象叫电磁感应现象，产生的电流叫做__________电流。

2. 感应电流的磁场总是阻碍引起感应电流__________的变化，这一规律叫做楞次定律。

3. 电磁感应中产生的电动势叫做__________。

4. 写出感应电动势表达式：__________。如果闭合电路由n匝线圈串联组成，E=__________。

5. 导体棒切割磁感线时的感应电动势大小__________。其中B,L,v方向__________，导线的长度L应为__________长度。

6. 某同学在“探究感应电流产生的条件”的实验中，如图8-27所示，将直流电源、滑动变阻器、线圈A、线圈B、电流计及开关按图连接。在实验中，该同学发现开关闭合的瞬间，电流计的指针向左偏。由此可见在保持开关闭合的状态下：

① 当线圈A拔出时，电流计指针__________偏转(选填：“向左”、“向右”或“不”)；

② 当滑动变阻器的滑片匀速向N端滑动时，电流计指针__________偏转(选填：“向左”、“向右”或“不”)；

③ 当滑动变阻器的滑片加速向N端滑动时，电流计指针向__________偏转(选填：“向左”、“向右”或“不”)；

④ 当滑动变阻器的滑片减速向N端滑动时，电流计指针向__________偏转(选填：“向左”、“向右”或“不”)

第4节　自感　互感

一、自　　感

(一) 自感

1. 自感现象　当一个线圈中的电流发生变化，它产生的变化的磁场不仅在邻近的电路中激发出感应电动势，同样也会在它自身激发出感应电动势。这种由于导体本身的电流发生变化而产生感应电动势的现象称为**自感**，产生的感应电动势称为**自感电动势**。

【演示实验一】

如图 8-33(a)所示电路，首先闭合 S 后调节 R，使 A_1、A_2 的亮度相同然后断开开关重新闭合 S 接通电路，观察在开关闭合的时候两个灯泡的发光情况，发现 A_2 立刻发光，A_1 逐渐亮起来。

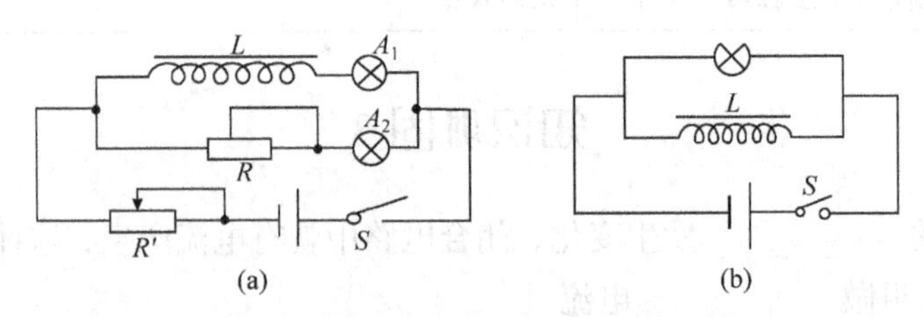

图 8-33 自感现象

在闭合开关 S 的瞬间，通过线圈 L 的电流发生变化(从无到有)而引起穿过线圈 L 的磁通量发生变化，在线圈 L 中产生感应电动势，这个感应电动势阻碍线圈中电流的增大，所以通过灯泡 A_1 的电流只能逐渐增大，灯泡 A_1 只能逐渐变亮。

【演示实验二】

如图 8-33(b)所示电路，选择适当的灯泡 A 和线圈 L，使灯泡 A 的电阻大于线圈 L 的直流电阻。在电路由接通转为断开时，观察灯 A 的发光情况，发现灯 A 并非立刻熄灭，而是闪烁一下逐渐熄灭。

断开电路的瞬间，通过线圈 L 的电流减弱(从有到无)，穿过线圈的磁通量很快减小，因而线圈 L 中出现感应电动势。虽然电源断开，但由于线圈 L 中有感应电动势(相当于电源)，且与 A 组成闭合电路，线圈中的电流反向流过灯 A，并逐渐减弱。由于 L 直流电阻小于灯 A 的电阻，其原电流大于通过灯 A 的原电流，故灯闪亮一下后才逐渐熄灭。

上述两个实验都是当导体中的电流发生变化时，导体自身产生了自感电动势。

2. 自感系数 自感电动势也是感应电动势，所以同样遵从法拉第电磁感应定律，即自感电动势的大小与穿过线圈的磁通量的变化率成正比。

磁场的强弱正比于电流的强弱，磁通量的变化正比于电流的变化，所以，自感电动势正比于电流的变化率，即

$$E = L\frac{\Delta I}{\Delta t} \tag{8.9}$$

式中，L 称为**自感系数**，简称**自感**或**电感**。它与线圈的大小、形状、圈数以及是否有铁心等因素有关。实验表明，线圈越大，越粗，匝数越多，自感系数越大。另外，带有铁心的线圈的自感系数比没有铁心时大得多。

自感的单位是亨利，简称亨，符号是 H。常用单位还有毫亨(mH)、微亨(μH)。

电工和无线电技术常用的扼流圈、荧光灯的镇流器等都是自感现象的有效应用。自感现象也会带来危害。电动机中有匝数很多的线圈，线圈断电时，由于产生的自感电动势而引起的冲击电流或放电火花会烧蚀接触点，损坏设备，甚至引起人身伤害，这就需要采取相应措施防范。

(二)日光灯电路及工作原理

日光灯主要由灯管、镇流器、启辉器组成，如图 8-34 所示。

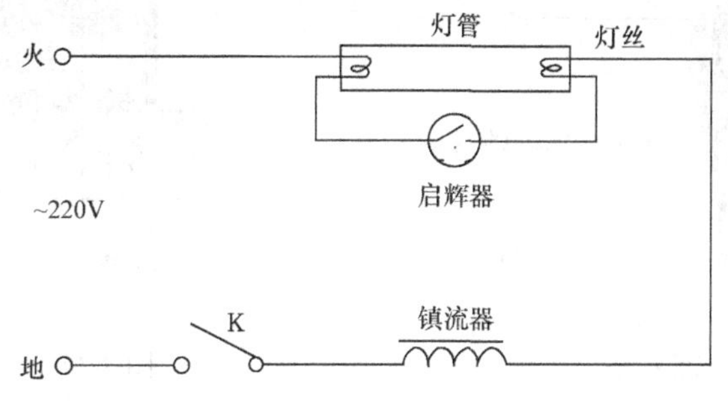

图 8-34 日光灯结构图

日光灯管的两端各有一个灯丝，灯管内充有微量的氩气和稀薄的汞蒸汽，灯管内壁上涂有荧光粉。两个灯丝之间的气体导电时发出紫外线，使涂在管壁上的荧光粉发出可见光。

镇流器是一个带铁心的线圈，自感系数很大。

启辉器主要是一个充有氖气的玻璃泡，里面装有两个电极，一个是静触片，一个是由两个膨胀系数不同的金属制成的 U 形动触片（双金属片：当温度升高时，因两个金属片的膨胀系数不同，其向膨胀系数低的一侧弯曲）。

1. 日光灯的点燃过程

(1) 当开关闭合后，电源把电压加在启辉器的两极之间，使氖气放电而发出辉光，辉光产生的热量使 U 形动触片膨胀伸长，跟静触片接通，于是镇流器线圈和灯管中的灯丝就有电流通过。

(2) 电路接通后，启辉器中的氖气停止放电（启辉器分压少、辉光放电无法进行，不工作），U 形片冷却收缩，两个触片分离，电路自动断开。

(3) 在电路突然断开的瞬间，由于镇流器电流急剧减小，会产生很高的自感电动势，方向与原来的电压方向相同，两个自感电动势与电源电压加在一起，形成一个瞬时高压，加在灯管两端，使灯管中的气体开始放电，于是日光灯成为电流的通路开始发光。

2. 日光灯的正常发光 日光灯开始发光后，由于交变电流通过镇流器的线圈，线圈中就会产生自感电动势，它总是阻碍电流变化的，这时镇流器起着降压限流的作用，保证日光灯正常工作。

(三)电涡流及其应用

一个线圈中的电流随时间变化时，由于电磁感应，附近的另一个线圈中会产生感应电流。实际上，只要在这个线圈附近的任何导体都会产生感应电流。如果用图表示这样的电流，看起来像是水中的漩涡，所以称为**电涡流**，简称**涡流**，如图 8-35 所示。

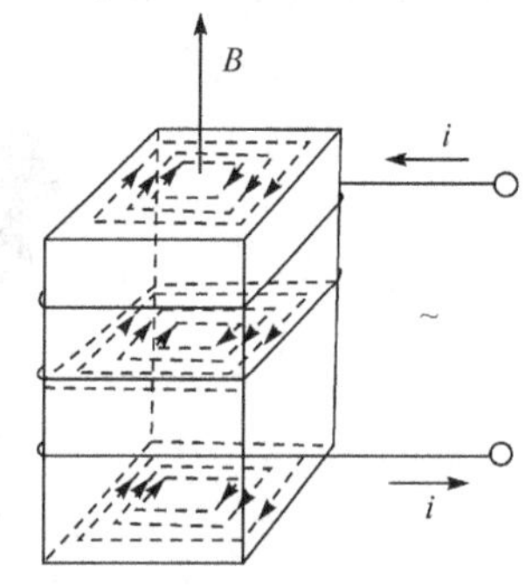

图 8-35 涡流原理

像其他电流一样，金属块中的涡流也会产生热量。由于金属的电阻率小，涡流很强，会产生很大的热量。涡流冶炼（图 8-36）和电磁炉（图 8-37）都是根据这个原理工作的。

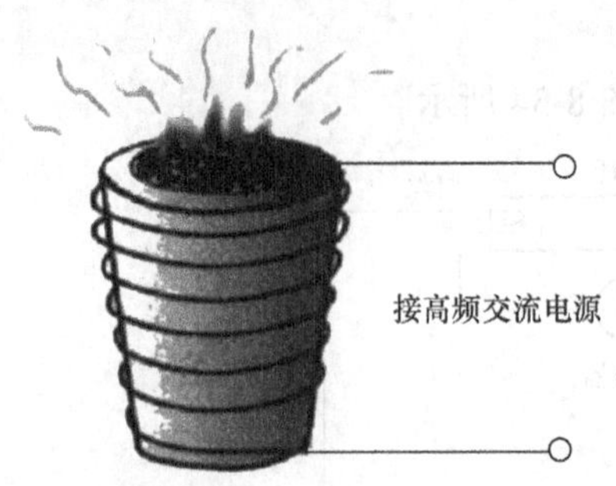

图 8-36 涡流冶炼

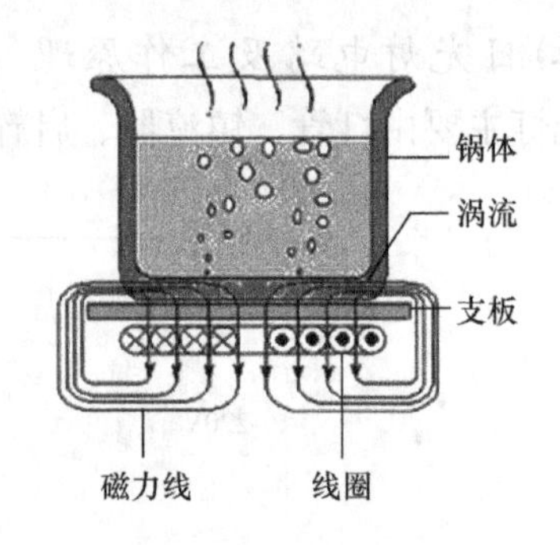

图 8-37 电磁炉原理

如图 8-37 所示，在电磁炉的励磁线圈中通以交流电，产生交变磁场。由于电磁感应效应，在铁或不锈钢制成的金属锅中都会产生涡流，利用电流的焦耳热可以对食物进行加热和烹饪。这种加热方式，能减少热量传递的中间环节，能大大提升制热效率，比传统的电炉、气炉节省一半以上能源。

二、互 感

（一）互感现象

如图 8-27 中，A、B 两个线圈之间并没有导线连接，但是，当 A 线圈中的电流变化时，它所产生的变化的磁场会在另一个线圈 B 中产生感应电动势。这种现象我们称为**互感现象**，简称**互感**。由于发生了互感现象而产生的感应电动势称为**互感电动势**。

利用互感现象可以把能量从一个线圈传递到另一个线圈。

互感是一种常见的电磁感应现象，它不仅仅发生在两个线圈之间，还可以发生于任何两个相互靠近的电路之间，因此，在电工技术和电子技术中有广泛的应用。变压器就是利用互感制成的。在电力和电子电路中，互感现象有时会干扰电路的正常工作，这时需要设法减小电路间的互感。

（二）变压器的原理

变压器是利用互感原理制成的电气设备，用来传输电能或电信号，它具有变压、变流和变阻抗的作用，如图 8-38 所示。

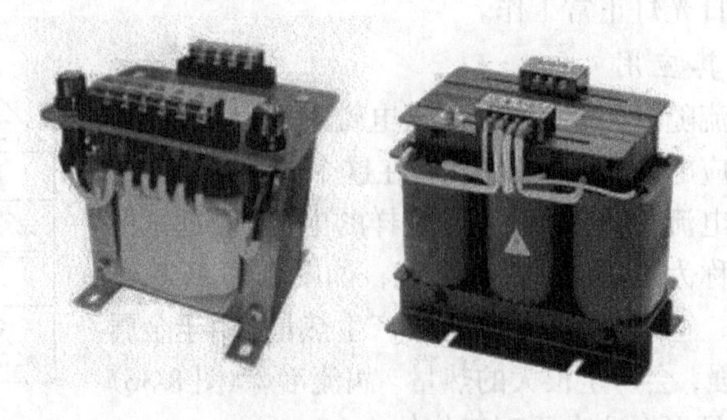

图 8-38 变压器外形

变压器的主要结构是一个闭合铁心和套在铁心上的两个线圈。一个线圈与交流电源相连接，称为原线圈，也叫初级线圈或一次线圈；另一个线圈与负载连接，称为副线圈，也叫次级线圈或二次线圈。

变压器的工作原理如图 8-39(a)所示。交流电流通过原线圈时在闭合铁心中激发磁场，由于电流的大小、方向在不断变化，铁心中的磁场也在不断变化。变化的磁场在副线圈中产生感应电动势，所以尽管原副线圈之间没有导线连接，副线圈也能有电流输出。此时的副线圈作为电源使用。

变压器的电路符号如图 8-39(b)所示。

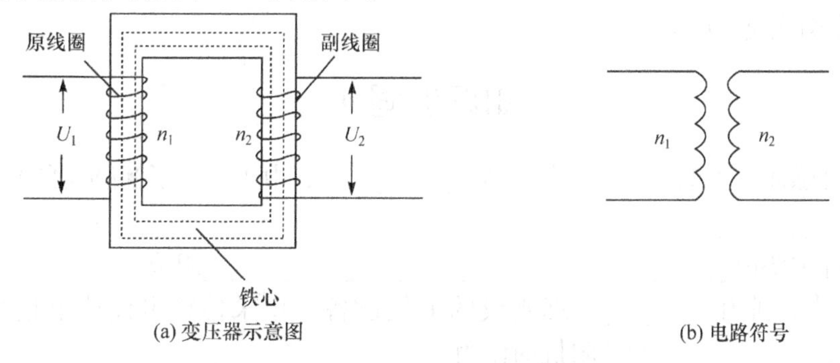

(a) 变压器示意图 (b) 电路符号

图 8-39 变压器示意图与电路符号

实验表明，在不考虑损耗的情况下，变压器原线圈电压 U_1 与副线圈电压 U_2 之比等于原线圈匝数 n_1 与副线圈匝数 n_2 之比，即

$$\frac{U_1}{U_2}=\frac{n_1}{n_2} \tag{8.10}$$

由式(8.10)可知，如果 $n_2>n_1$，则 $U_2>U_1$，变压器就起到升压作用，称为**升压变压器**；反之，就起到降压作用，称为**降压变压器**。

如果不计变压器内部损耗的能量，根据能量守恒定律，变压器输入的功率应等于输出的功率 $I_1U_1=I_2U_2$，所以 $\frac{I_1}{I_2}=\frac{U_2}{U_1}$。又因为 $\frac{n_1}{n_2}=\frac{n_1}{n_2}$，所以

$$\frac{I_1}{I_2}=\frac{n_2}{n_1} \tag{8.11}$$

上式表明：变压器原、副线中的电流与原、副线圈的匝数成反比。

变压器的种类很多，应用十分广泛。比如，在电力系统中用电力变压器把发电机发出的电压升高后进行远距离输电，到达目的地后再用变压器把电压降低以便用户使用，以此减少传输过程中电能的损耗；在电子设备和仪器中常用小功率电源变压器改变市电电压，再通过整流和滤波，得到电路所需要的直流电压；在放大电路中用耦合变压器传递信号或进行阻抗的匹配等。

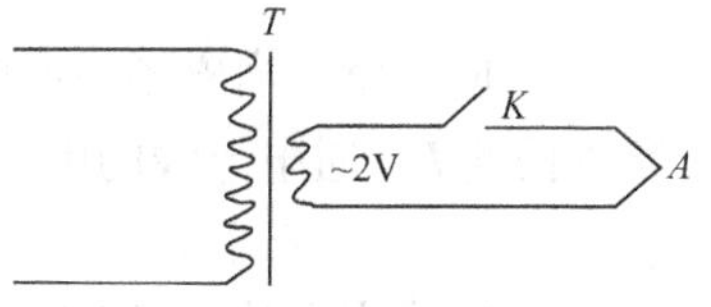

图 8-40 电烧灼器电路图

【思考】

为什么高压输电可以大大减少在输电导线上的功率损耗？

【例题 8-3】 如图 8-40 所示，是医院手术室用的电烧

灼器的电路图，图中 T 是变压器，A 是高阻合金制成的烧灼头，K 是电键。图中变压器的副线圈是 11 匝，问要想获得 10 V 的输出电压，原线圈应是多少匝？

解：已知 n_2=11 匝，u_1=220V，u_2=10V，

由 $\frac{u_1}{u_2}=\frac{n_1}{n_2}$，可得

$$n_1=\frac{n_2u_1}{u_2}=\frac{11\times 220}{10}=242\ (\text{匝})$$

答：原线圈应是 242 匝。

知识巩固 4

1. 由于自感而产生的感应电动势称为__________，由于发生了互感现象而产生的感应电动势称为__________。

2. 日光灯主要由__________、__________、__________组成。

3. 变压器是利用________原理制成的电气设备，用来传输电能或电信号，它具有__________、__________和变阻抗的作用。

4. 如果 $n_2>n_1$，则 $U_2>U_1$，变压器就起到升压作用，称为__________；反之，就起到降压作用，称为__________。

5. 变压器原、副线圈的端电压与原、副线圈的匝数成__________，变压器原、副线圈中的电流与原、副线圈的匝数成__________。

6. 什么叫自感现象？什么叫互感现象？

7. 简述变压器的工作原理。

小 结

1. 磁场　是存在于磁体与电流周围的一种特殊物质。电流也能产生磁场。在磁场中的任一点，小磁针静止时北极(N 极)受力的方向，就是该点的磁场方向。

2. 磁感应强度　垂直于磁场方向的通电导线，受到的磁场力 F 跟电流强度 I 和导线长度 L 的乘积 IL 的比值，即

$$B=\frac{F}{IL}$$

3. 磁通量　穿过在磁场中某一个面积 S 的磁感线条数。在匀强磁场中

$$\Phi=BS$$

4. 安培定律　当磁场与通电导线垂直时，磁场对一段通电导线的作用力 F 的大小，等于导线长度 L、通电导线的电流 I、它所在位置的磁感应强度 B 的乘积，即

$$F=BIL$$

5. 产生感应电流的条件　只要穿过闭合电路的磁通量发生变化，闭合电路中就有感应

电流产生。

6. 楞次定律　感应电流具有这样的方向，感应电流的磁场总要阻碍引起感应电流的磁通量的变化。

7. 法拉第电磁感应定律　闭合电路中感应电动势的大小，跟穿过这一电路的磁通量的变化率成正比，即

$$E = N\frac{\Delta\Phi}{\Delta t}$$

8. 导体切割磁力线运动时的感应电动势：$E=BLv$。(条件：导体放置方向与B、v三者相互垂直)

9. 自感　由于导体本身的电流发生变化而产生感应电动势的现象。

10. 互感　A线圈中的电流变化时，在附近另一个线圈B中产生感应电动势的现象。

11. 变压器原线圈电压U_1与副线圈电压U_2之比等于原线圈匝数n_1与副线圈匝数n_2之比，即

$$\frac{U_1}{U_2} = \frac{n_1}{n_2}$$

一、判断题

1. 磁感线总是从N极指向S极。(　　)

2. 磁感应强度 B 是矢量，磁通量Φ也是矢量。

(　　)

3. 安培定则可以用来判断通电导体在磁场中受到的力的方向。(　　)

4. 闭合电路中感应电动势的大小，跟穿过这一电路的磁通量的变化量成正比。(　　)

5. 地球磁场的南北极与地球的南北极是不重合的。(　　)

6. 只要穿过闭合电路的磁通量发生变化，闭合电路中就有感应电流产生。

(　　)

7. 当导线方向与磁感应强度 B 的方向垂直时，它所受的安培力为零。

(　　)

8. 变压器原、副线中的电流与原、副线圈的匝数成正比。(　　)

二、选择题(单选)

1. 下列关于磁场的说法正确的是(　　)。

A. 最基本的性质是对处于其中的磁体和电流有力的作用

B. 磁场是看不见、摸不着、实际不存在的，是人们假想出来的一种物质

C. 磁场是客观存在的一种特殊的物质形态

D. 磁场的存在与否决定于人的思想，想其有则有，想其无则无

2. 在做奥斯特实验时，下列操作中现象最明显的是(　　)。

A. 沿电流方向放置磁针，使磁针在导线的延长线上

B. 沿电流方向放置磁针，使磁针在导线的正下方

C. 电流沿南北方向放置在磁针的正上方

D. 电流沿东西方向放置在磁针的正上方

3. 关于磁感应线，下列说法正确的是(　　)。

A. 磁感应线是闭合曲线

B. 磁感应线可以在空间相交

C. 磁感应线是从 N 极出发到 S 极终止

D. 磁感应线越疏的地方，磁场越强

4. 螺线管内部有一个小磁针，如图 8-41 所示，当电键闭合时，小磁针的 N 极指向是(　　)。

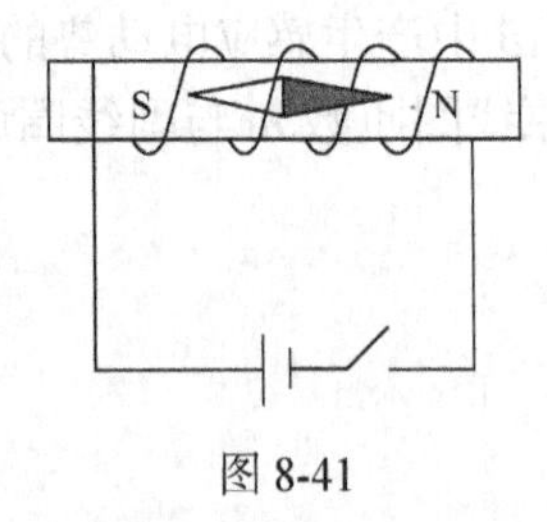

图 8-41

A. 与如图 8-41 所示位置不变

B. 与图 8-41 所示位置相反，即旋转了 180°

C. N 极向外转 90°，垂直指出纸外

D. N 极向内转 90°，垂直指向纸里

5. 如图 8-42 所示，把条形磁铁插入闭合线圈中，下面说法正确的是(　　)。

A. 线圈中产生的感应电流方向如图 8-42 所示

B. 线圈中产生的感应电流方向与图 8-42 所示的方向相反

C. 线圈中没有感应电流产生

D. 以上说法都不正确

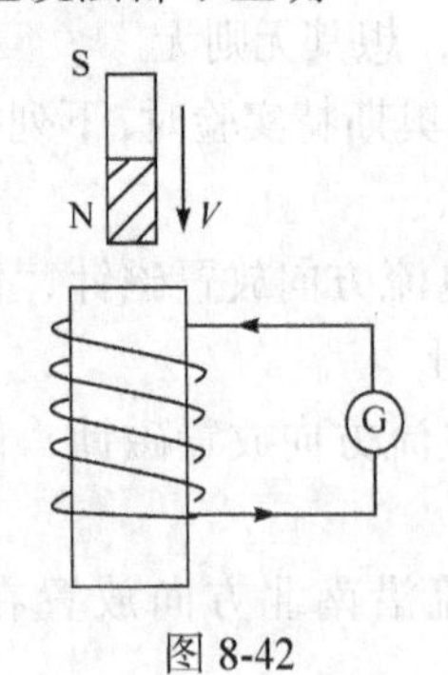

图 8-42

6. 关于感应电流的磁场方向和引起感应电流的磁场方向的关系，下面说法正确的是(　　)。

A. 感应电流的磁场方向总是与引起感应电流的磁场方向相反

B. 感应电流的磁场方向总是与引起感应电流的磁场方向相同

C. 当原磁场的磁通量增加时，感应电流的磁场与原磁场方向相反

D. 当原磁场的磁通量增加时，感应电流的磁场与原磁场方向相同

7. 如图 8-43 所示，当闭合开关 S，且将滑动变阻器的滑片 P 向右移动时，图中的电磁铁(　　)。

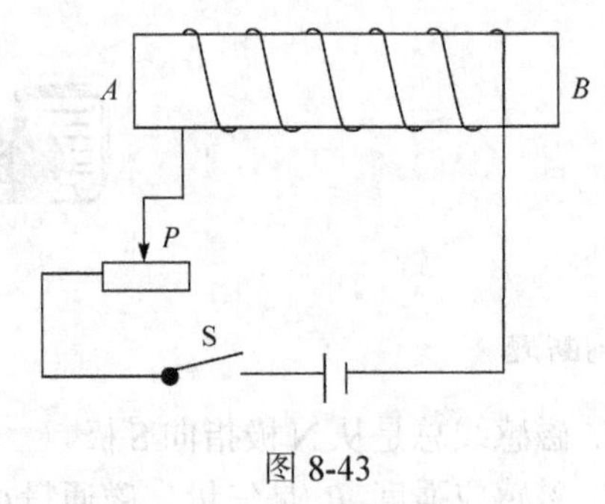

图 8-43

A. A 端是 N 极，磁性增强

B. B 端是 N 极，磁性减弱

C. A 端是 S 极，磁性增强

D. B 端是 S 极，磁性减弱

8. 关于感应电动势，下列说法中正确的是(　　)。

A. 电源电动势就是感应电动势

B. 产生感应电动势的那部分导体相当于电源

C. 在电磁感应现象中没有感应电流就一定没有感应电动势

D. 电路中有电流就一定有感应电动势

9. 穿过单匝闭合线圈的磁通量在 6 s 内均匀地增大了 12 Wb，则在此过程中(　　)。

A. 线圈中的感应电动势将均匀增大

B. 线圈中的感应电流将均匀增大

C. 线圈中的感应电动势将保持 2 V 不变

D. 线圈中的感应电流将保持 2 A 不变

10. 一个闭合线圈放在变化的磁场中，线圈产生的感应电动势为 E。若仅将线圈匝数增加为原来的 4 倍，则线圈产生的感应电动势变为(　　)。

A. $2E$　　　B. $4E$

C. $E/2$　　　D. $E/4$

11. 一根直导线长 0.1 m，在磁感应强度为 0.1 T 的匀强磁场中以 10 m/s 的速度匀速运动，则导线中产生的感应电动势的说法错误的是(　　)。

A. 最大值为 0.1 V　　B. 可能为零

C. 可能为 0.01 V　　D. 一定为 0.1 V

12. 关于线圈的自感系数，下面说法正确的是(　　)。

A. 线圈的自感系数越大，自感电动势一定越大

B. 线圈中电流等于零时，自感系数也等于零

C. 线圈中电流变化越快，自感系数越大

D. 线圈的自感系数由线圈本身的因素及有无铁心决定

三、计算题

1. 匀强磁场中有一长 0.20 m 的导线垂直于磁场的方向放置，已知导线通过 5.0 A 的电流时，通电导线受到 0.40 N 的磁场力作用。求这一匀强磁场的磁感应强度大小。

2. 有一个 50 匝的线圈，如果穿过它的磁通量的变化率为 0.5 Wb/s，求感应电动势。

3. 如图 8-44 所示，匀强磁场的磁感应强度为 0.30 T，长为 0.40 m 的导体棒 MN 在金属导轨上以 1.0 m/s 的速度匀速运动，若导体棒的电阻为 0.20 Ω，金属导轨的电阻不计，求：

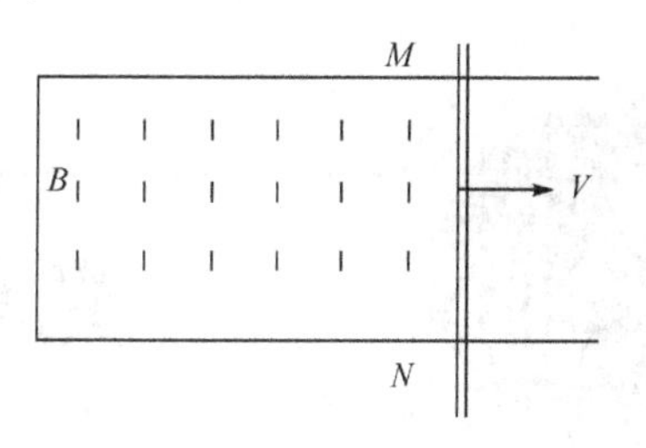

图 8-44

(1) 导体棒产生的感应电动势的大小。

(2) 导体棒中的感应电流的大小和感应电流的方向。

4. 如图 8-45 所示，匀强磁场的磁感应强度为 0.5 T，有一个 50 匝的矩形线圈，面积大小为 0.5 m^2，从图示位置绕 OO' 转过 90° 所用的时间为 0.25 s，问：

(1) 上述过程中穿过线圈的磁通量如何变化；

(2) 这一过程中穿过线圈的磁通量的变化量 $\Delta\phi$；

(3) 这一过程中线圈中的平均感应电动势 E 的大小。

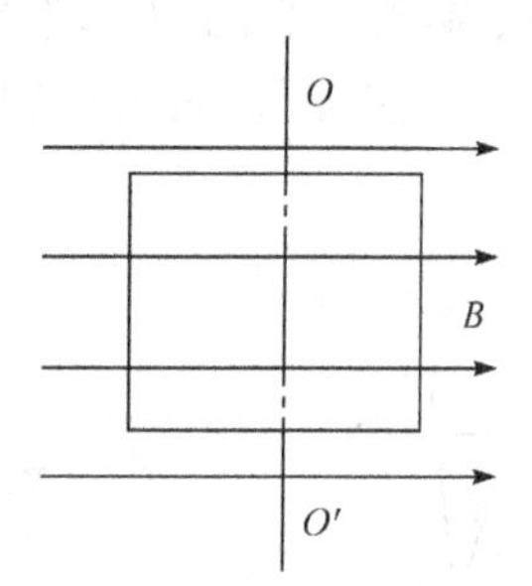

图 8-45

5. 一个匝数为 100、面积为 10 cm^2 的线圈垂直磁场放置，在 0.5 s 内穿过它的磁场从 1 T 增加到 9 T。求线圈中的感应电动势。

6. 已知某单相变压器原线圈两端电压为 220 V，匝数为 100 匝，副线圈匝数为 10 匝，问变压器副线圈两端的电压是多少？

第9章 光现象及应用

人类很早就开始了对光的观察研究，逐渐积累了丰富的知识，远在2400多年前，我国就有了光的直线传播、影的形成、光的反射、平面镜和球面镜成像等现象的记载。

按照不同的研究目的，光学知识可以粗略地分为两大类。一类利用光线的概念研究光的传播规律，但不研究光的本质，这类光学称为几何光学；另一类主要研究光的本质，通常称为物理光学。本章我们将介绍这两方面的基本知识，但是以几何光学知识为主。

第1节 光的折射 全反射

1870年，英国物理学家丁达尔到皇家学会演讲光的反射原理，他做了一个简单的实验。如图9-1所示，在装满水的木桶上钻一个孔，然后用灯从桶上边把水照亮，人们竟看到放光的水从小孔里流出来，水流弯曲，光线也跟着弯曲。旅游景区中的一些小工艺品上装设了一些光纤(细玻璃丝)，它们的一端插在封闭的盒子中，用彩色灯泡照亮，露出的另一端就会闪耀美丽的点点“星光”，如图9-2所示。丁达尔经过研究，总结出全反射规律。

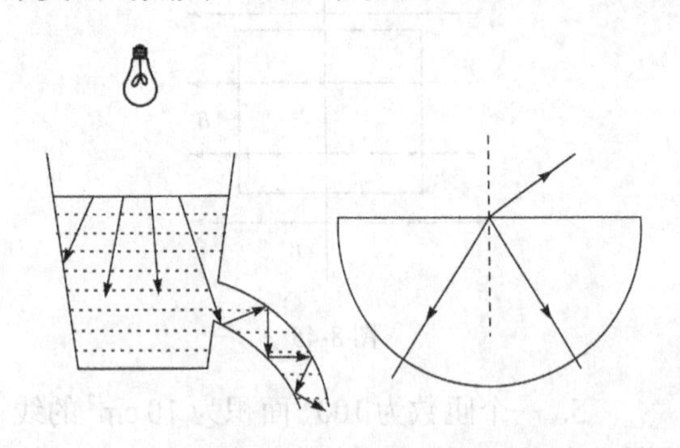

图9-1 光线沿着弯曲的水流传播

图9-2 光纤灯

一、光的折射定律

如果光从一种物质进入另一种物质，例如，从玻璃射到水中，或者某物质的光学性质改变时，光可能发生方向上的变化。光线的这种方向变化称为光的折射。

现在让我们在光具盘上，用实验方法观察光线的变化情况，如图 9-3 所示。在光具盘中央固定一个半圆柱形玻璃砖，让光从空气斜射到玻璃砖直边中心，可以观察到光线分成两束，分居于法线 NN' 的两侧，一束光线反射到空气中，另一束射到玻璃中，前者称为反射光线，后者称为折射光线。入射光线与法线间的夹角 i 叫做光的入射角，折射光线与法线间的夹角 γ 叫做光的折射角。以几何作图法画出光路图，如图 9-4 所示。若转动光具盘，改变入射光的方向，则可观察到反射光线、折射光线的方向也随之发生变化。

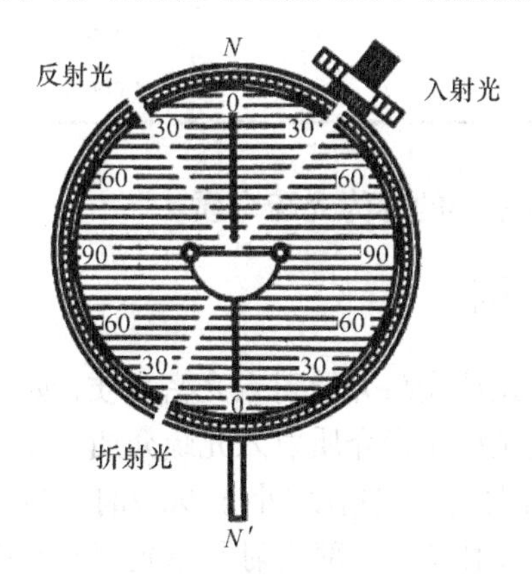

图 9-3　研究折射现象

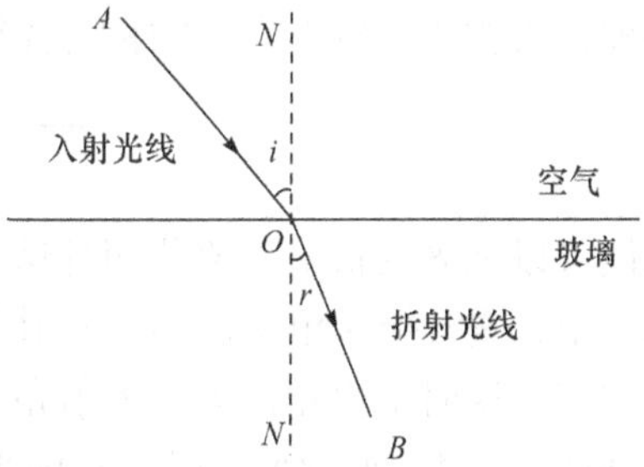

图 9-4　光的折射示意图

人们通过实验得出：① 折射光线总在入射光线和法线所决定的平面内，折射光线和入射光线分居于法线的两侧；② 入射角的正弦和折射角的正弦之比，对于任意给定的两种介质来说，是一个常量，即

$$\frac{\sin i}{\sin \gamma}=\text{常量} \tag{9.1}$$

式中，i 表示入射角，γ 表示折射角。这个规律称为**折射定律**，也叫**斯涅尔定律**。

在反射与折射现象中，光路都是可逆的。

光从真空射入某种介质发生折射的时候，入射角 i 的正弦跟折射角 γ 的正弦之比 n，叫做这种介质的绝对折射率，简称折射率，即

$$n=\frac{\sin i}{\sin \gamma} \tag{9.2}$$

理论和实验的研究还证明，某种介质的折射率，等于光在真空中的速度 c 跟光在这种介质中的速度 v 之比：

$$n=\frac{c}{v} \tag{9.3}$$

由于光在真空中的速度 c 大于光在任何介质中的速度 v，所以，任何介质的折射率都大于 1。光从真空射入任何介质时，$\sin i$ 都大于 $\sin \gamma$，这时入射角大于折射角。

由于光在真空里的速度跟在空气里的速度相差很小，可以认为光从空气里进入某种介质时的折射率就是那种介质的折射率。表 9-1 列出了几种介质的折射率。

表 9-1 几种介质的折射率

介质	折射率	介质	折射率
金刚石	2.42	岩盐	1.55
二硫化碳	1.63	酒精	1.36
玻璃	1.5～1.9	水	1.33
水晶	1.54	空气	1.00028

两种介质相比，折射率大的称为**光密介质**，折射率小的称为**光疏介质**。

二、全 反 射

我们可以把光的折射现象分两种情况，第一种是光从光疏介质射入光密介质，如光从空气射入水中，这时折射角总是小于入射角；第二种是光从光密介质射入光疏介质，如光从水中射入空气，这时折射角总大于入射角。当入射角增大到一定角度(小于 90°)时，折射角就会等于 90°；入射角继续增大时，折射光就会消失，入射光线全部反射回原光密介质中去。这种入射光线在介质的分界面上发生全部反射的现象叫光的**全反射**，如图 9-5 所示。折射角等于 90°时所对应的入射角叫**临界角**。

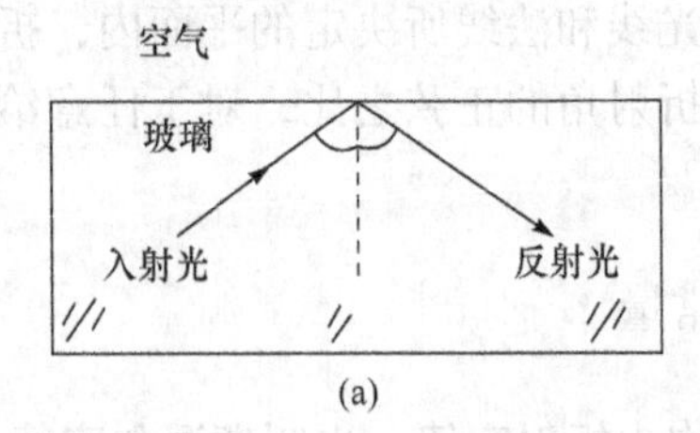

(a)

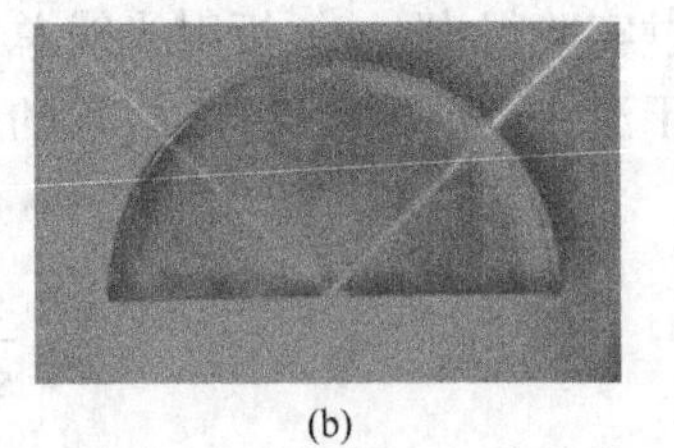
(b)

图 9-5 光的全反射示意图

表 9-2 中列出了几种物质对于真空或空气的临界角。

表 9-2 几种物质的临界角

物质	临界角	物质	临界角
水	48.8°	玻璃	30°～40°
乙醇	47°	二硫化碳	38°
甘油	43°	金刚石	24.4°

只要光从光密介质射向光疏介质，而且入射角大于或等于临界角，就会在两介质的分界上发生全反射现象。这就是全反射发生的条件。全反射现象，同样服从反射定律。

全反射现象在自然界中是常见的。早晨观看植物叶子上的露珠浮在叶面的纤毛上，大致成球形，露珠的周围都是空气射入露珠的阳光有一部分在下表面发生全反射，如图 9-6 所示，这部分光很强，从露珠射出进入观察者眼中，就会感到光是从露珠发出的，因而露珠显得晶莹明亮。从水中升起的空气泡看上去很亮，也是由于有一部分光在气泡的表面发生了全反射的缘故，如图 9-7 所示。

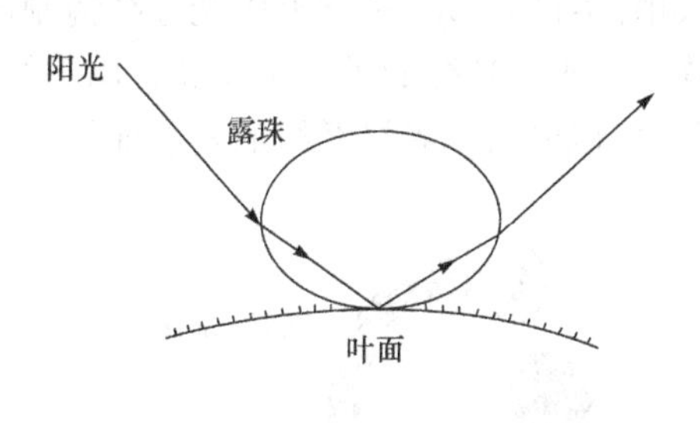

图 9-6　露珠中的全反射

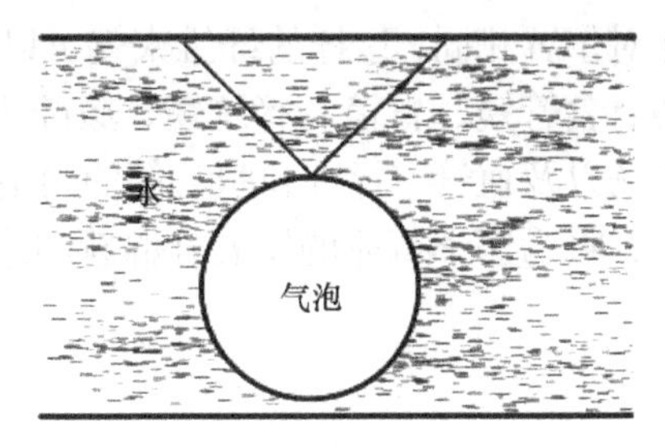

图 9-7　水中气泡表面的全反射

三、全反射棱镜

横截面为三角形的透明体(通常是用玻璃制作的)，叫做三棱镜，简称棱镜。也有些棱镜的横截面是多边形的，潜望镜、双筒望远镜和某些照相机以及光谱仪器中都有棱镜。棱镜主要有两种：一种是横截面为直角三角形的，另一种是正三角形的，前一种棱镜主要是利用棱镜中的全反射来改变光的传播方向，因此叫**全反射棱镜**。由于全反射棱镜可改变光线的传播方向和次序，如图 9-8 所示，且光学性能非常稳定，在空气中不锈蚀，吸收光非常少，几乎是 100%的反射光，所以，棱镜在潜望镜、双筒望远镜等光学仪器中应用广泛，如图 9-9 所示。

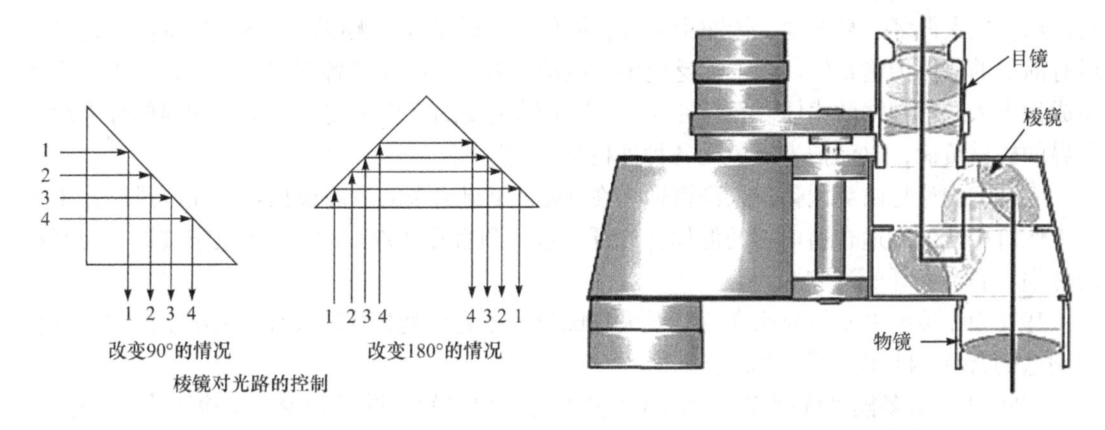

图 9-8　全反射棱镜的作用　　图 9-9　双筒棱镜望远镜

四、光 导 纤 维

人类利用全反射现象制作出光导纤维(简称光纤)，完成传光、传像的工作。目前，无论是在科学研究、通信、国防，还是在医学研究与应用等方面，光纤都有着重要的应用。光纤使光学窥视、光通信的实现成为可能，从而被作为近代技术光学领域中的一个重要的研究分支。

实际应用的光导纤维是非常细的玻璃丝，直径只有几微米至 100 μm 左右，而且是内芯和外套的界面上发生的全反射，如图 9-10 所示。如果把光导纤维集成束，使其两端纤维排列的相对位置相同，这样的纤维束就可以传图像，如图 9-11 所示。医学上用光导纤镜制成支气管镜、食管镜、胃镜、膀胱镜、腹腔镜和宫腔镜等，随着光纤的进一步发展，用于结肠、十二指肠以及血管、肾脏和胆管等的内镜相继问世，可以断言，光导纤维的发展前景是不可限量的，将为医学事业的发展开辟新的途径。

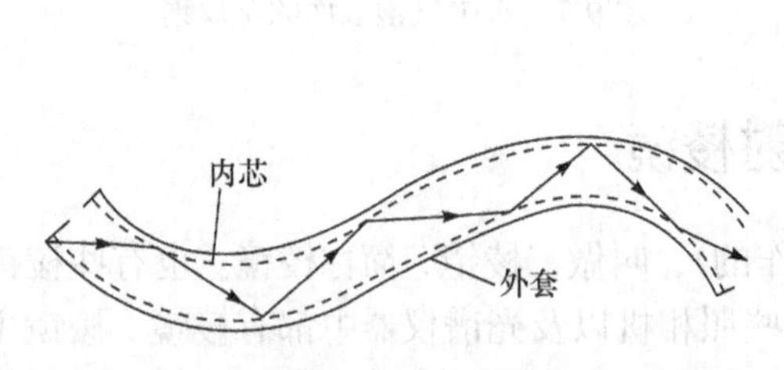

图 9-10　光导纤维

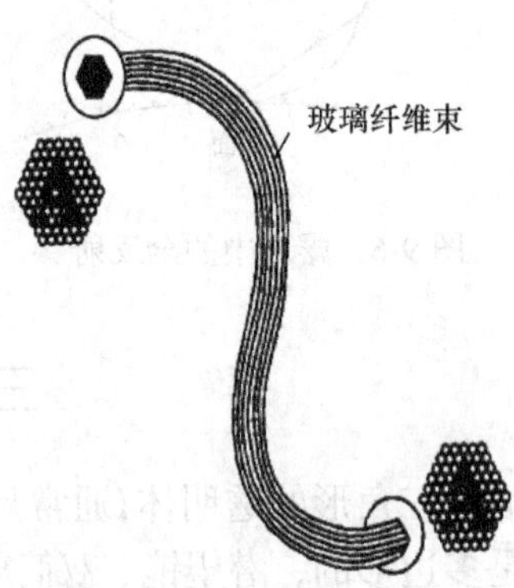

图 9-11　光纤传送图像原理

利用光纤还可以进行通信。我们知道，光也是一种电磁波，它可以像无线电波那样，作为一种载体来传递信息。载有声音、图像以及各种数字信号的激光从光纤的一端输入，就可以沿着光纤传到千里以外的另一端，实现光纤通信。通信光缆是由若干根(芯)光纤(一般从几芯到几千芯)构成的缆心和外护层所组成。光纤与传统的对称铜回路及同轴铜回路相比较，其传输容量大得多、衰耗少、传输距离长、体积小、质量轻、无电磁干扰、成本低，是当前最有前景的通信传输媒体。它正广泛地用于电信、电力、广播等各部门的信号传输上，将逐步成为未来通信网络的主体。光缆在结构上与电缆主要的区别是光缆必须有加强构件去承受外界的机械负荷，以保护光纤免受各种外机械力的影响。

光纤的理论是由英国籍华人高锟博士在 1966 年提出来的。高锟预言：在改进制作工艺后人们有可能做出适合通信用的低损耗光纤。这个预言在 1970 年由美国康宁玻璃公司制造的低损耗石英光纤所证实。

1976 年，美国贝尔研究所在亚特兰大建成第一条光纤通信实验系统，采用了西方电气公司制造的含有 144 根光纤的光缆。

1980 年，由多模光纤制成的商用光缆开始在市内局间中继线和少数长途线路上采用。

1983 年，单模光纤制成的商用光缆开始用于长途线路中。

1988 年，横跨大西洋的海底光缆敷设成功，连接了美国、英国和法国。

我国在 1978 年自行研制出了通信光缆。1984 年开始使用单模光纤，通信光缆逐步应用于长途线路。

知识链接　**海市蜃楼**

1988 年某日《北京日报》刊登的消息：山东电视台记者孙玉平在国内首次拍摄到海市蜃楼的现场实况。这次海市蜃楼发生在被称为人间仙境的蓬莱阁对面海域。从 17 日下午 14 时 20 分延续到 19 时左右。

从蓬莱阁向北望去，在辽阔的海面出现了种种奇观，忽而是多孔桥般的奇景，忽而显现出从未见过的岛屿。其间有清晰的高楼大厦，周围有冒烟的烟囱，在波涛万顷的海面上展现出一幅多姿多彩的画卷。无数游人涌向海边竞相观看。

古人曾把海面上出现的这种情景误认为是蜃(蛟龙或大蛤蜊)吐气而成的，因此叫做“海市蜃楼”，也叫蜃景。

海市蜃楼实际上是大气中的光现象，光在其中沿直线传播，但地面上方的空气密度随温度升高而减小，对光的折射率也随之减小，因而产生折射、甚至全反射现象。夏天，海面附近空气温度比空气中低，空气的折射率下层比上层的大。可以粗略地把海面上的空气看成是由密度不同的水平气层组成的，从远处的山峰、船舶、楼阁等反射出的光线射向空中时，不断地发生折射，这些光线进入观察者眼中(如图 9-12 中甲处的观察者)，就会在这些光线的反向延长线处看到这些景物的虚像，这就是蜃景，这种蜃景叫做上现蜃景。在光线进入上层温度较高的空气层中，入射角不断增大，当光线的入射角大于临界角时，还要发生全反射现象，这时看到的上现蜃景是倒立的。(处于图 9-12 中乙位置的观察者所见到的)

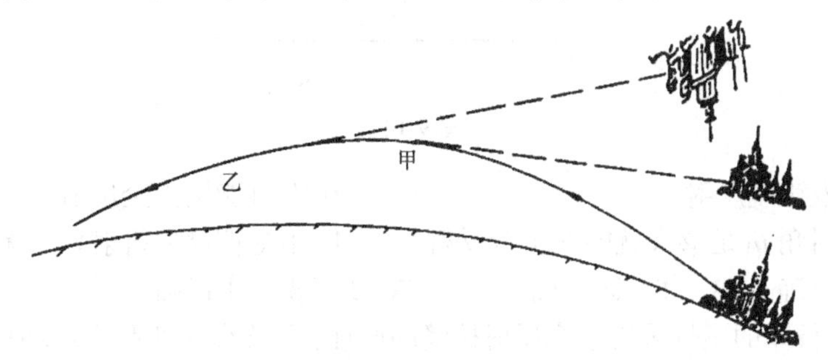

图 9-12　上现蜃景

蜃景不仅在海面上能看到，在沙漠地带也能看到，阳光照在沙漠上，使地面附近的空气比上层的热，空气密度小，因而下面空气层的折射率比上层小。从远方景物射来的光线，进入下方较热的空气层时，不断地发生折射，入射角逐渐增大。当入射角大于临界角时，会发生全反射现象。如图 9-13 所示，这些光进入观察者眼中，看到远处物体的倒像，这也是蜃景，叫下现蜃景。

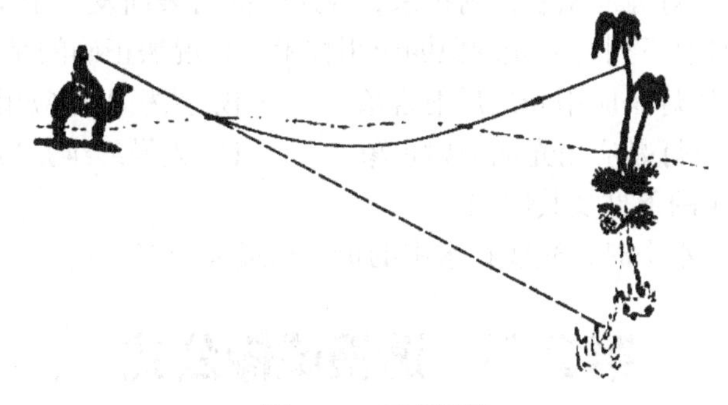

图 9-13　下现蜃景

知识巩固 1

1. (单选)下列说法正确的是(　　)。

A. 因为水的密度大于酒精的密度，所以水是光密介质

B. 因为水的折射率小于酒精的折射率，所以水对酒精来说是光密介质

C. 同一束光，在光密介质中的传播速度较大

D. 同一束光，在光密介质中的传播速度较小

2.（单选）如图 9-14 所示，置于空气中的厚玻璃砖，*AB*、*CD* 分别是玻璃砖的上、下表面，且 *AB*//*CD*，光线经 *AB* 表面射向玻璃砖时，折射光线射到 *CD* 表面时，下列说法正确的是（　　）。

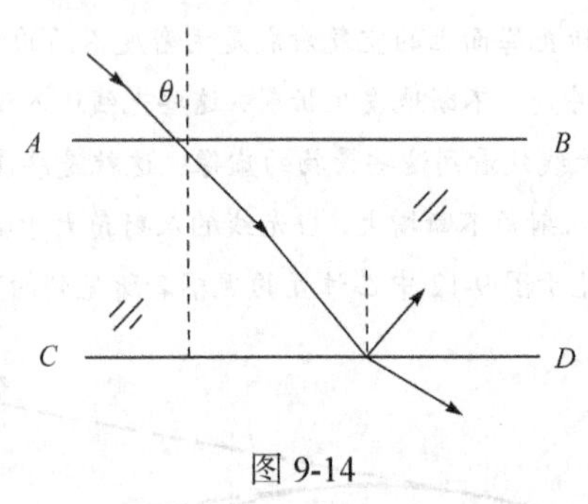

图 9-14

① 不可能发生全反射　　② 有可能发生全反射

③ 只要入射角 θ_1 足够大就能发生全反射　　④ 不知玻璃的折射率，无法判断

A. 只有①正确　B. ②，③正确　C. ②，③，④正确　D. 只有④正确

3.（单选）自行车的尾灯采用了全反射棱镜的原理，它虽然本身不发光，但在夜间骑行时，从后面开来的汽车发出的强光照到尾灯后，会有较强的光被反射回去，使汽车司机注意到前面有自行车尾灯的构造，如图 9-15 所示。下面说法中正确的是（　　）。

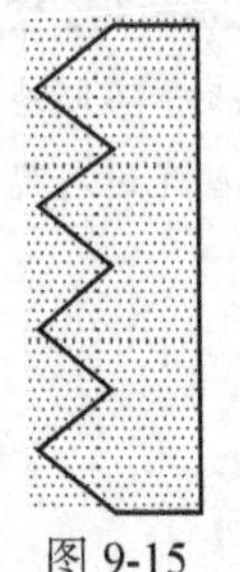

图 9-15

A. 汽车灯光应从左面射过来，在尾灯的左表面发生全反射

B. 汽车灯光应从左面射过来，在尾灯的右表面发生全反射

C. 汽车灯光应从右面射过来，在尾灯的左表面发生全反射

D. 汽车灯光应从右面射过来，在尾灯的右表面发生全反射

4.（单选）下列有关光现象的应用技术中，说法正确的是（　　）。

A. 探照灯是应用光的反射现象　　B. 照相机是应用光的折射现象

C. 无影灯是应用光的衍射现象　　D. 光导纤维是应用光的全反射现象

5. 简述全反射产生的条件及其应用。

6. 光线从空气射入水中时，光线在水中的折射角最大为多少？

第 2 节　透镜成像公式

一、透镜成像

由光的折射定律知道，空气中的光线透过凸透镜后，向光主轴方向偏折，这就是凸透镜的会聚作用。利用透镜对光线的会聚作用可以得到发光体的像。现在我们通过实验来研究透镜成像的规律。

把蜡烛、凸透镜、光屏安装在光具座上，如图 9-16 所示。蜡烛和光屏距透镜的距离都可以从光具座导轨刻度尺上读出，如图 9-17 所示，甲物体到透镜的距离称为物距，用 p 表示；光屏(像)到透镜的距离称为像距，用 p' 表示；焦距用 f 表示。先移动蜡烛，使 $p>2f$，再左右移动光屏，直至能从屏上看到一个倒立、缩小、清晰的像。它是由通过透镜的折射光线会聚而成的，是实像，且像的位置在 $f<p'<2f$。

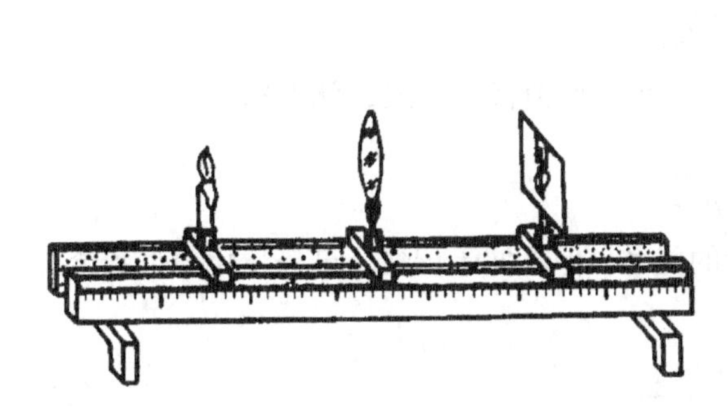

图 9-16　研究凸透镜成像的实验装置

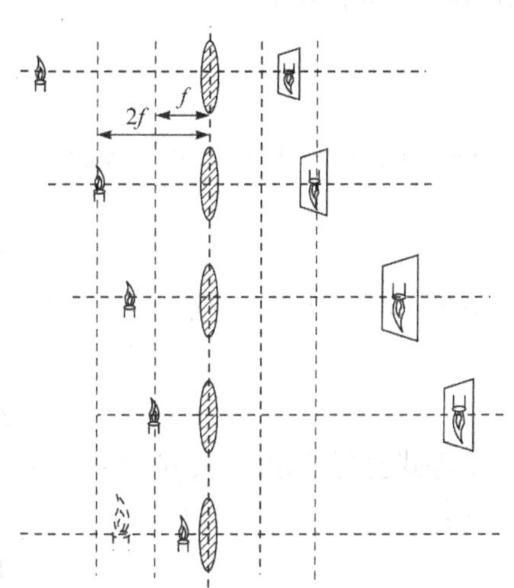

图 9-17　凸透镜成像的各种情况

继续向靠近透镜的方向移动蜡烛，并且不断改变光屏的位置，使像总能成在屏上，而且随着物距的逐渐缩短，像距增大，像也增大。在物距接近 $2f$ 时，缓缓移动蜡烛，则会看到在二倍焦距上，像和物等大；过了二倍焦距这一点，将蜡烛再往焦点方向移动，像变成倒立、放大的实像，在这一过程中，像由缩小变为放大，二倍焦距处，是倒立、实像的缩小与放大的转变点。在蜡烛接近焦点时，缓缓移动蜡烛，将会看到，在 $p=f$ 的情况下，屏上已得不到蜡烛的像，即蜡烛不能成像，这时蜡烛发出的光通过透镜折射后变成了平行光。过了焦点处，屏上仍旧得不到像，这时蜡烛发出的光通过透镜折射后是发散的，不能会聚成像，像发生了质的变化。当我们从屏的一侧对着透镜观察时，便可以看到一个跟蜡烛位于透镜同侧的正立的、放大的虚像，因而焦点是像的虚实的转变点。

二、透镜成像公式

我们研究的是薄透镜，其厚度不计。根据像点与物点一一对应的关系，初中已总结出三条特殊光线的作图方法：① 平行于主轴的光线，折射后通过焦点；② 通过焦点的光线，折射后平行于主轴；③ 通过光心的光线，经过透镜后方向不变。取三条特殊光线中的任意两条，就能方便地作出光路图，求出发光点的像。我们以通过光心和平行于主轴的光线为根据，用几何作图法作出如图 9-18 所示的光路图。

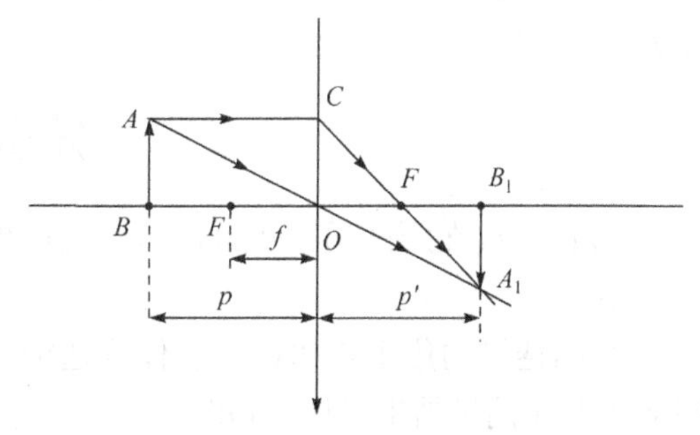

图 9-18　凸透镜成像光路图

现在运用几何方法推导透镜成像公式。图 9-18 中 A_1B_1 表示物体的像。由于△ABO 和△A_1B_1O 相似，所以

$$\frac{AB}{A_1B_1}=\frac{BO}{B_1O}$$

△COF 和△A_1B_1F 相似，所以

$$\frac{CO}{A_1B_1}=\frac{OF}{B_1F}$$

因为 $CO=AB$，所以上面两个等式的左边相等，因而有

$$\frac{BO}{B_1O}=\frac{OF}{B_1F}$$

式中，$BO=p$，$B_1O=p'$，$OF=f$，$B_1F=p'-f$。把这些值代入上式，就得到

$$\frac{p}{p'}=\frac{f}{p'-f}$$

这个等式已经确定了 p, p', f 三个物理量的关系，但不便于记忆，进一步化简得到透镜成像公式：

$$\frac{1}{f}=\frac{1}{p}+\frac{1}{p'} \tag{9.4}$$

该公式成立的条件是透镜为薄透镜。

用同样的方法可以证明，上式也适用于凹透镜。

在应用透镜成像公式时应当注意：凸透镜的焦距取正值，凹透镜的焦距取负值，物距总取正值，实像的像距取正值，虚像的像距取负值。

三、透镜成像放大率

像的长度跟物的长度之比 $\frac{A_1B_1}{AB}$，叫做**像的放大率**，通常用 K 表示。因为△ABO 和△A_1B_1O 相似，所以

$$K=\frac{A_1B_1}{AB}=\left|\frac{p'}{p}\right| \tag{9.5}$$

若 $K>1$，则表示成放大的像；若 $K<1$，则表示成缩小的像；若 $K=1$，则表示像与物等大。

知识巩固 2

1. 物体放在距凸透镜 0.24 m 处，它的像距透镜 0.12 m。求：(1) 透镜的焦距；(2) 像的放大率。

2. 凸透镜的焦距是 10 cm，物体到透镜的距离是 15 cm，像成在哪里？是实像还是虚像？用适当的比例尺画出成像光路图。

3. (单选)凸透镜的焦距为 f，在移动凸透镜的过程中，物体发出的光线经过透镜能在另一侧的屏上得到一次放大另一次缩小的像，则物与屏间的距离必须(　　)。

A. 大于 $2f$　　B. 大于 $4f$　　C. 等于 $4f$　　D. 小于 $4f$

4. 一个人从离凸透镜 8 倍焦距处沿光轴走到 4 倍焦距位置时，其像、像距的大小变化情况为：像变__________，像距变__________。

5. (单选)在凸透镜成像时，如果把透镜的下半部用遮光板遮住，那么，下列哪种说法正确？说明理由。

A. 只在上半部成半个实像；

B. 只在下半部成半个实像；

C. 仍能成完整的实像，但所成的像变暗；

D. 不能成像。

第 3 节　激光的特性及应用

你可能知道一些激光的用处，如激光视盘(即我们通常说的光盘)、激光打印机，医疗上用激光除痣，等等。你知道激光是如何产生的吗？激光有哪些主要特点和用途呢？

一、激光的简介

激光的发现是 20 世纪科学技术的重大成就之一。1960 年美国人梅曼制成了第一台激光器。由于激光具有特别优异的性能，它的应用越来越广泛。各种激光器相继被发现。目前激光已在生产建设、科研、军事等各领域发挥着重要作用。

激光虽然是在 1960 年正式问世的，但是，激光的历史却已有 100 多年。确切地说，远在 1893 年，在波尔多一所中学任教的物理教师布卢什就已经指出，两面靠近和平行镜子之间反射的黄钠光线随着两面镜子之间距离的变化而变化。他虽然不能解释这一点，但为未来发明激光发现了一个极为重要的现象。1917 年爱因斯坦提出“受激辐射”的概念，奠定了激光的理论基础。

给一段金属丝(如铁丝、钨丝)加热，当其温度达到一定值时，它就会发光，这是因为在加热时，金属丝中的某些原子受到激发，就会自动地向低能级跃迁，辐射出光子，这种辐射叫做**自发辐射**。在自发辐射中，各个原子发出的光是向四面八方辐射的，频率也不相同，这就是普通光源发光的情形，这种光就是自然光。

原子发生受激辐射时，发出的光子的频率、发射方向等都与入射光子完全相同。这样，一个入射光子由于引起受激辐射就变成了两个同样的光子。如果这两个光子在介质中传播时再引起其他原子发生受激辐射，就会产生越来越多的频率和方向都相同的光子，使光得到放大，也叫光放大。这种利用受激辐射而得到的放大的光就叫**激光**。

二、常见激光器的原理

激光器由工作物质、泵浦源和光学谐振腔三个基本部分构成。其中，工作物质是激光器的核心，是激光器产生光的受激辐射、放大的源泉之所在；泵浦源为在工作物质中实现粒子数反转分布提供所需能源，工作物质类型不同，采用的泵浦方式亦不同；光学谐振腔为激光提供正反馈，同时具有选模的作用，光学谐振腔的参数影响输出激光器的质量。激光器种类繁多，习惯上主要以以下两种方式划分：一种是按照激光工作物质，另一种是按激光工作方式分，而本章主要是按照激光工作物质划分来介绍典型的激光器。

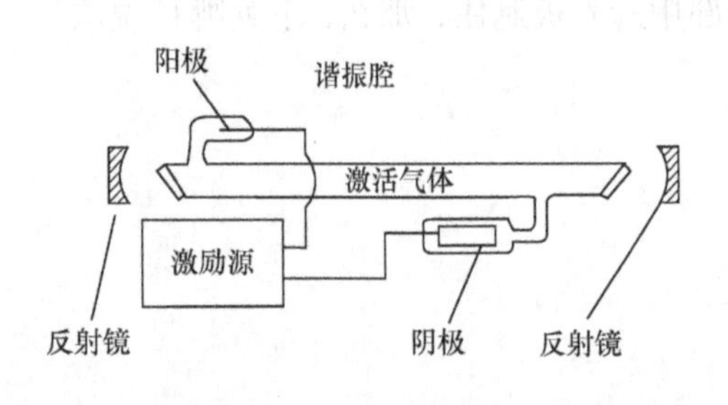

图 9-19 气体激光器结构示意图

1. 气体激光器 气体激光器如图 9-19 所示，它是利用气体或蒸汽作为工作物质产生激光的器件。它由放电管内的激活气体、一对反射镜构成的谐振腔和激励源等三个主要部分组成。主要激励方式有电激励、气动激励、光激励和化学激励等。其中电激励方式最常用。根据气体工作物质为气体原子、气体分子或气体离子，又可将气体激光器分为原子激光器、分子激光器和离子激光器。

原子激光器的典型代表是He-Ne激光器。He-Ne激光器是最早出现也是最为常见的气体激光器之一。它于1961年由在美国贝尔实验室从事研究工作的伊朗籍学者佳万(Javan)博士及其同事们发明，工作物质为氦、氖两种气体按一定比例的混合物。根据工作条件的不同，可以输出5种不同波长的激光，而最常用的则是波长为632.8 nm的红光。输出功率在0.5～100 mV，具有非常好的光束质量。氦-氖激光器是当前应用最为广泛的激光器之一，可用于外科医疗、激光美容、建筑测量、准直指示、照排印刷、激光陀螺等。不少中学的实验室也在用它做演示实验。

气体激光器波长覆盖范围主要位于真空紫外至远红外波段，激光谱线上万条，具有输出光束质量高(方向性及单色性好)、连续输出功率大(如 CO_2 激光器)等输出特性，其器件结构简单、造价低廉。

气体激光器广泛应用于工农业生产、国防、科研、医学等领域，如计量、材料加工、激光医疗、激光通信、能源等方面。

2. 固体激光器 固体激光器如图 9-20 所示，以固体激光介质为工作物质。1960 年，梅曼发明的红宝石激光器就是固体激光器，也是世界上第一台激光器。固体激光器一般由激光工作物质、激励源、聚光腔、谐振腔反射镜和电源等部分构成。

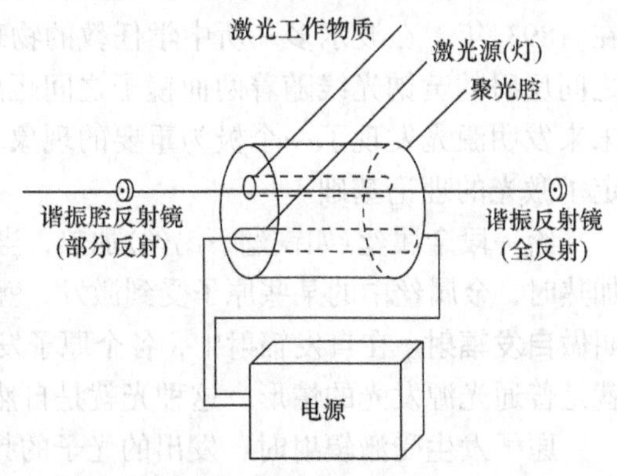

图 9-20 固体激光器结构示意图

固体激光器多采用光泵浦，泵浦光源主要有闪光灯和半导体激光二极管两类。固体激光器波长覆盖范围主要位于可见光至远红外波段，激光谱线数千条，具有输出能量大、运转方式多样等特点。器件结构紧凑，牢固耐用，易于与光纤耦合进行光纤传输。

固体激光器在军事、加工、医疗和科学研究领域有广泛的用途。它常用于测距、跟踪、制导、打孔、切割和焊接、半导体材料退火、电子器件微加工、大气检测、光谱研究、外科和眼科手术、等离子体诊断、脉冲全息照相以及激光核聚变等方面。固体激光器还用作可调谐染料激光器的激励源。

固体激光器的发展趋势是材料和器件的多样化，包括寻求新波长和工作波长可调谐的新工作物质，提高激光器的转换效率，增大输出功率，改善光束质量，压缩脉冲宽度，提高可靠性和延长工作寿命等。

三、激光的特性

激光被称为“最快的刀”、“最准的尺”、“最亮的光”等，这是因为激光与普通的自然光相比有着不可比拟的突出特性。

1. 方向性好　普通光源(如电灯泡)是向四周散射发光的，如果希望这类光源发出的光能朝一个方向传播，常需要给它们配上一个聚光装置，使光汇集起来向一个方向传播，如手电筒、探照灯、汽车照明灯等。与普通光源不同，激光器发出的激光天生就是单向的，并且激光束的发散度极小，几乎接近平行。

1962 年，人们用汇聚的普通光和激光分别照射距地球 0.38×10^5 外的月球。普通光在月球表面形成了覆盖整个月球(月球直径 3476 km)的光斑，而激光在月球表面形成的光斑直径还不到 2 km。

2. 亮度极高　激光是当代最亮的光源，只有氢弹爆炸瞬间强烈的闪光才能与它相比拟。一台大功率激光器所发光的亮度可以达到太阳光亮度的百亿倍以上。尽管激光的总能量不一定很大，但由于能量高度集中，很容易在某一微小点处产生高压和高温，激光打孔、切割、焊接和激光外科手术就是利用了这一特性。

3. 单色性好　光的颜色取决于它的波长。普通光源发出的光通常包含着各种波长，是各种颜色光的混合。如太阳光包含红、橙、黄、绿、靛、蓝、紫 7 种颜色的可见光及红外光、紫外光等不可见光。而激光的波长，只集中在十分窄的范围内，完全可以视为单一波长，是极纯的单色光。如氦氖激光的波长为 6328 nm，其波长变化范围不到万分之一纳米。

4. 相干性好　干涉是波动现象的一种属性。基于激光具有高方向性和高单色性的特性，它必然相干性极好。激光的频率、振动方向、相位高度一致，使激光光波在空间重叠时，重叠区的光强分布会出现稳定的强弱相间现象，相干性相当好。

四、激光的应用

激光的产生有着充分的理论准备，又有来自生产实践的迫切需要，因此激光一经问世就获得了异乎寻常的快速发展，不仅研制出了各种特色的激光器，而且应用领域不断拓展。

1. 医学应用　激光在活体组织传播过程中会产生热效应、光化效应、光击穿和冲击波作用，因而在医学上已广为应用。

激光在美容界的用途越来越广泛。激光是通过产生高能量，聚焦精确，具有一定穿透力的单色光，作用于人体组织而在局部产生高热量从而达到去除或破坏目标组织的目的。各种不同波长的脉冲激光可治疗各种血管性皮肤病及色素沉着，如雀斑、老年斑、毛细血管扩张等，以及去文身、洗眼线、洗眉等。近年来一些新型的激光仪，利用高能超脉冲激光进行除皱、磨皮换肤、美牙净齿等，都取得了良好的疗效。

激光手术的优点有切口小，术中不出血，创伤轻，无瘢痕，术后不需要住院治疗等，这是传统手术无法比拟的。激光刀在切割的同时也进行了灼烧，可以封闭血管，防止其出血，减少感染的危险。用激光对牙齿进行无痛钻孔和去牙蛀，使人们对以前望而生畏的牙科手术大感轻松。激光在眼科上的应用最令人叹为观止，它可以焊接脱开的视网膜，封闭破漏的血管，彻底摧毁飘浮在眼中的微小的沙粒等。

激光对于目前的不治之症——癌症也是一把好手。一方面，激光可以用作激光刀来切除肿瘤；另一方面，在癌症的早期诊断方面也卓有成效。借助于激光能准确地确定肿瘤细胞和正常细胞，并借助于一些特殊的化学物质，采用激光化疗法，能够杀死肿瘤细胞，从而达到治疗癌症的目的。

2. 工农业应用　在化学反应中，用一定频率的红外激光照射反应物，可以破坏反应物分子中的某些化学键，引发某些特定的反应，抑制不希望发生的反应，制得用普通方法难以合成的化合物。在农业上，用一定波长、一定剂量的激光按一定方式辐射农作物种子或生物体，可能改变其遗传性，培养新的优良品种。

在科学研究上，用激光可以产生高于 10^7℃的高温，引起热核反应。激光的发明使全息技术进入实用阶段，用激光光源可以获得高质量的全息照片。和被拍摄的物体相比，彩色全息照片在色彩、立体感方面都能达到以假乱真的程度，全息图还可缩小到一个很小的点上。

此外，激光在通信、电视、计算机等领域也正在发挥越来越大的作用。激光的应用还在不断发展。

3. 军事应用　激光武器用于杀伤敌重武器装备时，需要较高的能量，通常称为高能激光武器或称激光炮。目前美国已研制出机载和车载激光炮。激光炮的威力强大，命中率极高。由于强激光束具有很强的烧蚀作用、辐射作用和激光效应，因而对武器装备具有很大的破坏力。激光武器可以破坏制导系统，引爆弹头和毁坏壳体，拦击制导炸弹、炮弹、导弹、卫星、飞机、巡航导弹，破坏雷达、通信系统等。

激光制导具有投掷精度高、捕获目标灵活，导引头成本低、抗干扰性能好、操作简单等优点。目前已有大量激光制导武器装备部队。

多用途的激光雷达不仅可以测量远距离，而且能够测定被测目标的方位、运动速度、运动轨迹，甚至能描绘出目标的形状，进行识别和自动跟踪。所以激光雷达可以用在导航、气象、天文、大地测量、军事和人造卫星、宇宙飞船等方面。

五、激光技术的发展前景

激光技术作为一种新的科学技术有着广阔的应用前景。快速、精准是其最大的优势。激光不仅能够在精密仪器上打标，还可以对地毯等快速的切割。激光机在现代的工业事业上功不可没，在推进工业的快速发展。激光走进人们生活的同时也加速了人类社会的进步。激光发展的步伐依旧很坚定，它将为我们做出更大的贡献并且需要我们更加深入的研究它。当前的激光技术还不是非常的成熟，还有很大的提升空间。我国当前的激光技术和国际先进水平还有一定的差距，所以在激光技术这方面要更加的努力发展。

知识巩固 3

1. 1960 年美国人___________制成了第一台激光器。

2. 一般激光器由___________、___________、___________组成。

3. 激光的主要特点有___________、___________、___________、___________。

4. 简述自发辐射及受激辐射的概念。

5. 简述激光的概念。

6. 简述气体激光器的组成。

7. 简述固体激光器的组成。

8. 举例说明激光技术在生活、生产中的应用。

小　结

本章介绍了光的折射与全反射现象，透镜成像公式，激光的产生及常见激光器的构造等。

1. 光在折射时遵循折射定律：①折射光线跟入射光线和法线在同一平面上，折射光线和入射光线分别位于法线两侧；②入射角的正弦跟折射角的正弦之比为一常数。

2. 光在两种介质的界面全部发生反射不发生折射的现象，叫做全反射。发生全反射的条件是：①光从光密介质射向光疏介质；②入射角等于或大于临界角。

3. 透镜成像公式：$\frac{1}{f}=\frac{1}{p}+\frac{1}{p'}$

4. 光导纤维是利用全反射的作用制成的，可用来传递图像或通信。

5. 横截面为三角形的透明柱体，叫做三棱镜，简称棱镜。光经过棱镜发生两次折射，均向底面方向偏折，能显著地改变传播方向。直角棱镜能产生全反射，也叫全反射棱镜。

6. 激光的重要特点是方向性好（光子的发射方向相同）、单色性好（频率相同）、相干性好、亮度高。这些特点使它有着广泛的用途。

1. （单选）下列说法正确的是（　　）。

A. 水中的潜水员斜向上看岸边的物体时，看到的物体的像将比物体所处的实际位置低

B. 光纤通信是一种现代通信手段，它是利用光的全反射原理来传播信息的

C. 玻璃裂缝处在光的照射下，看上去比周围明显亮，是由于光的全反射

D. 海市蜃楼产生的原因是海面上层空气折射率比下层空气折射率大

2. （单选）一条光线由水中射向空气，当入射角由 0°逐渐增大到 90°时，下列说法正确的是（　　）。

A. 折射角由 0°增大到大于 90°的某一角度

B. 折射角始终大于入射角，当折射角等于 90°时，发生全反射

C. 折射角始终小于 90°，不可能发生全反射

D. 入射角的正弦与折射角的正弦之比逐渐增大

3.（多选）下列说法正确的是（　　）。

A. 因为水的密度大于酒精的密度，所以水是光密介质

B. 因为水的折射率小于酒精的折射率，所以水对酒精来说是光疏介质

C. 同一束光，在光密介质中的传播速度较大

D. 同一束光，在光密介质中的传播速度较小

4.（多选）下列现象中是由全反射造成的是（　　）。

A. 露珠在阳光下格外明亮

B. 直棒插入水中时，呈现弯折现象

C. 海市蜃楼

D.在炎热夏天的柏油马路上，远处的路面显得格外明亮

5.（单选）在完全透明的水下某深处，放一点光源，在水面上可见到一个圆形的透光圆面，若透光圆面的半径匀速增大，则光源正（　　）。

A. 加速上升　　B. 加速下降

C. 匀速上升　　D. 匀速下降

6.（多选）下述现象哪些是由全反射造成的（　　）。

A. 露水珠或喷泉的水珠，在阳光照耀下格外明亮

B. 口渴的沙漠旅行者，往往会看到前方有一潭晶莹的池水，当他们喜出望外地奔向那潭池水时，池水却总是可望而不可即

C.用光导纤维传输光信号、图像信号

D.在盛水的玻璃杯中放一空试管，用灯光照亮玻璃杯侧面，在水面上观察水中的试管，看到试管壁特别明亮

7.（单选）2009 年 10 月 6 日，瑞典皇家科学院在斯德哥尔摩宣布，将 2009 年诺贝尔物理学奖授予英国华裔科学家高锟以及美国科学家威拉德 · 博伊尔和乔治 · 史密斯。高锟在“有关光在纤维中的传输以用于光学通信方面”取得了突破性的成就。若光导纤维是由内芯和包层组成的，下列说法正确的是（　　）。

A. 内芯和包层折射率相同，折射率都大

B. 内芯和包层折射率相同，折射率都小

C. 内芯和包层折射率不同，包层折射率较大

D. 内芯和包层折射率不同，包层折射率较小

第 10 章 核能及应用

物体由大量原子组成，原子本身又是由更小的成分——电子及原子核组成的。科学家是如何推断出原子结构的呢？核能蕴藏在原子核内部，核能的发现是人类探索微观物质结构的一个重大成果，人类通过许多方式利用核能。核能的利用可以缓解常规能源的短缺，这个成就即源自我们对原子核的认识。

第1节 原子结构

相当长的一段时间内，人们都以为原子就是组成物体的最小微粒，原子是不可分割的。意识到原子内部其实还有着更深层次的结构，始于英国科学家汤姆孙(Thomson Joseph John；1856-1940，图 10-1)，他对阴极射线等现象的研究中发现了电子，从而敲开了原子的大门。

图 10-1 正在做实验的汤姆孙

一、原子的核式结构

(一)电子的发现

汤姆孙认为阴极射线是带电粒子流。为了证实这一点，从 1890 年起，他进行了一系列实验研究。图 10-2 是他当时使用的气体放电管示意图。

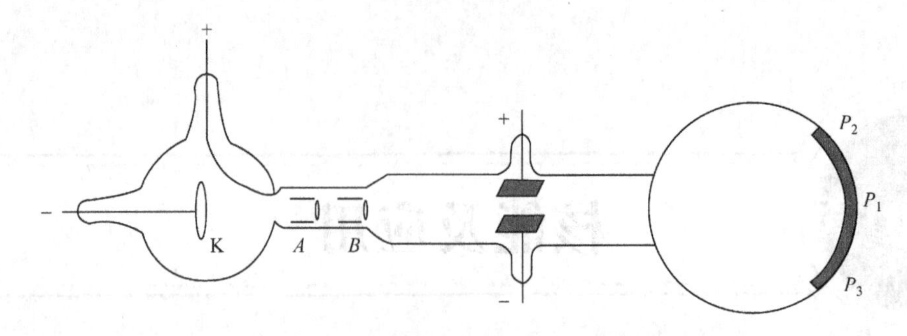

图 10-2 汤姆孙使用的气体放电管示意图

由阴极 K 发出的带电粒子，通过小孔形成一束射线。它穿过两片平行的金属板之间的空间，到达右端荧光屏上。汤姆孙根据阴极射线在电场和磁场中的偏转情况断定它的本质是带负电的粒子流，并求出了这种粒子流的荷质比[①]。汤姆孙发现用不同材料的阴极做实验，所得的荷质比数值都是相同的，这说明不同物质都能发射这种带电粒子，它是构成各种物质的共有成分。后来汤姆孙直接测到了阴极射线粒子的电荷量，尽管测量不很准确，但足以证明这种粒子电荷量的大小与氢离子大致相同。后来，组成阴极射线的粒子被称为**电子**(electron)。

发现电子以后，汤姆孙又进一步研究了许多新现象，他发现不论阴极射线、β射线、光电流，还是热离子流，它们都包含电子。由此可见，电子是原子的组成部分，是比原子更小的物质单元。1909～1913 年，密立根通过著名的“油滴实验”对电子电荷进行了精确测定，得到电子的电荷值为

$$e = 1.60217733 \times 10^{-19}\ \mathrm{C}$$

密立根实验更重要的发现是电荷是量子化的，即任何带电体的电荷只能是 e 的整数倍，从实验测到的荷质比的数值可以确定电子的质量为

$$m_e = 9.1093897 \times 10^{-31}\ \mathrm{kg}$$

电子的发现使人们认识到，原子不是组成物质的最小微粒。通常情况下物质是不带电的，因此，原子应该是电中性的。然而，既然电子是带负电的，质量又很小，那么原子中一定含有带正电的部分，它具有大部分的原子质量。原子中带正电的部分以及带负电的电子是如何分布的呢？

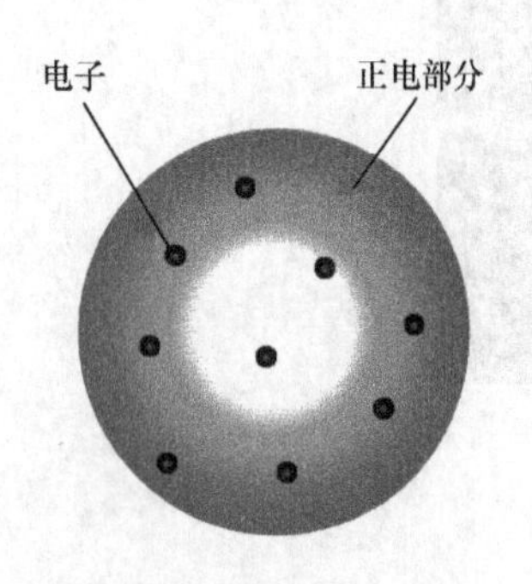

图 10-3 汤姆孙电子模型

(二)原子的核式结构模型

对于原子中正负电荷如何分配的问题，科学家们提出了许多模型，其中较有影响的是汤姆孙提出的“西瓜模型”，如图 10-3 所示。他认为原子是一个球体，正电荷弥漫性地均匀分布在整

① 荷质比：带电体的电荷量和质量的比值，也叫比荷。

个球体内，电子镶嵌其中。但勒纳德做了一个实验，使电子束射到金属膜上，发现较高速度的电子很容易穿透原子。看来原子不是一个实心球体。

1. α粒子散射实验 α粒子是从放射性物质中发射出来的快速运动的粒子，带有两个单位的正电荷，质量为氢原子质量的 4 倍。1909 年英籍物理学家卢瑟福(Ernest Rutherford，1871-1937，图 10-4)指导他的学生进行散射实验研究。实验原理示意图如图 10-5 所示。

图 10-4 卢瑟福

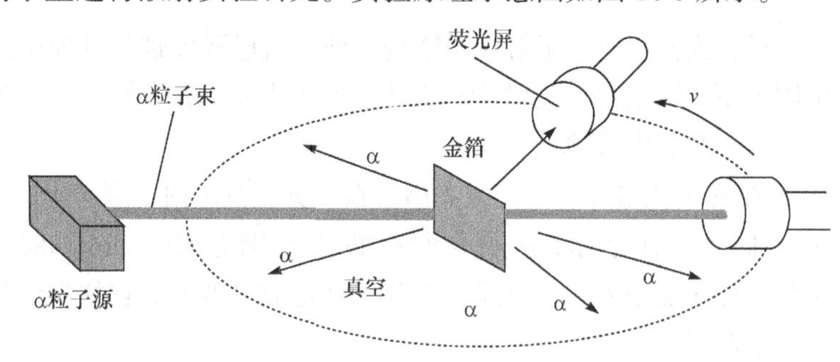

图 10-5 α粒子散射实验示意图

α粒子源发射的α粒子经过一条细通道形成一束射线，打在金箔上。带有荧光屏的放大镜可以在水平面内转到不同方向对散射的α粒子进行观察。被散射的α粒子打在荧光屏上会有微弱的闪光产生。通过放大镜观察闪光就可以记录在某一时间内向某一方向散射的α粒子数。

实验发现，绝大多数α粒子穿过金箔后，基本上沿原方向前进。但有少数α粒子发生了大角度的偏转，有些偏转角度甚至大于 90°。也就是说，它们几乎被撞了回来。这样的大角度偏转不可能是电子造成的，因为它们的质量只有α粒子的 1/7300，对α粒子的影响就像灰尘对炮弹的影响，完全可以忽略。

2. 原子的核式结构 卢瑟福分析了实验数据后发现，占原子质量绝大部分的带正电的物质集中在很小的空间范围内，这样才会使α粒子在经过时受到很强的斥力，使α粒子发生大角度的偏转。

1911 年卢瑟福提出了自己的原子核式结构模型，如图 10-6 所示。原子的中心有一个带正电的**原子核**，它几乎集中了原子的全部质量，而电子则在核外空间绕核旋转。

按照这个结构，大多数α粒子都是穿入到原子核和电子之间的空间里，它们受到的库仑力很小，运动方向的改变就很小。只有极少数的α粒子会非常接近原子核，这时它们之间强烈的斥力就迫使α粒子发生较大的偏转甚至被弹回，如图 10-7 所示。

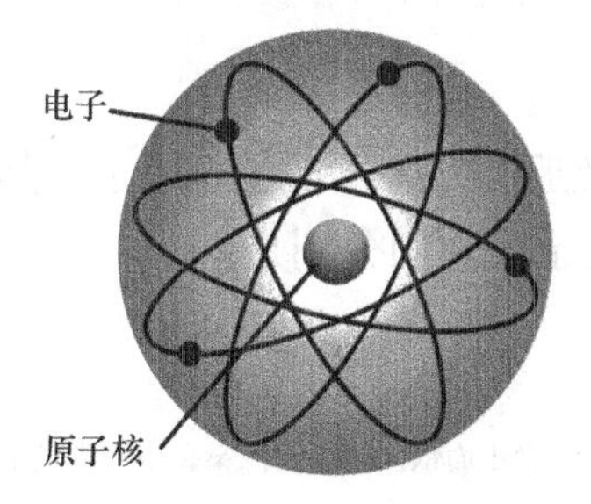

图 10-6 原子核式结构模型

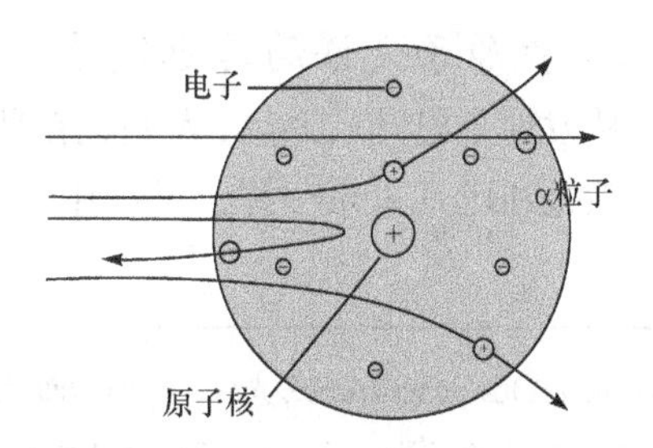

图 10-7 原子核式结构模型的α粒子散射

原子核几乎集中了原子的全部质量，但它的半径却非常小，原子半径大约是 10^{-10} m，而原子核的半径为 10^{-15}～10^{-14} m，仅相当于原子半径的万分之一。形象地说，假设原子像足球场那么宽阔，原子核的半径则只相当于一个硬币的大小。

二、原子光谱

早在人们清楚地了解原子结构之前，就已经发现某种原子的气体通电后可以发光，并产生固定不变的光谱①，这种光谱被称为原子光谱。原子光谱是了解原子性质最重要的直接证据。

（一）巴耳末系

图 10-8 为氢原子的明线光谱。在可见光范围内氢原子光谱有四条谱线，它们分别用符号 H_α、H_β、H_γ、H_δ 表示，这四条谱线的波长分别为 656.3 nm、486.1 nm、434.1 nm 和 410.2 nm。可见氢原子受激发后，只能发出几种特定波长的光，它的光谱是几条分立的亮线，就像间距不等的阶梯。

1885 年瑞士的巴耳末（Johann Jakob Balmer，1825-1898，图 10-9）发现这四条光谱的波长可用一个简单的数学公式表示，这个公式被称为巴耳末公式：

$$\frac{1}{\lambda}=R\left(\frac{1}{2^2}-\frac{1}{n^2}\right),\quad n=3,4,5,6,\cdots \tag{10.1}$$

式中的常数 R 称为**里德伯常量**，对于氢原子实验测得 R 的值为 $1.097\times10^7\ \text{m}^{-1}$。$n$ 大于 6 的符合巴耳末公式的光谱线，随后也被观测到了，可见这个公式确实反映了氢原子内的某种规律。人们把一系列符合巴耳末公式的光谱线通称为巴耳末系。

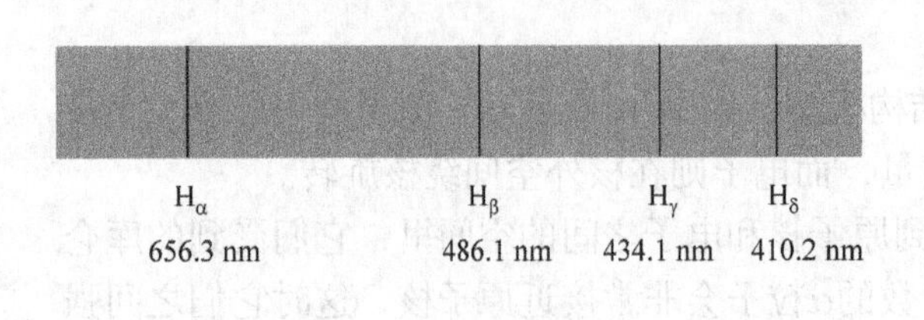

图 10-8 氢原子的明线光谱

图 10-9 巴耳末

（二）氢原子光谱的其他线系

自从发现了巴耳末系后，人们又在紫外区、红外区及近红外区发现了氢原子的其他线系，这些线系也和巴耳末系一样，可以用一个简单的公式表示。它们分别是：

① 光谱：是复色光经过色散系统分光后，被色散开的单色光按波长（或频率）大小而依次排列的图案，全称为光学频谱。有些光谱是连在一起的不同颜色的光带，称为连续光谱，如三棱镜对白光色散形成光谱。有些光谱是一条条分立的亮线，每条亮线称为谱线，这种光谱称为线状光谱。

莱曼系(在紫外区)：$\frac{1}{\lambda}=R\left(\frac{1}{1^2}-\frac{1}{n^2}\right)$，　$n=3,4,5,6,\cdots$

帕邢系(在近红外区)：$\frac{1}{\lambda}=R\left(\frac{1}{3^2}-\frac{1}{n^2}\right)$，　$n=3,4,5,6,\cdots$

布拉开系(在红外区)：$\frac{1}{\lambda}=R\left(\frac{1}{4^2}-\frac{1}{n^2}\right)$，　$n=3,4,5,6,\cdots$

普丰德系(在红外区)：$\frac{1}{\lambda}=R\left(\frac{1}{5^2}-\frac{1}{n^2}\right)$，　$n=3,4,5,6,\cdots$

这些线系可用一个统一的公式表示为

$$\frac{1}{\lambda}=R\left(\frac{1}{m^2}-\frac{1}{n^2}\right),\quad n=3,4,5,6,\cdots \tag{10.2}$$

式中的 m 和 n 均为正整数，且 $n>m$，此式称为广义巴耳末公式。此式也可表示为

$$\frac{1}{\lambda}=T(m)-T(n) \tag{10.3}$$

式中，$T(m)=\frac{R}{m^2}$，$T(n)=\frac{R}{n^2}$ 称为**光谱项**，氢原子光谱中谱线的波长的倒数可以表示为两光谱项之差。

（三）原子光谱

氢原子光谱只是众多原子光谱中最简单的一种，图 10-10 列出了氢、钠、汞和铜原子的光谱。

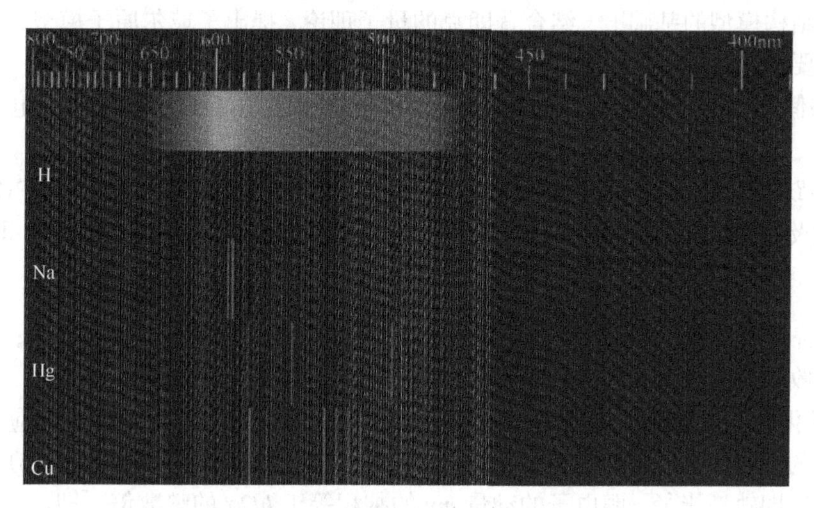

图 10-10　氢、钠、汞、铜原子的光谱

科学家观察了大量的原子光谱，发现每种原子都有自己特定的原子光谱，不同的原子及原子光谱均不相同，因而原子光谱被称为原子的指纹。我们可以通过对光谱的分析鉴别不同的原子，从而确定物体的化学组成，并发现新元素。和氢原子一样，其他原子谱线波长的倒数也可以表示为两个光谱项之差，所不同的是，它们的光谱项的形式要复杂一些。

三、玻尔原子理论

为什么氢原子发出的光谱不是连续的？形成原子光谱的原因又是什么呢？卢瑟福的原子核式结构的建立和氢原子光谱规律性的发现，都为丹麦物理学家玻尔(Niels Henrik David Bohr，1885-1962，图 10-11)提出玻尔原子模型奠定了基础。

图 10-11　授课中的玻尔

1913 年玻尔为了解释原子光谱为什么是由彼此分离的一条一条的亮线组成的，在卢瑟福原子核式结构模型的基础上，结合普朗克的量子理论，提出了玻尔原子模型，即玻尔原子理论，其主要内容是：

1. 定态假设　原子只能处于一系列不连续的能量状态，在这些状态中，电子虽然绕核做加速运动，但并不辐射电磁波，原子的能量是稳定的，这样的状态称为定态。

2. 能级跃迁　当原子从一种能量状态(能量为 E_n)跃迁[1]到另一种能量状态(能量为 E_k)时，辐射或吸收一定频率ν的光子，光子的能量 $h\nu$ 由两种定态的能量差决定，即

$$h\nu = |E_n - E_k| \tag{10.4}$$

式中，h 为普朗克常量，h=6.626 1×10^{-34}J·s。当 $E_n-E_k>0$ 时，原子辐射光子；当 $E_n-E_k<0$ 时，原子吸收光子。

3. 量子化条件　原子的不同能量状态与电子在不同轨道上绕核运动相对应。原子的能量是不连续的，因此电子的轨道也是不连续的，即量子化的。只有满足式(10.5)条件的轨道才是可能的，即轨道半径 r 跟电子的动量 mv 的乘积等于 $h/2\pi$ 的整数倍，即

$$mvr = n\frac{h}{2\pi} \tag{10.5}$$

式中，m 为电子的质量；n 是正整数，叫做轨道量子数；v 为电子的速度；h 为普朗克常量。

---

① 跃迁：原子从一个能级变化到另一个能级的过程。

四、原子的能级

由玻尔理论可知，电子在不同轨道上运动时，原子具有不同的能量，或者说原子处于不同的能量状态。我们把**原子所处的能量状态叫做能级**。在一般情况下，原子处于最低的能量状态，此时原子是最稳定的，原子核外的电子在离原子核最近的轨道上运动。原子处于最低的能量状态叫做**基态**。

可以计算出氢原子在各定态时，核外电子运动的轨道半径，如图 10-12 所示。当氢原子核外的电子在不同轨道上运动时，原子处于不同的定态，它的能量是稳定的，各定态的能量值是不同的。氢原子的能级如图 10-13 所示。

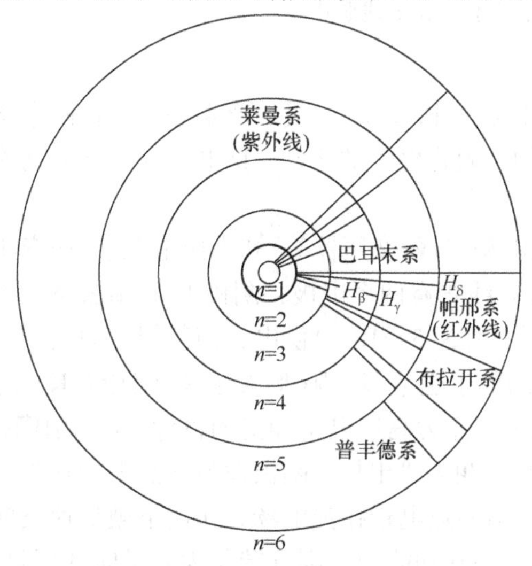

图 10-12 氢原子的轨道示意图

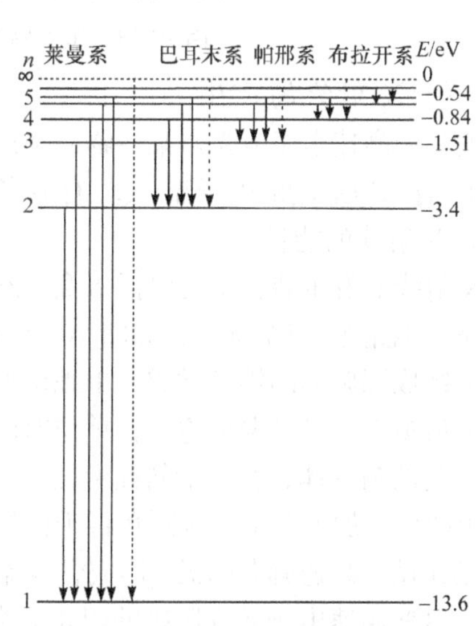

图 10-13 氢原子的能级图

如果原子受到外界的激发(如受到光的照射或加热时)，原子就吸收一定的能量(吸收的能量 $h\nu=\left|E_n-E_k\right|$，$\nu$ 是吸收的光子频率)，核外的电子就从离原子核较近的轨道跃迁到离原子核较远的轨道运动，即原子就从低能级跃迁到高能级。原子处于较高的能量状态叫做**激发态**。处于激发态的原子是不稳定的(原子在激发态停留的时间一般约为 10^{-8} s)，它容易自发地从较高能量的激发态跃迁回较低能量的激发态或基态，并将多余的能量以电磁波的形式辐射出来，辐射的电磁波的频率满足式(10.4)，即辐射的能量 $\left|E_n-E_k\right|=h\nu$，$\nu$ 是辐射的光子频率。

五、X 射 线

1895 年，德国物理学家伦琴(Wilhelm Röntgen，1845-1923，图 10-14)在用真空放电管研究阴极射线时，发现一种肉眼看不见、但可使荧光物质发出荧光、穿透能力很强的射线。这种射线不但可以穿透纸板、木板、衣服和厚书，还可以穿透手掌而将骨骼影像显示在涂有荧光物质的纸板上。由于当时尚不明了这种射线的性质和产生的原因，伦琴称它为 X 射线。X 射线的发现，对物质微观结构理论的深入研究和技术上的应用都具有十分重大的意义。X 射线被发现后不久就被成功地应用于放射治疗，现在已经是医学诊断和治疗疾病的主要手段之一，X 射线机也早已成为现代医学不可缺少的工具。

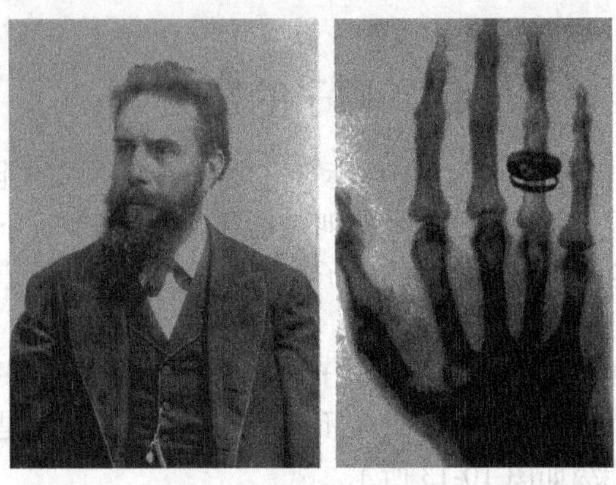

图 10-14 伦琴以及伦琴妻子的手骨 X 射线照片

(一)X 射线的产生

通常用高速电子流轰击某些物质来产生 X 射线。因此，X 射线的产生必须具备两个条件：① 有高速运动的电子流；② 有适当的障碍物来阻止电子的运动，把电子的一部分动能转变为 X 射线的能量。

X 射线的发生装置主要包括 X 射线管、低压电源(灯丝变压器等)和高压电源(升压变压器、整流电路等)三个部分，如图 10-15 所示。X 射线管有两个电极：阴极 K 和阳极 A。阴极由卷绕成螺旋形的钨丝做成，单独由低压电源(一般为 5～10 V)供电，使其炽热而发出电子。电流愈大，灯丝温度愈高，单位时间内发射的电子也愈多。阳极 A 正对着阴极 K，通常是铜制的圆柱体，在柱端斜面上嵌有一小块钨板，作为高速电子冲击的目标，叫做阳靶。阴、阳两极间加上几十千伏到几百千伏的直流高压，叫做管电压。阴极发射的热电子在强大的电场作用下高速奔向阳极，形成管电流。灯丝发出的热电子在强电场力作用下被加速飞向阳靶。这些高速电子受到阳靶的阻止而突然减速，将其动能的一部分转化为光子向外辐射，辐射出来的光子流就是 X 射线。

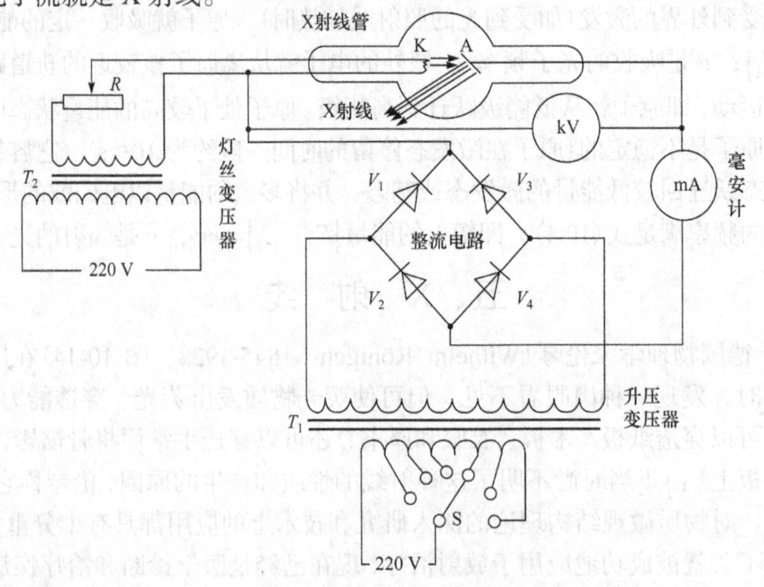

图 10-15 产生 X 射线的原理图

高速电子流轰击阳极时，仅有不到1%的电子动能转变为X射线，其余99%以上的电子动能都转变为热能，使得阳极温度急剧升高。因此，通常采用熔点高达 3370℃的钨板作为电子直接轰击的靶面，并把它嵌在导热性能好的铜制圆柱体中。X射线管如图10-16所示。

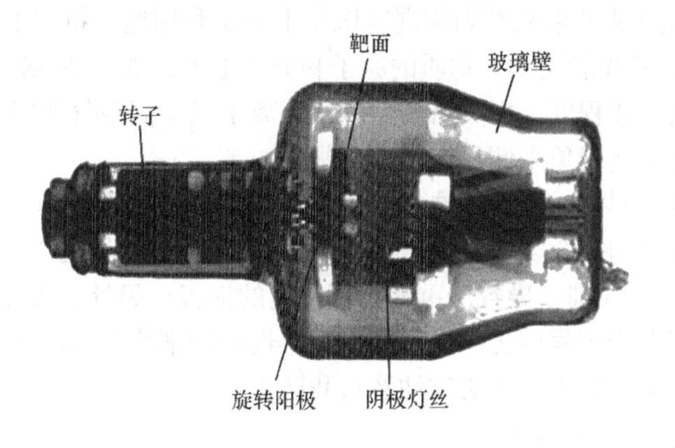

图10-16　X射线管

（二）X射线的性质

X射线是一种波长很短的电磁波，其波长范围为0.001～10nm。它以光的速度沿直线传播，具有光的一切特性，能发生反射、折射等现象。由于它的波长很短，光子能量大，除上述一般电磁波的共性外，还具有其本身的特性。

1. 贯穿本领　X 射线波长很短，具有很强的穿透力，能穿透可见光不能穿透的各种不同密度物质，对不同物质具有不同程度的贯穿本领。同一波长的 X 射线，对原子序数较低的元素所组成的物体，如空气、纸张、木材、水、肌肉组织等，它的贯穿本领较强，对原子序数较高的元素所组成的物体，如铅、骨骼等，它的贯穿本领较弱。此外，不同波长的 X 射线对同一物体的贯穿本领也不一样，波长越短，贯穿本领愈强。临床上常用“硬度”来表示X射线的贯穿本领，贯穿本领越强，我们就说这种X射线愈硬。在人体中这种贯穿性的差别，就是X射线透视或照相时构成各组织影像的基础。利用这一性质可进行X射线透视，用来诊断各种疾病。图10-17为肺部的X射线透视图像。

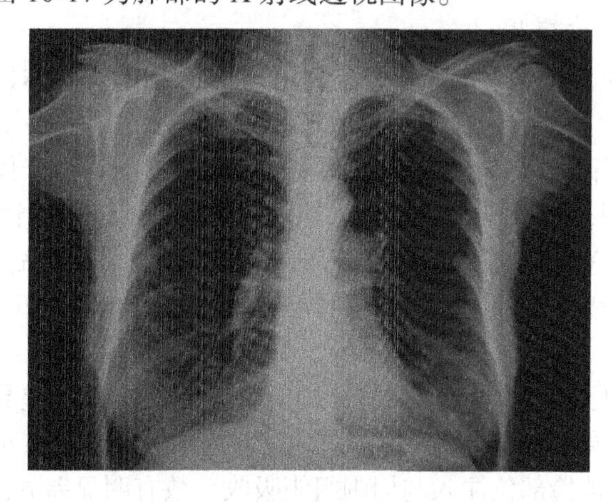

图10-17　肺部X射线透视图像

2. 荧光效应 被 X 射线照射的物质的原子和分子处于激发态，当它们回到基态时发出肉眼可见的荧光。有些激发态是亚稳态，在停止照射后，能在一段时间内继续发出荧光。

3. 光化学作用 X 射线能引起许多物质发生光化学反应，例如 X 射线能使照相底片感光，我们可利用其来记录 X 射线照射情况。医学上正是利用这一特性进行 X 射线摄影的。

4. 电离作用 X 射线能使一些物质的原子和分子电离，如在 X 射线照射下空气能够被电离而导电，空气的电离程度，即其所产生的正负离子量，同空气所吸收的 X 射线量成正比，所以可利用这种电离现象来测量 X 射线的强度。

5. 生物效应 X 射线透过机体时能损害机体组织细胞并抑制细胞生长，使细胞坏死。X 射线对机体损害的程度与吸收 X 射线量的多少有关。微量或少量的 X 射线对机体产生的影响不明显，过量的 X 射线则会导致严重的不可恢复的损害。另外，人体不同组织对 X 射线的敏感性不同，受到的损害程度也不一样，对敏感性高的细胞损害较大。当然 X 射线对正常细胞也有损害，因此放射工作者必须注意自我防护。

(三)X 射线的强度和硬度

X 射线应用于医疗实践时，为适应诊断和治疗的不同要求，就要选用不同的量和不同波长的 X 射线。为此，了解 X 射线的强度和硬度这两个物理量就十分必要。X 射线的强度和硬度可以通过加在 X 射线管上的管电压、管电流和照射时间来控制。

1. X 射线的强度 指单位时间内通过与 X 射线方向垂直的单位面积上的辐射能量。这是对 X 射线量的量度。

有两种办法可使 X 射线的强度发生变化：①改变管电流，使轰击阳靶的高速电子数目改变，从而改变产生的光电子数目 N。②改变管电压，可使每个光子的能量 $h\nu$ 改变，也会使 X 射线的强度发生改变。通常是在一定的管电压下，用管电流的毫安数(mA)来间接表示 X 射线的强度。在医学中常用 X 射线的强度与辐射时间的乘积来衡量该时间内通过与 X 射线方向垂直的单位面积的总能量，称为 X 射线的量，单位为 mA·s。

2. X 射线的硬度 指每个 X 射线光子的能量，反映了 X 射线的贯穿本领。X 射线管的管电压越高，电子速度越大，X 射线光子的能量也越大，穿透力越强，X 射线就越硬。因此，在医学上通常用管电压的千伏数(kV)来表示 X 射线的硬度，管电压越高，则 X 射线越硬。

(四)X 射线的医学应用

1. 诊断 X 射线应用于医学诊断主要是利用了 X 射线的贯穿本领、荧光效应和光化学效应。

(1)透视和照相。当强度均匀的 X 射线从受检部位通过时，由于体内组织器官的不同部位对 X 射线的吸收不同，从不同部位透过的 X 射线强度就不一样。让透过人体后的 X 射线投射到荧光屏上，屏上就会出现受检部位有明暗对比的影像，这叫做 X 射线透视术。如果让透过人体的 X 射线投射到照相胶片上，就可使胶片各处感光程度不一，因而可摄成照片，这叫做 X 射线照相术。

(2)人工造影。即人为地增大某些器官和周围对 X 射线吸收的差异，从而获得有较好对比度的影像的方法。如果体内某些器官和周围 X 射线的吸收相差甚小，则需要使用人工造影。这种方法主要是向被检部位注入与周围组织吸收系数有明显差异的物质。例如，服用硫酸钡，由于附在胃肠内壁上的钡对 X 射线有较强吸收，就可较清楚地显示出胃肠的影像。

2. 治疗 X射线主要用来治疗某些恶性肿瘤。它的工作机制是利用X射线对人体组织的电离作用，然后由此诱发出一系列生物效应。X射线被生物组织吸收后，引起的生物效应之一是组织损伤和细胞死亡。与静止期的细胞相比，处于生长分裂期的细胞对X射线的这种破坏作用更为敏感。恶性肿瘤正是分裂活动旺盛的细胞，因此恰当地利用这种敏感性的差异，采用X射线治疗，可收到一定的效果。

（五）X射线的防护

X射线对机体具有生物作用，当照射剂量在允许范围以内时，不致对人体造成损伤。但过量的照射或个别机体的敏感，都会产生积累性反应，导致器官组织的损伤及生物功能的障碍。因此，在利用X射线进行诊断或治疗时，都必须注意加强防护。

1. X射线防护的基本要点 照射时间、与X射线源的距离和屏蔽防护，是防护X射线对人体损害的三个基本要点。

2. X射线防护的基本措施 通常用的防护物质有铅、铜、铝等金属和混凝土、砖等。铅的原子序数较高，对X射线有较大的吸收作用，且加工容易，造价低廉，故X射线管套、遮线器、荧光屏、手套、眼镜、围裙等都用不同厚度的铅或含有一定成分的铅橡皮、铅玻璃作防护。混凝土作为X射线室四周墙壁的建筑材料，在一定厚度下，完全可以达到对室外防护的目的。掺有钡剂的混凝土，其防护效能会大大提高。

知识链接

X-CT成像原理简介

X-CT即X射线计算机断层成像。普通X射线透视和照相是X射线穿过某一部位各层不同密度和厚度组织结构后的总和投影，显示的是人体组织结构互相重叠的平面像，使诊断受到一定的限制和影响。X-CT影像的形成与普通X射线摄影相比，存在着本质的不同。CT扫描机是将X射线高度准直后，围绕患者身体某一部位作横断层扫描，用灵敏的探测器接收透过的X射线，用计算机计算出该层面各点的X射线吸收系数值，再由图像显示器将不同的数据用不同的灰度等级显示出来，即得到该层面的解剖结构图像。可见，CT扫描机仅从人体某一较薄的断层面中采集建立影像所必需的信息，从根本上排除了影像重叠，使密度分辨力大大提高。普通X射线摄影仅能测出5%～7%的密度差异，而CT可探测到人体组织0.5%的密度变化，可以明显地分辨出X射线吸收系数相差很小的软组织和水。由于CT是由断层投影重建图像，所以利用计算机的各种软件功能进行图像处理，可以明显改善图像的对比度，便于观察细节。此外，还可由横断面的图像资料合成其他面的图像，并能把病变轮廓突出出来。可见，CT是一种图像好，而又无创伤、无痛苦、无危险的诊断方法。

X-CT图像是由一定数目由黑到白不同灰度的小方块所组成，每一小方块是组成图像的最小单位，称为像素。像素越小、越多，则图像越细致越清楚。像素的大小与多少因X-CT装置而异。X-CT技术是可应用于肝、脾、胰腺、肾、心脏、大脑等器官疾病的特殊诊断方法，尤其对识别良性或恶性、原发性或继发性肿瘤，具有较高的确诊价值，是临床诊断疾病的重要仪器之一。

知识巩固1

1. ＿＿＿＿＿＿被称为原子的指纹，我们可以通过对它的分析鉴别不同的原子，从而确定物体的化学组成，并发现新元素。

2. 电子在不同轨道上运动时，原子处于不同的能量状态。我们把原子所处的能量状态叫做________。

3.（单选）原子的核式结构模型是由（　　）提出的。

A. 汤姆孙　　B. 密立根　　C. 卢瑟福　　D. 巴耳末

4.（单选）玻尔原子理论的主要内容有以下三点，但不包括（　　）。

A. 定态假设　　B. 能级跃迁　　C. 粒子数反转　　D. 量子化条件

5.（单选）处于激发态的原子是不稳定的，它容易自发地从较高能量的激发态跃迁回较低能量的激发态或基态，并将多余的能量以（　　）的形式辐射出来。

A. 电磁波　　B. 红外线　　C. 紫外线　　D. X 射线

第 2 节　原子核的放射性

我们已经知道，原子核的直径只有原子直径的万分之一，这是否就是最小的物体呢？在这小小的原子核内部，会不会仍然有着复杂的结构？对这些问题的研究，是从天然放射现象的发现开始的。

一、原子核的组成

（一）天然放射性

1896 年，法国物理学家贝克勒尔发现，铀和含铀的矿物都能够发出看不见的射线。这种射线可以使包在黑纸里的照相底片感光。物体放射出射线的性质叫做放射性。具有放射性的元素叫**放射性元素**。在贝克勒尔的建议下，居里夫妇（图 10-18）对铀和各种含铀的矿石进行了深入的研究，并且发现了两种放射性更强的新元素，即钋（Po）和镭（Ra）。

图 10-18　工作中的居里夫妇

放射性并不是少数几种元素才有的。研究发现，原子序数大于 83 的所有元素都有放射性，原子序数小于等于 83 的元素，有的也具有放射性。这些能自发地放射出射线的元素叫做**天然放射性元素**。放射性的发现揭示了原子核结构的复杂性，从而促进了人类对微观结构更深入的认识。经过百余年来不断的探索，对原子核的研究日益成熟，使开发利用原子能成为现实。

（二）原子核的组成

1. 质子和中子 我们已经知道，原子核是原子的一个组成部分，它带有正电荷，集中了整个原子绝大部分质量，体积却很小，半径为 10^{-15}～10^{-14} m。自 1919 年英国物理学家卢瑟福发现质子，1932 年英国物理学家查德威克从原子核中发现中子以后，人们认识到**原子核是由质子和中子组成的**（图 10-19）。质子就是氢原子核，用 p 表示，它所带的正电荷数与电子所带负电荷数相等，质量是 $1.672\ 6\times10^{-27}$kg，中子是不带电的中性粒子，用 n 表示，质量是 $1.674\ 9\times10^{-27}$kg。质子和中子统称为**核子**。不同元素的原子核所含有的质子数和中子数是不相同的。例如，氢原子核就是一个质子，不含有中子，而铅原子核中却含有 82 个质子和 125 个中子。

2. 原子核的电荷数 原子核所带正电荷的电量是电子电量 e 的绝对值的整数倍，即为 Ze。整数 Z 叫做该原子核的电荷数，也就是该元素在元素周期表中的原子序数。

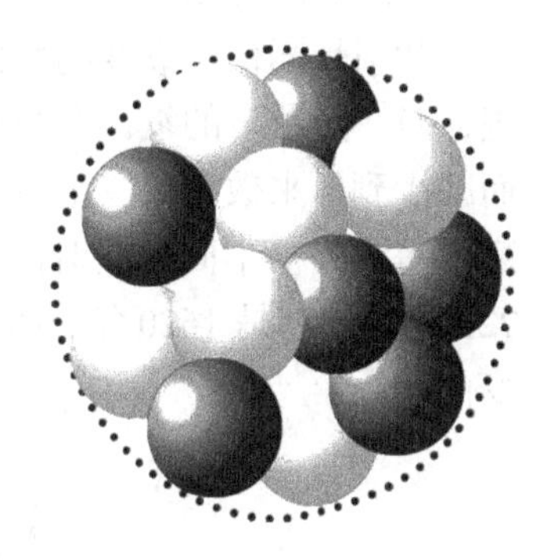

图 10-19 原子核示意图

3. 原子核的质量数 原子核的体积只占整个原子体积的极少部分，但几乎集中了原子的全部质量，其质量数用 A 表示。质量数实际上就是核内质子数和中子数的总和，若用 Z 表示核内质子数，用 N 表示中子数，则有 $A=N+Z$。

4. 同位素 在原子物理学中，把具有相同质子数 Z 和相同中子数 N 的一类原子，也就是具有相同原子序数 Z 和质量数 A 的一类原子称为一种**核素**。通常用 ${}^{A}_{Z}X$ 这种形式来表示某种核素及其内部组成，其中 X 代表某种核素，上标 A 表示核的质量数（核子总数），下标 Z 表示质子数（正电荷数，也是原子序数）。例如，${}^{235}_{92}U$ 代表铀原子核，${}^{4}_{2}He$ 代表氦原子核等。

目前已知的元素有百余种，而核素却有上千种之多，因此一种元素可以包含着多种核素，我们把**具有相同质子数 Z，不同中子数 N，在元素周期表中处于同一位置的元素叫做同位素。同位素有放射性的称为放射性同位素**，没有放射性的则称为稳定同位素。大多数的天然元素都是由几种同位素组成的混合物，稳定同位素有 300 多种，而放射性同位素竟达 1500 种以上。同一种元素的同位素虽然质量数不同，但所带正电荷数（原子序数）相同，在元素周期表中的位置相同，化学性质也相同。

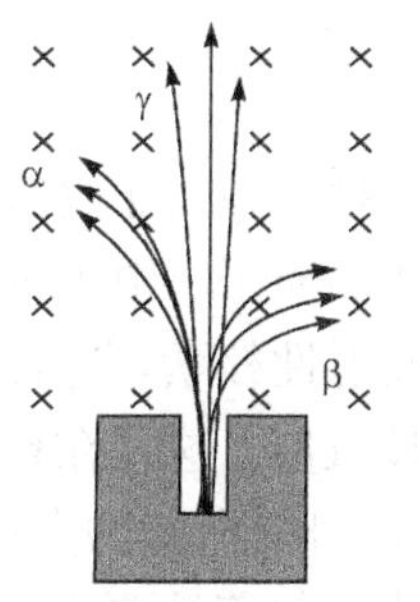

图 10-20 三种射线在电场中的偏转

二、放射性同位素的衰变

（一）三种放射线

放射性同位素放出的射线通常有三种：α射线、β 射线和 γ 射线。在磁场的作用下，α射线和 β 射线发生不同方向的偏转，γ 射线在磁场中不发生偏转，如图 10-20 所示。α射线带正电，是具有很高速度的氦（${}^{4}_{2}He$）原子核所组成的粒子流；β射线带负电，是一束高速飞行的电子流；而γ射线是一种不带电的中性光子流。γ射线是波长比X射线更短的电磁波。

（二）原子核的衰变

当放射性同位素自发地放射出α射线、β射线、γ射线后就转变为另一种核素。放射性原子核自发地发出射线而转变成另一种原子核的现象叫做**放射性原子核衰变**。放射性衰变的实质就是核素的转变。例如，铀238的原子核释放出一个α粒子后，核的质量数减少2，成为新核，这个新核就是钍234原子核，这个过程就是α衰变。衰变中产生的钍234也具有放射性，它能放出一个β粒子后变成镤234，这个过程就是β衰变。

在上述两个衰变过程中，衰变前的质量数之和等于衰变后的质量数之和；衰变前的电荷数之和也都等于衰变后的电荷数之和。大量的观察表明，原子核发生衰变时，电荷数和质量数总是守恒的。

（三）半衰期

放射性同位素衰变的快慢有一定的规律。例如，氡222经过α衰变变成钋218。观察发现，对一定数量的氡，大约每隔3.8天就有一半的氡发生了衰变。我们把原子核数量因衰变而减少到原来数量的一半所经过的时间称为**半衰期**，记做T。半衰期越大，表明放射性元素衰变得越慢。不同的放射性元素，半衰期不同，甚至差别非常大。例如，镭226衰变为氡222的半衰期是1620年，铀238衰变为钍234的半衰期长达4.5×10^9年。图10-21为氡的衰变曲线。

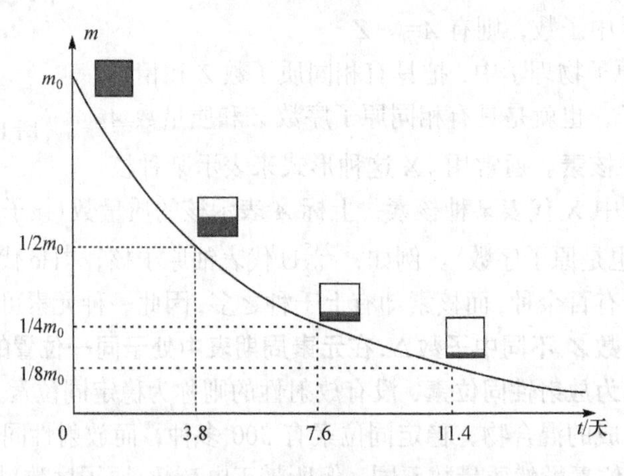

图10-21　氡的衰变曲线

（四）人工放射性

放射性核素可以通过放出射线自发衰变，产生新的放射性核素。对于一些非放射性的稳定核素，可以通过人工的方法，利用一些高能的微观粒子，如α粒子、质子、中子等去轰击它们的原子核，迫使其核结构发生变化，实现人工衰变，产生新的放射性核素。这种用人工方法使一种原子核转变为另一种新的原子核产生衰变的过程，叫做核反应。这种在自然界中不存在，而通过人工方法来产生放射性核素的被称为人工放射性。在目前所知的大约2000种核素中，绝大多数是人工放射性核素。它们在科学研究和生产实践中起着重要作用，例如常用的γ放射源钴60以及甲状腺治疗中使用的碘131等。

知识链接

碳14测年技术

自然界中的碳主要是碳12，也有少量碳14。碳14是高层大气中的碳12原子核在太阳射来的高能粒子流的作用下产生的。碳14具有放射性，能够自发地进行β衰变，半衰期为5730年。碳14原子不断产生又不断衰变，达到动态平衡，因此它在大气中的含量相当稳定。大约每10^{12}个碳原子中就有一个碳14。活的植物通过光合作用和呼吸作用与环境交换碳元素，体内碳14的比例与大气中的相同。植物枯死后遗体内的碳14仍在衰变，不断减少，但不能得到补充。因此，根据放射性强度减小的情况，就可以推算出植物死亡的时间。

例如，要推断一块古木的年代，可以先把古木加温，取1 g碳的样品，再利用粒子计数器进行测量。如果测得样品每分钟衰变的次数正好是现代植物所剩样品的一半，表明这块古木经过了碳14的一个半衰期，即5730年。如果测得每分钟衰变的次数是其他值，也可以根据半衰期计算出古木的年代。

在考古工作中，一种文物年代的确定也可以用碳14这种方法，当然也要多方面比较对照。例如，我国考古人员用碳14对长沙马王堆一号汉墓的外椁盖板杉木进行测量。结果表明，该墓距今2130±95年，再通过历史文献考证，该墓主人生活在西汉早期，应在2100年前，两者符合得很好。

三、放射性的应用与防护

(一)放射性同位素的应用

工业部门可以使用射线来测量厚度。例如，轧钢厂的热轧机可以安装射线测厚仪。仪器探测到的γ射线强度与钢板的厚度有关，钢板越厚，透过的射线就越弱。因此，将射线测厚仪接收到的信号输入计算机，就可以对钢板的厚度进行自动测量，如图10-22所示。

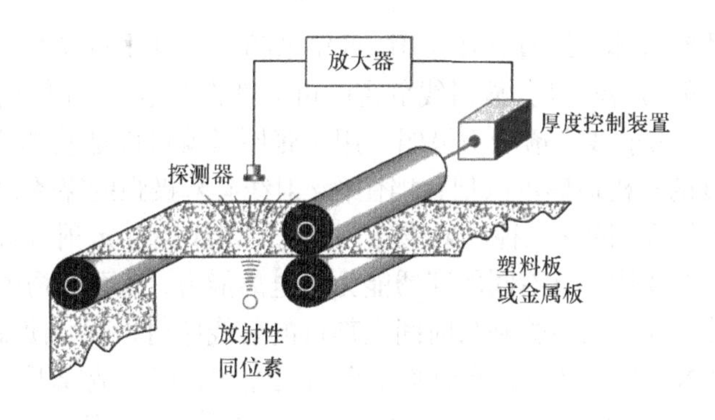

图10-22　射线测厚装置

在医疗方面，患有癌症的病人可以接受钴60的放射治疗(图10-23)。人体组织对射线的耐受力不同，细胞分裂越快的组织，对射线的耐受力就越弱。像癌细胞那样不断迅速繁殖的无法控制的细胞组织在射线照射下破坏得比健康细胞更快。

利用γ射线照射种子，使种子的遗传基因发生变化，经过筛选可以培育出优良品种。用γ射线照射食品，可以杀死使食品腐败的细菌，抑制蔬菜发芽，延长保存期。

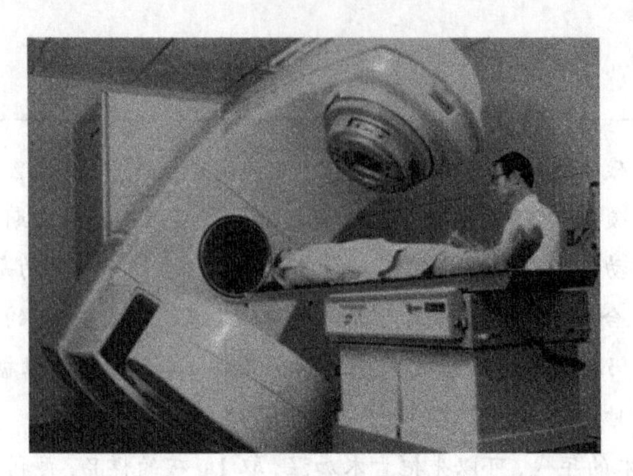

图 10-23 钴 60 放射治疗

一种放射性元素的原子核，跟这种元素其他同位素的原子核具有相同数量的质子，因此核外电子的数量也相同。由此可知，一种元素的各种同位素都有相同的化学性质。这样可以用放射性同位素代替非放射性同位素来制成各种化合物。这种化合物的原子跟通常化合物一样参与所有的化学反应，但却带有放射性标记可以用仪器探测出来，这种原子就是示踪原子。

人体甲状腺的工作需要碘，碘被吸收后聚集在甲状腺内。给人注射碘的放射性同位素碘 131，然后定时用探测器测量甲状腺及临近组织的放射强度，有助于诊断甲状腺疾病。近年来有关生物大分子的结构及其功能的研究，几乎都要借助于示踪原子。

（二）辐射与安全

人类一直生活在放射性的环境中，地球上每个角落都有来自宇宙的射线。例如，我们周围的岩石，其中也有放射性物质；我们的食物和日常生活用品中有的也具有放射性；在体检时还会做 X 射线透视，这更是剂量比较大的照射。不过这些辐射的强度都在安全剂量之内，对我们没有伤害。

然而过量的射线对人体组织有破坏作用。近年来随着放射性同位素及射线装置在工农业、医疗、科研等各个领域的广泛应用，放射线危害的可能性也在增大。在使用放射性同位素时，必须注意安全。例如，α射线穿透能力最弱，用一张厚纸就可以把它挡住；β 射线穿透能力强一些，用一定厚度的有机玻璃可以把它挡住；γ 射线有着极强的穿透力，用铅板才可以把它挡住，如图 10-24 所示。除这三种放射线外，常见的射线还有 X 射线和中子射线。这些射线各具特点的能量，对物体具有不同的穿透能力和电离能力，从而使物体或机体发生一些物理、化学、生化变化。如果人体受到长时间大剂量的射线照射，就会使细胞、组织、器官受到损伤，破坏人体 DNA 分子结构，有时甚至会引发癌症，或者造成下一代遗传上的缺陷。过度照射时，人常常会出现头痛、四肢无力、贫血等多种症状，甚至死亡。

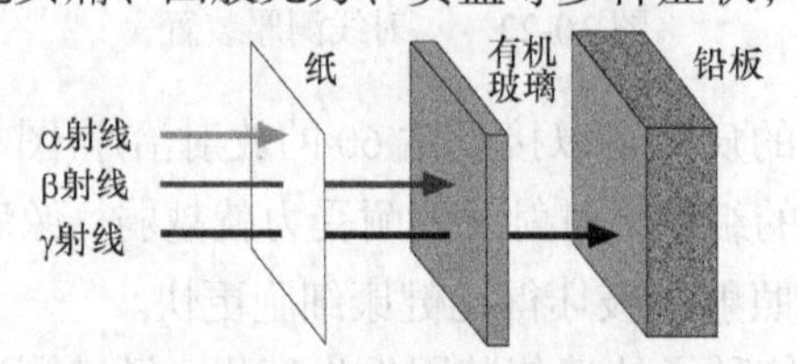

图 10-24 三种射线的穿透能力

辐射防护的基本方法有时间防护，距离防护，屏蔽防护。要防止放射性物质对水源、空气、用具、工作场所的污染。要防止射线过多的长时间的照射人体。

知识巩固 2

1. 能自发地放射出射线的元素叫做___________。

2. 具有相同质子数 Z，不同中子数 N，在元素周期表中处于同一位置的元素叫做___________。

3. 放射性原子核自发地发出射线而转变成另一种原子核的现象叫做___________。

4. (单选)原子核是(　　)。

A. 由电子和中子组成　　B. 由正负电子组成

C. 由中子和质子组成　　D. 由电子和质子组成

5. (单选)α射线是(　　)。

A. 电子流　　B. 中子流　　C. 光子流　　D. 氦核流

6. (单选)原子核发生衰变时，电荷数和质量数(　　)。

A. 总是增多的　　B. 总是守恒的

C. 总是减少的　　D. 可能增多也可能减少

7. 简述放射性对正常人体有哪些损害?

第3节　核能与核技术

中子和质子构成原子核，这样的模型提出以后有一个问题当时未能得到解释。在原子核那样狭小的空间里，带正电的质子为什么能挤在一起，而不因为相互排斥而飞散?

一、核　　力

20 世纪初，人们只知道自然界存在着两种力：万有引力和电磁力。对于带电粒子，在相同的距离上这两种力的强度差别很大。电磁力要比万有引力强 10^{35} 倍。基于这两种力的性质，原子核中的质子要靠自身的万有引力来抗衡相互间作用的库仑力是不可能的，质子之间的强烈静电斥力作用只能使原子核解体。核物理学家猜想，原子核里的核子之间有第三种相互作用存在，即存在一种能够把核子紧紧地束缚在核内，形成稳定的原子核的力。核子之间这种强大的力就是核力。

长期以来人们虽然进行了各方面的探索和研究，但是核力问题仍然是有待进一步认识的基本问题。不过从已经获得的有关核力的大量资料和知识中，我们还能够勾画出核力的主要面貌。

1. 核力是短程力　实践证明，只有当核子之间的距离等于或小于 10^{-15} m 数量级时核力才表现出来。可见核力的作用半径比原子核的线度还要小，故为短程力。核力在距离大于 0.8×10^{-15} m 时表现为吸引力，且随距离增大而减小；在距离超过 1.5×10^{-15} m 时，核力急剧下降，几乎消失；而在距离小于 0.8×10^{-15} m 时，核力表现为斥力，因此，核子不会融合在一起。

2. 核力具有饱和性　即每个核子只跟邻近的核子发生核力作用。这种性质称为核力的饱和性。短程性和饱和性是核力最重要的特性。

3. 核力是强相互作用的一种表现　核力的强度必须足以克服质子之间的静电斥力，而把它们紧密地束缚在一起。事实表明，核力的作用强度比电磁力的强度约大100倍。

二、结合能

（一）质量亏损

原子核的稳定性与它的结合能密切相关。如果原子核 ${}_{Z}^{A}X$ 的质量为 m_x，其中包含了 Z 个质子和 $(A-Z)$ 个中子，它们的质量分别是 Zm_p 和 $(A-Z)m_n$，那么实验表明 $m_x \neq Zm_p+(A-Z)m_n$，这就是所谓"$1+1\neq 2$"。实验结果表明，原子核的质量 m_x 总小于它所包含的质子质量和中子质量之和。这告诉我们，核子结合成原子核，质量减少了，所减少的质量称为**质量亏损**。

（二）结合能

我们已经知道原子核中的核子是依靠核力的作用紧密地结合在一起，显然要把它们分开，外界必须克服核力而做功；反之，独立的核子要结合成原子核，必须要释放出一定量的能量。这部分能量与先前为拆散它们外界对其所做的功是相等的。孤立核子组成原子核时所放出的能量，就称为原子核的**结合能**。根据爱因斯坦著名的质能公式 $E=mc^2$，可以将原子核的结合能表示为

$$B(Z,A)=\left[Zm_p+(A-Z)m_n-m_x\right]c^2 \tag{10.6}$$

原子核的结合能越大，核子之间的结合就越牢固，原子核就越稳定。为了比较不同原子核的稳定程度，我们引入核子**平均结合能**，定义为原子核的结合能与原子核内所包含的总核子数之比，即

$$\varepsilon=\frac{B}{A} \tag{10.7}$$

核子的平均结合能也称为比结合能。核子的平均结合能越大，原子核就越稳定。图10-25画出了核子的平均结合能 ε 随质量数 A 的变化，此图称为核的结合能图。可以看出，较轻的核和较重的核的平均结合能较小，稳定性较差，而中等质量的核的平均结合能较大，所以最稳定。可以设想，如果将结合能小的核转变为结合能大的核，核子的平均结合能会增加，即核子将发生新的质量亏损，释放新的结合能。

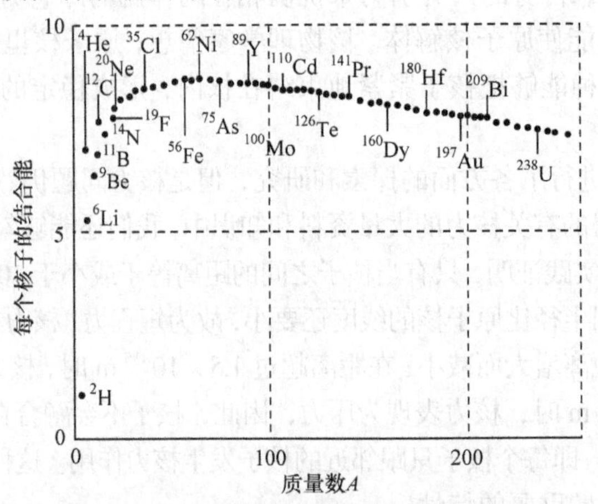

图10-25　核子的结合能随质量数的变化

三、重核的裂变

(一)核裂变

1938 年，科学家们在用中子轰击铀核试验中发现，铀核被轰击后分裂成两块中等质量的新核，同时释放出 2～3 个中子，并伴随着约 200 MeV 的能量产生。科学家借用细胞分裂的生物学名词，把这类核反应定名为**核裂变**，如图 10-26 所示。

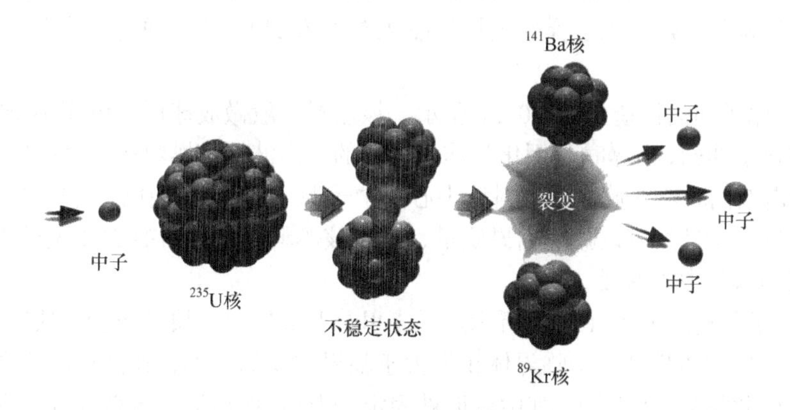

图 10-26　核裂变示意图

铀核裂变的产物是多样的，一种裂变是产生钡(Ba)和氪(Kr)，同时释放出 3 个中子，核反应方程是

$$^{235}_{92}\mathrm{U}+^{1}_{0}\mathrm{n}\longrightarrow ^{144}_{56}\mathrm{Ba}+^{89}_{36}\mathrm{Kr}+3^{1}_{0}\mathrm{n}$$

另一种裂变是产生氙(Xe)和锶(Sr)，同时释放 2 个中子，核反应方程是

$$^{235}_{92}\mathrm{U}+^{1}_{0}\mathrm{n}\longrightarrow ^{140}_{54}\mathrm{Xe}+^{94}_{38}\mathrm{Sr}+2^{1}_{0}\mathrm{n}$$

铀 235 裂变中释放出的中子数目有多有少，中子的速度有快有慢，这些中子继续与其他的铀 235 核发生反应，再引起新的裂变，这样就能使核裂变反应不断地进行下去。这种由重核裂变产生的中子使裂变反应一代接一代继续下去的过程，叫做核裂变的**链式反应**，如图 10-27 所示。

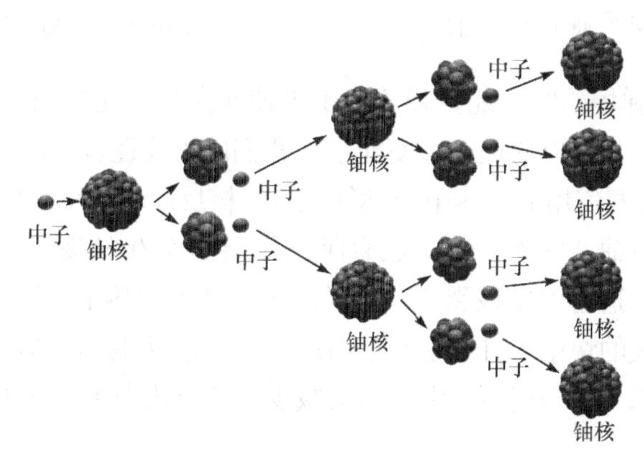

图 10-27　链式反应示意图

铀块的大小是链式反应能否进行的重要因素。原子核的体积非常小，原子内部的空隙很大，如果铀块不够大，中子在铀块中通过时就有可能碰不到铀核而跑到铀块外面去，链式反应不能继续。只有当铀块足够大时，裂变产生的中子才有足够的概率打中某个铀核，使链式反应进行下去。通常把裂变物质能够发生链式反应的最小体积叫做它的**临界体积**，相应的质量叫做**临界质量**。

（二）原子弹与核电站

1. 原子弹 原子弹就是利用重核裂变的链式反应制成的，在极短的时间内能够释放大量的核能，发生剧烈爆炸。原子弹的燃料是铀 235 或钚 239。原子弹的结构有“内爆式”和“枪式”两种。

“内爆式”原子弹的构造如图 10-28 所示。核燃料一般做成球形，体积小于临界体积。它的外部安放化学炸药，引爆时利用化学炸药爆炸的冲击波将核燃料压缩至高密度的超临界状态，聚心冲击波同时压缩放在核燃料球中心的中子源，使它释放中子，引起核燃料的链式反应。为了降低中子逃逸率以减小临界质量，节省核燃料，四周用铀 238 做成中子反射层，使逸出燃料区的部分中子返回。

“枪式”原子弹构造如图 10-29 所示。弹壳里分开放置着一块球形和一块圆柱形的高浓度铀 235。每一块的体积都小于临界体积而大于临界体积的一半，在储存时不会发生爆炸。这两块铀 235 彼此隔开一段距离，其中球形被固定，圆柱形的后面安装普通炸药和引爆装置。当普通炸药爆炸时，两块铀压在一起，形成一个整块，其体积超过临界体积，立即发生链式反应而爆炸。

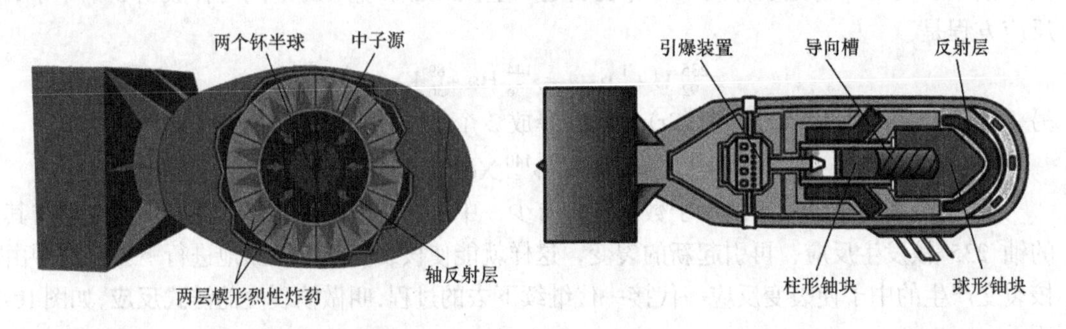

图 10-28 “内爆式”原子弹示意图

图 10-29 “枪式”原子弹示意图

2. 核电站 原子弹爆炸时，能量释放过于迅速而激烈，无法用于和平目的，因此人们制成核反应堆来控制链式反应的速度，使能量按我们的需要逐步释放。

图 10-30 是当前普遍使用的“热中子(慢中子)”核反应堆的示意图。实际上，中子的速度不能太快，否则会与铀 235 原子核“擦肩而过”，不能发生核裂变。实验证明，速度与热运动速度相当的中子最适合引发核裂变。这样的中子就是“热中子”，或叫慢中子。但是，裂变产生的是速度很大的快中子，因此要设法使中子减速。为此，在铀棒周围要放“慢化剂”。快中子跟慢化剂中的原子核碰撞后，中子能量减少，变成热中子。常用的慢化剂有石墨、重水和普通水。

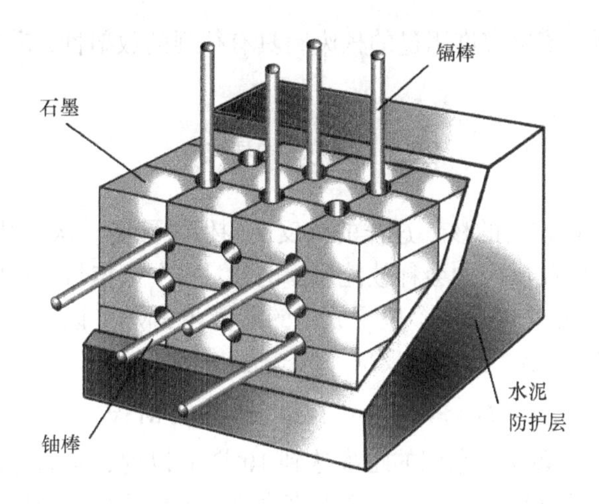

图 10-30 “热中子(慢中子)”核反应堆示意图

为了调节中子数目以控制反应速度，还需要在铀棒间插进一些镉棒。镉吸收中子的能力很强。当反应剧烈时，将镉棒插入深一些，让它多吸收一些中子，链式的反应速度就会变慢。这种镉棒叫做控制棒。

核燃料裂变释放的能量使反应区温度升高。水或液态的金属钠等流体在反应堆内外循环流动，把反应堆内的热量传输出去用于发电，同时也使反应堆冷却。反应堆放出的热使水变成蒸汽，这些高温高压的蒸汽推动汽轮发电机发电。这一部分的工作原理跟火力发电站相同，如图 10-31 所示。

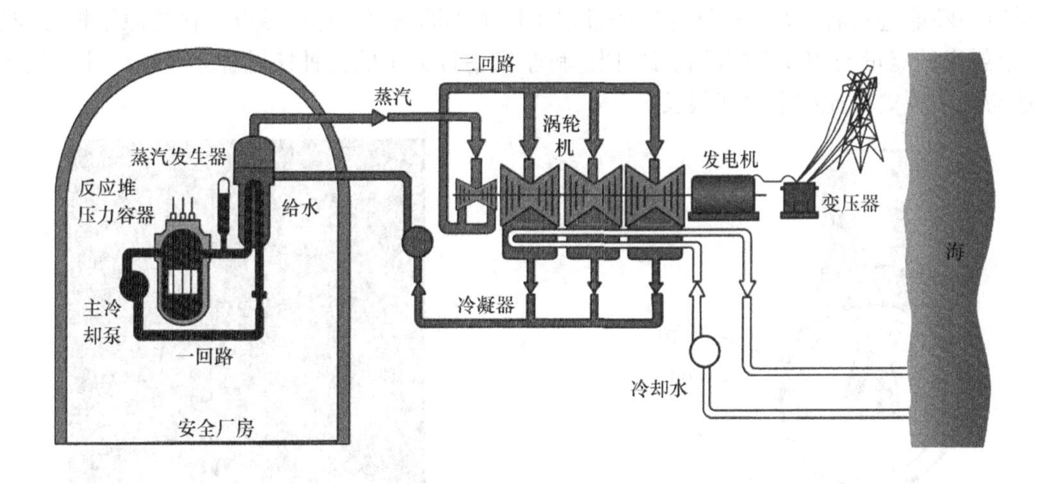

图 10-31 核电站的工作流程

在核电站中只要“烧”掉一支铅笔那么多的燃料，释放的能量就相当于 10 吨标准煤完全燃烧释放的热。目前核电技术已经成熟，在经济效益方面也跟火力发电不相上下。当下核能发电也超过世界总发电量的 1/6。

建造核电站时需要特别注意防止射线对人体的伤害，还要防止放射性物质对水源、空气和工作场所造成的放射性污染。为此，在反应堆的外面需要修建很厚的水泥层用来屏蔽裂变产物放射出的各种射线。核反应堆用过的核废料具有很强的放射性，需要装入特制的容器深埋地下。

四、轻核的聚变

两个轻核结合成质量较大的核，这样的核反应叫做**核聚变**。从比结合能的图线中看出，聚变后比结合能增加，因此反应中会释放能量。例如，一个氘核与一个氚核结合成一个氦核时，释放 17.6 MeV 的能量，平均每个核子放出的能量在 3 MeV 以上，比裂变反应中平均每个核子放出的能量大 3～4 倍。这时核反应方程式是

$$ {}_{1}^{2}\mathrm{H} + {}_{1}^{3}\mathrm{H} \longrightarrow {}_{2}^{4}\mathrm{He} + {}_{0}^{1}\mathrm{n} + 17.6\ \mathrm{MeV} $$

要使轻核发生聚变，必须使它们的距离达到 10^{-15} m 以内，核力才能起作用。由于原子核都带正电，要使它们接近到这种程度，必须克服巨大的库仑力，即原子核要有很大的动能才会撞在一起。有一种方法就是把它们加热到很高的温度，当物质的温度达到几百万开尔文时，剧烈的热运动使得一部分原子核具有足够的动能可以克服库仑力，碰撞时十分接近，发生聚变。因此，聚变又叫热核反应。热核反应一旦发生就不再需要外界给它能量，靠自身产生的热就会使反应继续下去。

目前热核反应主要用在核武器上，就是氢弹。氢弹的原理如图 10-32 所示。首先由普通炸药引爆原子弹，再由原子弹爆炸产生的高温高压引发热核爆炸。

实际上热核反应在宇宙中时时刻刻进行着。太阳就是一个巨大的热核反应堆(图 10-33)。太阳的主要成分是氢。太阳的中心温度高达 1.5×10^{7} K。在这样的高温下，氢核聚变成氦核的反应不断地进行着。太阳在核燃烧的过程中体重不断减轻，它每秒有 7 亿吨原子核参与反应，辐射出的能量与 400 万吨的物质相当。科学家估计太阳的这种核燃烧还能维持几十亿年，当然与人类历史相比这个时间很长。

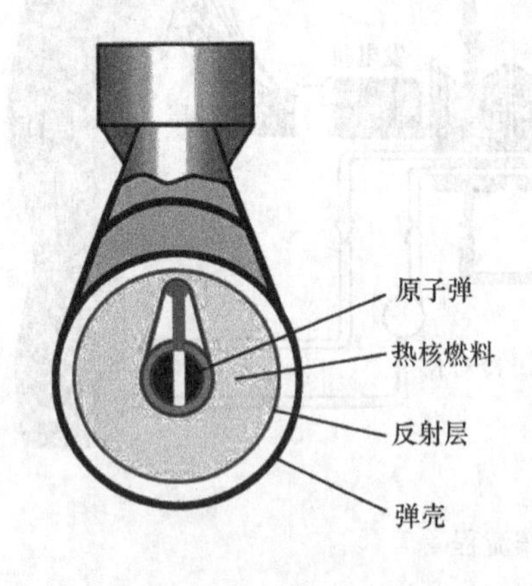

图 10-32 氢弹原理图

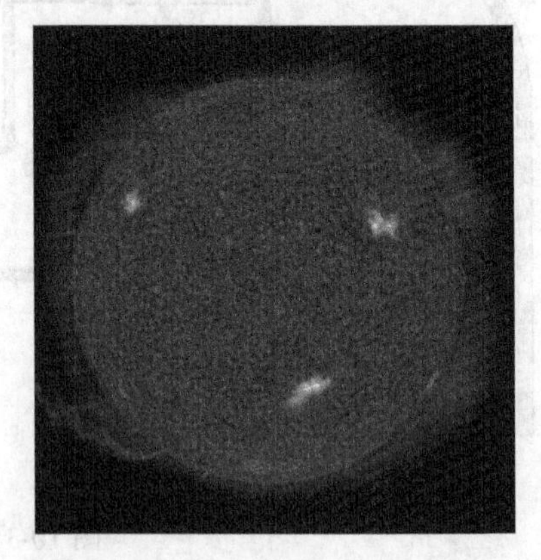

图 10-33 太阳的巨大能量来源于核聚变

知识巩固 3

1. 原子核的质量总小于它所包含的质子和中子的质量之和，这说明核子结合成原子核

后质量减少了，减少的质量称为___________。

2. 孤立核子组成原子核时所放出的能量称为原子核的___________。

3. 质量较小的原子核结合成质量较大的核，这样的核反应叫做___________。

4. (单选)核力是短程力，只有当核子之间的距离等于或小于(　　)数量级时核力才表现出来。

A. 10^{-8} m　　B. 10^{-10} m　　C. 10^{-15} m　　D. 10^{-18} m

5. (单选)原子核的结合能与原子核内所包含的总核子数之比叫做核子的平均结合能，也称为比结合能。平均结合能越大，原子核(　　)。

A. 越稳定　　B. 越不稳定　　C. 越容易产生衰变　　D. 无法确定其稳定性

6. (单选)核电站是对原子核(　　)产生的巨大能量的一种和平利用。

A. 放射性　　B. 裂变　　C. 热核反应　　D. 聚变

7. 收集资料，简述目前我国核电发展的现状。

小　结

1. 汤姆孙发现了电子，并证明电子是带负电的。又通过之后的研究证明了电子是原子的组成部分，是比原子更小的物质单元。

2. 卢瑟福通过α粒子散射实验提出了原子核式结构模型。

3. 玻尔原子理论的主要内容是：原子只能处于一系列不连续的能量状态，在这些状态中，当原子从一种能量状态跃迁到另一种能量状态时，辐射或吸收一定频率的光子；原子的不同能量状态与电子在不同的轨道上绕核运动相对应。原子的能量是不连续的，因此电子的轨道也是不连续的，即量子化的。

4. X射线是一种波长很短的电磁波，它具有光的一切特性，还具有贯穿本领、荧光效应、光化学作用、电离作用和生物效应等，在医学领域应用广泛。

5. 原子核由质子和中子组成，把具有相同质子数 Z，不同中子数 N，在元素周期表中处于同一位置的元素叫做同位素。

6. 放射性原子核自发地发出射线转变成另一种原子核的现象叫做放射性原子核衰变。原子核数量因衰变而减少到原来数量的一半所经过的时间称为半衰期。

7. 核子之间存在一种能够把核子紧紧地束缚在核内，形成稳定的原子核的力即核力。孤立核子组成原子核时所放出的能量，称为原子核的结合能。

8. 重核裂变成中等质量的核或轻核聚变成中等质量的核时会释放巨大的结合能，即我们所说的核能。核能可应用于军事，也可在和平方面得到利用。

一、填空题

1. 在考古工作中，常利用测量___________的半衰期来判断文物的年代。

2. 人体组织对射线的耐受力不同。细胞分裂___________的组织，对射线的耐受力就越弱。

3. X 射线除了具有电磁波的一般性质之外，还具有___________特性。

4. X 射线的产生，必须具备的两个条件是：___________。

5. 质量数较大的原子核被轰击后分裂成两块中等质量的新核，同时释放出一定数量的中子，并伴随着巨大的能量产生，这类核反应称为___________。

二、选择题(单选)

1. 氢原子从高能级跃迁到低能级时产生的光谱，在可见光范围内有(　　)条谱线。

A. 1　　B. 2

C. 3　　D. 4

2. β 射线是(　　)。

A. 电子流　　B. 中子流

C. 光子流　　D. 氦核流

3. $^{235}_{92}$U 核中有(　　)。

A. 92 个质子，143 个中子

B. 143 个质子，92 个中子

C. 235 个质子，92 个中子

D. 92 个质子，235 个中子

4. 10 kg 氡和 2 kg 氡的半衰期(　　)。

A. 10 kg 氡的半衰期是 2 kg 氡的半衰期的 5 倍

B. 10 kg 氡的半衰期是 2 kg 氡的半衰期的 1/5

C. 10 kg 氡的半衰期和 2 kg 氡的半衰期相同

D. 10 kg 氡的半衰期是 2 kg 氡的半衰期的 2.5 倍

5. 原子弹是利用原子核(　　)产生的巨大能量而制成的大规模杀伤性武器。

A. 放射性　　B. 裂变

C. 热核反应　　D. 聚变

三、简答题

1. X 射线在医学领域有哪些应用?

2. 放射性在哪些领域得到应用?

学 生 实 验

实验误差和有效数字

物理实验可以检验科学假说、认定客观事实、寻求数量关系、发现未知现象，是人类探索认识自然规律的重要实践活动。通过实验可以训练学生掌握实验技能，遵守操作规范，提高动手能力。

实验的过程中要进行数据的采集和处理，测量的结果不可能绝对准确。测量值跟被测物理量的真实值之间总会有差异，这种差异叫做误差。明确误差的产生原因，及时修正和减少误差，可提高实验数据的准确度。

一、实 验 误 差

（一）误差的产生

1. 系统误差　由于仪器缺陷、测量技术或实验方法不够完善等原因，测量值总是偏大或偏小，这种误差叫系统误差。例如，停表测时间时，若停表不准确，即慢了，则测得的时间间隔总是偏小。这种误差的特点是有规律性的，当测量条件不变时，其数值恒定，可以修正。

2. 偶然误差　由偶然因素所造成的误差，有随机性的特点。如果我们对一些物理量只进行一次测量，其值可能比真值大也可能比真值小，这完全是偶然的。由于产生偶然误差的原因无法控制，所以偶然误差总是存在，通过多次测量取平均值可以减小偶然误差。

（二）误差的表示

1. 绝对误差　待测物理量的真实大小叫做真值。测量值 N 与真值 A 之差的绝对值即为**绝对误差**。用公式表示：

$$\Delta N = |N - A| \qquad \text{（实验 1.1）}$$

绝对误差能确切地表示测量结果偏离真值的实际大小。

2. 相对误差　绝对误差与被测量真值之比，乘以 100% 所得的数值，称为**相对误差**。用公式表示：

$$E = \frac{\Delta N}{A} \times 100\% \qquad \text{（实验 1.2）}$$

相对误差比绝对误差更能反映测量的可信程度。

二、有 效 数 字

设备能给出的最小测量单位称为该仪器的精度。根据最小刻度线直接读出的数是准确数，亦称可靠数字。通常待测量的值往往不恰好是最小刻度的整数倍，而是在最小刻度线之间，需凭肉眼加以估计。这一估计数尽管不够准确，但还有参考价值，不能舍去。由一位估计数与若干位准确数组成的测量结果中的每一位数字都是有效的，故总称为**有效数字**。

用米尺测量圆柱体的直径，由于米尺的精确度只能估计到分度值(1 mm)的十分之一，需要估读到毫米数的下一位。某同学读出的数值为 21.1 mm，显然末位数 1 是估读的，不可靠，圆柱体的直径的真实值应该在 21 mm 和 22 mm 之间，但这个估读数还是有用的，它表示真实值离 21 mm 更近一些。21.1 mm 是三位有效数字，改写成 2.11 cm 或 0.0211 m 仍然是三位有效数字。

实验1　长度的测量

【实验目的】

(1)了解游标卡尺的结构和用途。

(2)学会游标卡尺的使用方法。

(3)了解游标卡尺的测量及读数原理，学会用游标卡尺测量物体的长度和外径。

(4)锻炼测量长度的基本技能和处理数据的能力。

【实验仪器】

游标卡尺(50 分度)、圆柱形铅笔。

【实验内容与步骤】

(一)认识游标卡尺

游标卡尺常用于工业制造中的长度测量，可以直接用来测量精度较高的工件的长度、内径、外径以及深度等。

如实验图 1-1 所示，它主要由两部分组成，即主尺和游标尺。主尺一般以毫米为单位，而游标上则有 10 个、20 个或 50 个分格，根据分格的不同可分为 10 分度、20 分度、50 分度游标卡尺，对应的精度分别为 0.1 mm、0.05 mm、0.02 mm。

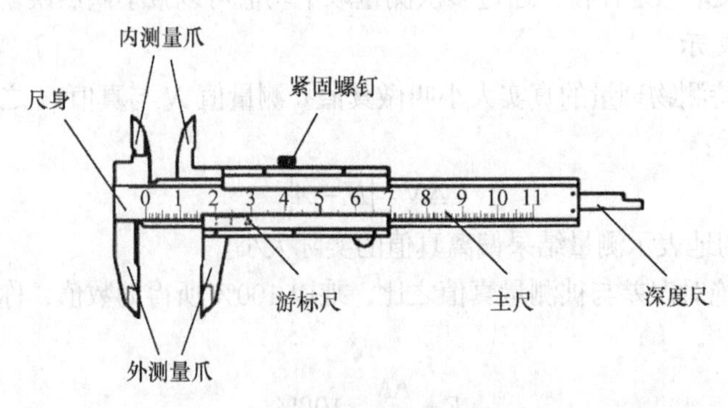

实验图 1-1　游标卡尺

如果将主尺上的 9 mm 等分 10 份作为游标尺的刻度，那么游标尺上的每一刻度与主尺上的每一刻度所表示的长度之差就是 0.1 mm。同理，如果将主尺上的 19 mm、49 mm 分别等分 20 份、50 份作为游标尺上的 20 刻度、50 刻度，那么游标尺上的每一刻度与主尺上的每一刻度所示的长度之差就分别为 0.05 mm、0.02 mm，因此游标卡尺的测量精度可达 0.1 mm、0.05 mm、0.02 mm。

（二）游标卡尺的读数方法

以测量精度为 0.02 mm 的精密游标卡尺为例，读数方法可分三步；

（1）根据游标尺零线以左的主尺上的最近刻度读出整毫米数；

（2）根据游标尺零线以右与主尺上的刻度对准的刻线数乘上 0.02 读出小数；

（3）将上面整数和小数两部分加起来，即为总尺寸。

如实验图 1-2 所示，游标尺 0 线所对主尺前面的刻度 2 mm，游标尺 0 线后的第 21 条线与主尺的刻线对齐。游标尺 0 线后的第 21 条线表示：$21\times0.02=0.42\,(\text{mm})$。

所以被测工件的尺寸为：$2+0.42=2.42\,(\text{mm})$。

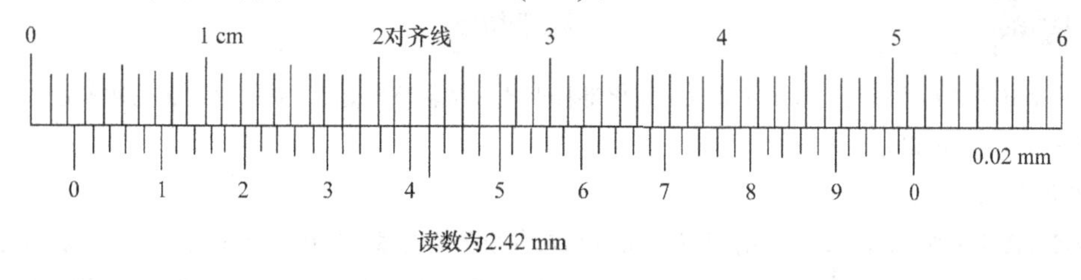

实验图 1-2　游标卡尺读数

（三）实验步骤

⑴ 熟悉游标卡尺的结构，注意握姿，查看其精度，并检查零点有无误差，将误差记录在实验表 1-1 中。

⑵ 用游标卡尺的外侧脚测量铅笔的长度，每次测量后让铅笔绕轴转过约 45°，再测量下一次，重复四次，将测得数据填入实验表 1-1 中。

⑶ 用游标卡尺的外侧脚测量铅笔的直径 D，共测量四次，将数据填入实验表 1-1 中。测量时先在铅笔的一端测量相互垂直的两个方向上的直径，再在铅笔的另一端测量相互垂直的两个方向上的直径。

⑷ 处理表格中的数据：计算四次测量长度的平均值和四次测量直径的平均值。

实验表 1-1　用游标卡尺测量铅笔的长度和直径

卡尺精度：　　　　　　　　　　　　误差：

测量次数	长度/mm	直径/mm
1		
2		
3		
4		

【注意事项】

⑴ 测量之前应检查游标卡尺的零点读数，看主尺与游标尺的零刻度线是否对齐，若没有对齐，须记下零点读数，以便对测量值进行修正。

⑵ 卡住被测物时，松紧要适当，不要用力过大，注意保护游标卡尺的刀口。

(3) 多次测量时要调整位置。例如，用游标卡尺测量铅笔的长度时，每次测量后让铅笔绕轴转过一定角度，再测量下一次；测量圆筒内径时，要调整刀口位置，以使测出的是直径而不是弦长。

(4) 读数时应使视线与尺垂直，避免产生人为误差。

(5) 在主尺读数时一定要读游标零刻度线左边最近的主尺刻度线的值。

【练习使用游标卡尺】

(1) 使用游标卡尺测量笔帽的内径、外径及深度。

(2) 测量课本中一张纸的厚度。

知识链接

螺旋测微器

螺旋测微器又称千分尺、螺旋测微仪，是比游标卡尺更精密的测量长度的工具，用它测长度可以准确到 0.01 mm，测量范围为几厘米。

1. 螺旋测微器的结构

如实验图 1-3 所示，图上 F 为测微螺杆，它的活动部分加工成螺距为 0.5 mm 的螺杆，当它在固定套管 B 的螺套中转动一周时，螺杆将前进或后退 0.5 mm，螺套周边有 50 个分格。大于 0.5 mm 的部分由主尺上直接读出，不足 0.5 mm 的部分由活动套管周边的刻线测量。

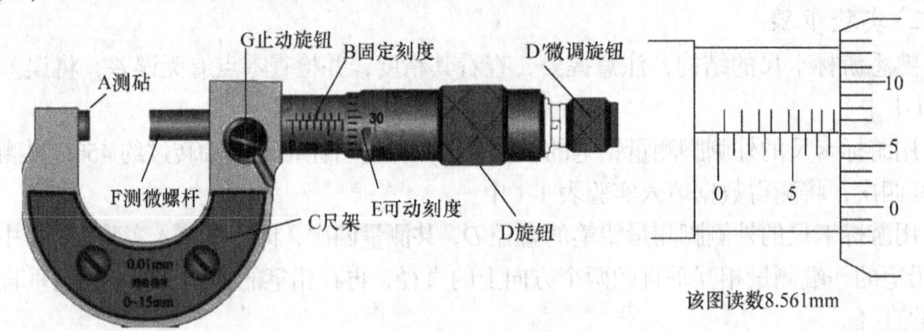

实验图 1-3 螺旋测微器

2. 螺旋测微器的读数方法

用螺旋测微器测量长度时，读数分为两步：

(1) 从活动套管的前沿在固定套管的位置读出主尺数(注意 0.5 mm 的短线是否露出)。

(2) 从固定套管上的横线所对活动套管上的分格数读出不到一圈的小数，二者相加就是测量值。

3. 螺旋测微器工作原理

螺旋测微器是依据螺旋放大的原理制成的，即螺杆在螺母中旋转一周，螺杆便沿着旋转轴线方向前进或后退一个螺距的距离。因此，沿轴线方向移动的微小距离，就能用圆周上的读数表示出来。

4. 使用螺旋测微器的注意事项

(1) 测量时，注意要在测微螺杆快靠近被测物体时停止使用旋钮，而改用微调旋钮，避免产生过大的压力，既可使测量结果精确，又能保护螺旋测微器。

(2) 在读数时，要注意固定刻度尺上表示半毫米的刻线是否已经露出。

(3) 读数时，千分位有一位估读数字，不能随便扔掉，即使固定刻度的零点正好与可动刻度的某一刻度线对齐，千分位上也应读取为“0”，即要有一位估计数字。

(4)当测砧和测微螺杆并拢时，可动刻度的零点与固定刻度的零点不相重合，将出现零误差，应加以修正，即在最后测长度的读数上去掉零误差的数值。

实验 2　测运动物体的速度和加速度

【实验目的】

(1)练习使用打点计时器，学会用打上点的纸带研究物体的运动。

(2)学习用打点计时器测定瞬时速度和加速度。

(3)掌握判断物体是否做匀变速直线运动的方法。

【实验仪器】

打点计时器、纸带、复写纸片、低压交流电源、小车、细绳、一端附有定滑轮的长木板、刻度尺、钩码、导线。

【实验内容与步骤】

(一)熟悉打点计时器

打点计时器是一种使用交流电的计时仪器，它每隔 0.02 s 打一次点，因此纸带上的点就表示和纸带相连的运动物体在不同时刻的位置，研究纸带上点之间的间隔，就可以了解物体运动的情况。实验图 2-1(a)和(b)分别是电磁打点计时器和电火花打点计时器。我们以电磁打点计时器为例进行实验。

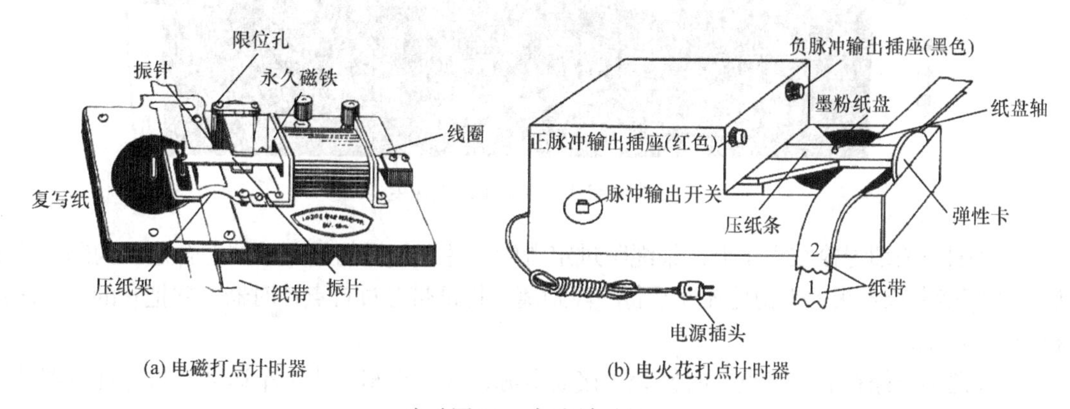

(a) 电磁打点计时器　　(b) 电火花打点计时器

实验图 2-1　打点计时器

(二)实验原理

设物体做匀加速直线运动，加速度是a，在各个连续相等的时间t里的位移分别是s_1，s_2，s_3，…，如实验图 2-2 所示。

1. 测定物体的瞬时速度　由纸带可以测量出s_1的值，可求出在这一段位移上的平均速度。如果我们不要求很精确，用这个平均速度粗略地代表 0 点的瞬时速度v_0，把包含 0 点在内的间隔取得小一些，例如取 2~3 个时间间隔，那么根据两点间的位移和时间，算出纸带在这两点间的平均速度来代表纸带在 0 点时的瞬时速度，就会更准确。同理，可以求出物体在不同位置时的速度。

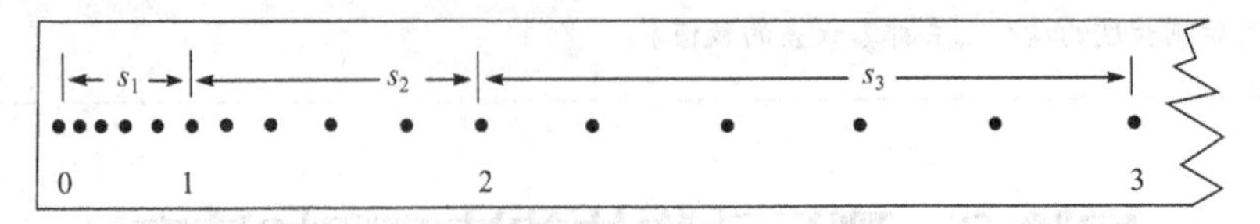

实验图 2-2 测小车的速度和加速度

2. 用逐差法求加速度 由 $s = v_0t + \frac{1}{2}at^2$ 得 $s_1 = v_0t + \frac{1}{2}at^2$，$s_2 = v_1t + \frac{1}{2}at^2$。又因为 $v_1 = v_0 + at$，所以 $\Delta s = s_2 - s_1 = s_3 - s_2 = \cdots = at^2$。

同理有 $s_4 - s_1 = s_5 - s_2 = s_6 - s_3 = 3at^2$，由此可求出 $a_1 = \frac{s_4 - s_1}{3t^2}$，$a_2 = \frac{s_5 - s_2}{3t^2}$，$a_3 = \frac{s_6 - s_3}{3t^2}$，…再求出 a_1, a_2, a_3，…的平均值，也就是我们要测定的匀变速直线运动的加速度。

（三）实验步骤

(1)如实验图 2-3 所示，把一端附有定滑轮的长木板平放在实验桌上，并使滑轮伸出桌面，把打点计时器固定在长木板上没有滑轮的一端，连接好电路。

实验图 2-3 测小车的加速度

(2)把一条细绳拴在小车上，细绳跨过定滑轮，并在细绳的另一端挂上合适的钩码，放手后，小车能在长木板上平稳地加速滑行一段距离。把纸带穿过打点计时器，并把它的一端固定在小车的后面。

(3)把小车停在靠近打点计时器处，接通电源，放开小车，让小车运动，打点计时器就在纸带上打下了一系列的点。取下纸带，换上新纸带，重复实验 3 次。

(4)从几条纸带中选择一条比较理想的，舍掉开始比较密集的点，确定好计数开始点，标明记数点 0，在第 6 点下面标明记数点 1，在第 11 点下面标明记数点 2，等等。如实验图 2-2 所示，两个相邻记数点间的时间间隔为 t=0.02 s×5=0.1 s，距离分别是 s_1，s_2，s_3，…。

自己设计表格，测出 6 段位移 s_1，s_2，s_3，…，s_6 的长度，用逐差法求出加速度，最后求其平均值。也可以求出物体在经过不同位置时的速度。

【注意事项】

(1)小车的加速度应适当大一些，以能在纸带上长约为 50 cm 的范围内清楚地取 7～8 个计数点为宜。

(2)要防止钩码落地、小车与滑轮相撞，打完点后及时断开电源。

(3)每打好一条纸带，将定位轴上的复写纸换个位置，以保证打的点清楚。

(4)应区别打点计时器打的点与人为选取的计数点(每 5 个点选取一个计数点)。选取的计数点不少于 6 个。

(5)不要分段测量位移，应尽可能一次测量完毕，即统一测量各计数点到起点的距离。读数时应估读出毫米的下一位。

实验 3　牛顿第二定律的研究

【实验目的】

(1)学习气垫导轨和数字毫秒计的正确使用。

(2)验证加速度与作用力、质量的关系。

(3)学会用控制变量的方法研究物理规律。

【实验仪器】

气垫导轨、气源、电脑计时器、滑块、挡光板、砝码、天平等。

【实验内容与步骤】

如实验图 3-1 所示，气垫导轨是一种阻力极小的力学实验装置，它利用气源将压缩空气打入导轨内腔，空气再由导轨表面上的小孔中喷出，在导轨表面与滑行器内表面之间形成很薄的气垫层，并将滑块浮起，与轨面脱离接触，因而能在轨面上做近似无阻力的直线运动，极大地减小了以往在力学实验中由摩擦力引起的误差。

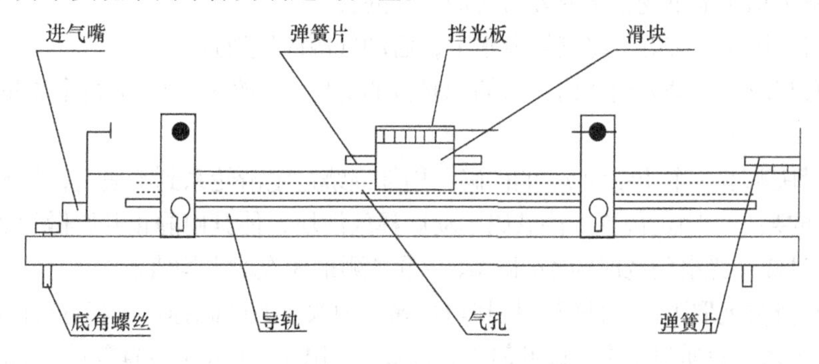

实验图 3-1　气垫导轨装置图

1. 实验内容

在滑块上装一与滑块运动方向严格平行、宽度为 ΔL 的挡光板，当滑块经过设在某位置上的光电门时，遮光时间的长短与滑块通过光电门的速度成反比，测出挡光板的宽度 ΔL 和遮光时间 Δt ，则滑块通过光电门的平均速度为

$$v=\frac{\Delta L}{\Delta t} \tag{实验 3.1}$$

若ΔL很小，则在ΔL范围内滑块的速度变化也很小，故可以把平均速度看成是滑块经过光电门的瞬时速度。ΔL越小，则平均速度越准确地反映该位置上滑块的瞬时速度。

若滑块在水平方向受一恒力作用，滑块将做匀加速直线运动，分别测出滑块通过相距S的2个光电门的始末速度v_1和v_2，则滑块的加速度为

$$a=\frac{v_2^2-v_1^2}{2S} \quad \text{（实验 3.2）}$$

A

B

C

实验图 3-2 验证实验装置

如实验图3-2所示，水平气轨上质量为M的滑块A，用细绳通过轻滑轮B与砝码C相连，忽略摩擦力，不计线的质量，对于滑块A，根据牛顿第二定律有

$$T=Ma \quad \text{（实验 3.3）}$$

式中，T为绳子的张力，对于质量为m的砝码，根据牛顿第二定律有

$$mg-T=ma \quad \text{（实验 3.4）}$$

由式（实验3.3）和式（实验3.4）得

$$mg=(M+m)a=M_{总}a \quad \text{（实验 3.5）}$$

式（实验3.5）表明，当系统总质量保持不变时，加速度与合外力成正比；当合外力保持恒定时，加速度与系统总质量成正比。若实验证明了式（实验3.5）成立，亦即验证了牛顿第二定律：$F=ma$

2. 实验步骤

（1）保持系统总质量不变，研究外力与加速度的关系。

① 将仪器、设备安装好，将气轨调水平，启动气源向气轨送气。

② 在装有与滑块运动方向严格平行的挡光板的滑块上，放3个砝码（每个质量为m），则此时滑块质量为$M+3m$。

③ 先从滑块取下一个质量为m的砝码，用细绳绕过定滑轮系到滑块上，将滑块置于远离滑轮的另一端的某一个固定位置，待砝码不动后释放滑块，使其由静止开始做匀加速运动，分别记下滑块经过2个光电门的时间Δt_1和Δt_2，重复测量3次取平均值。

④ 继续从滑块上取下一个砝码，将其与步骤③中取下的砝码挂在一起（这样既改变了力的大小，又保证了系统总质量不变，即此时$M_1=2m$）。由同一个固定位置释放，测出滑块经过2个光电门的时间Δt_1和Δt_2。同样重复测量3次取平均值。

⑤ 继续从滑块上取下一个砝码放入砝码盘中，此时$M_2=3m$，重复上述步骤，记录测量数据。

将各步骤中测得数据填入实验表3-1中。

（2）保持外力不变，研究系统质量与加速度的关系。

① 重新检查导轨，使之为水平状态。在滑块上放置3块相同铁块（每块质量为b），则此时滑块质量为$M+3b$。

② 将砝码绕过定滑轮系到滑块上，用实验步骤(1)的方法测出滑块通过2个光电门的时间，重复3次。

③ 每次从滑块上取走一块铁块，测量对应于不同质量的系统时滑块经过2个光电门的时间，各重复3次，将数据填入实验表3-2中。

【实验数据记录与分析】

通过分析实验表3-1和实验表3-2实验数据，可得到结论：$F=ma$，验证了牛顿第二定律。

实验表3-1　外力与加速度关系的测量数据

ΔL=________cm　　S=________cm

系统总质量	砝码质量	合外力 F	Δt_1	Δt_2	v_1	v_2	a
M+3 m	m	mg					
M+3 m	2 m	2 mg					
M+3 m	3 m	3 mg					

实验表3-2　质量与加速度关系的测量数据

ΔL=________cm　　S=________cm

系统总质量	砝码质量	合外力 F	Δt_1	Δt_2	v_1	v_2	a
M+3b	m	mg					
M+2b	m	mg					
M+b	m	mg					

【注意事项】

(1)导轨使用前，需用丝绸蘸酒精将导轨表面和滑块内表面清洗干净，防止小孔堵塞。

(2)导轨轨面和滑块内表面均经过精细研磨加工，高度吻合，配套使用，不得任意更换。

(3)使用中注意保护好导轨轨面和滑块内表面，防止划伤。安放光电门时，应防止光电门支架倾倒而损坏导轨脊梁。导轨未通气时，不得将滑块放在导轨上来回滑动。调整或更换挡光板时，应将滑块从导轨上取下。实验完毕，先将滑块从导轨上取下，再关闭气源。

实验4　气体压强的测量

【实验目的】

(1)学习使用大气压强计和U形管压强计测量气体压强的方法。

(2)练习使用大气压强计和U形管压强计测量容器中气体的压强。

【实验仪器】

福廷式气压计(公用)、U形管压强计、烧瓶、水槽、温度计、冷水、热水、橡皮塞。

【实验原理】

(1)当在U形管压强计的玻璃管中注入一定量的水银时，由于其两侧都与大气相通，即压强

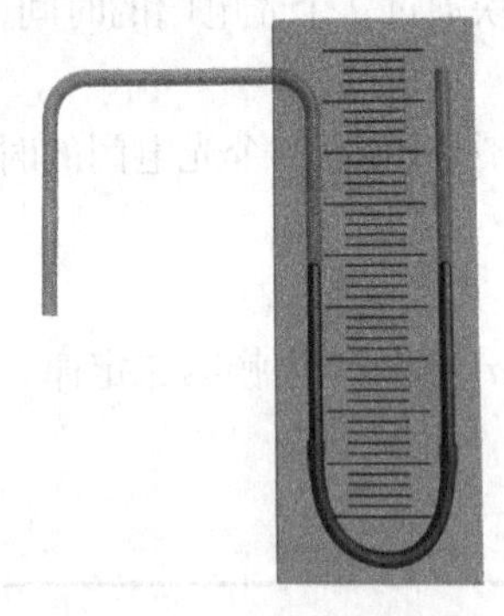
实验图 4-1 U 形管压强计

都是大气压强 P_0，因此 U 形管两侧的水银柱是等高的，如实验图 4-1 所示。

(2) 将压强计左侧的玻璃管通过一个橡皮塞与一个容器相连，容器中的空气就被封闭。若容器中气体的压强 P 大于大气压强 P_0，则左侧管中的水银柱就比右侧管中的水银柱低，如实验图 4-2 所示。量出两个水银柱的高度差 h，并用 P_h 表示高度为 h 的水银柱产生的压强，那么，容器中气体的压强为 $P=P_0+P_h$。

(3) 若容器中气体的压强 P 小于大气压强 P_0，则左侧管中的水银柱就会比右侧管中的水银柱高，如实验图 4-3 所示。量出两个水银柱的高度差 h，仍用 P_h 表示高度为 h 的水银柱产生的压强，则容器中气体的压强为 $P=P_0-P_h$。

实验图 4-2 U 形管压强计 ($P>P_0$)

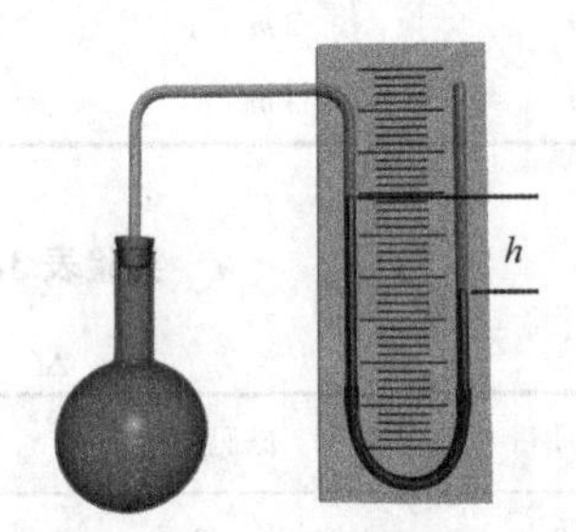

实验图 4-3 U 形管压强计 ($P<P_0$)

【实验内容与步骤】

(1) 调节实验室中福廷式水银气压计，如实验图 4-4 所示。读出此时的大气压强 P_0，将数据换算成 SI 单位填到实验表 4-1 中(1 mmHg=133.3 Pa)。

(2) 把烧瓶放入盛有冷水的水槽中，使其大部浸入冷水中，如实验图 4-5 所示。将温度计放入水中，等待 3 min，使被封闭的空气与冷水进行充分热交换，达到热平衡状态后，从温度

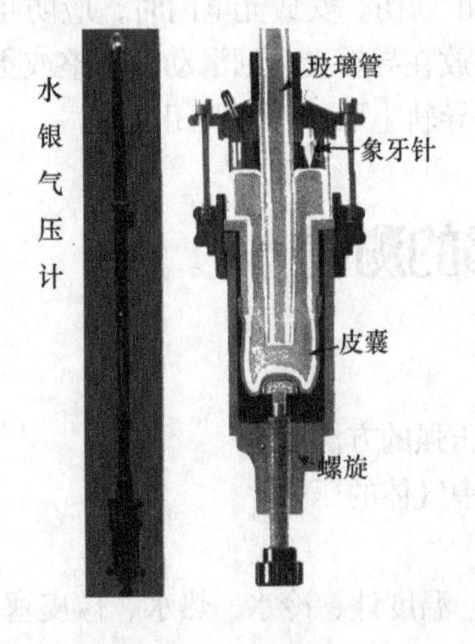

实验图 4-4 水银气压计

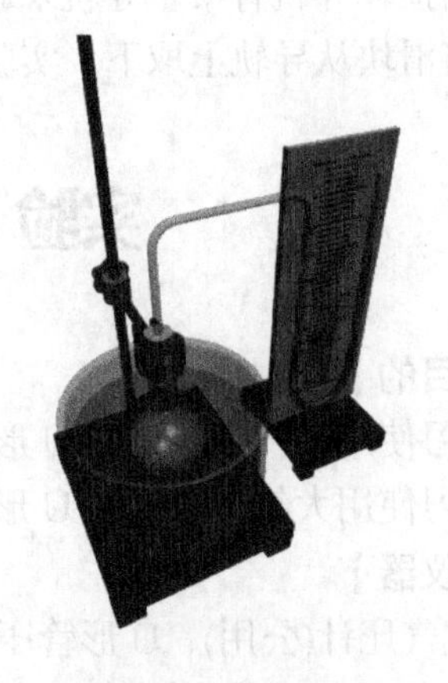
实验图 4-5 气体压强测量

计上读出水的温度(即烧瓶中空气的温度)，换算成SI单位填到实验表4-1中($T=t+273$ K)；从刻度尺上读出U形管两侧水银柱的高度差P_h，换算成SI单位，计算出此刻烧瓶中空气的压强，填到实验表4-1中。

(3)将水槽中的冷水取出一部分，倒入适量的热水，使水温升高大约20℃。等待3 min，达到热平衡状态后，测出水的温度及烧瓶中空气的压强，填到实验表4-1中。

(4)再将水槽中的水取出一部分，倒入适量的热水，使水温再升高大约20℃。重复前面的步骤，测出温度和压强值，填到实验表4-1中。

【实验数据记录与分析】

实验表4-1　气体压强测量

实验时的大气压强 P_0=______________Pa

	气体的温度($T=t+273$ K)		气体的压强(1 mmHg=133.3 Pa)		
	t/℃	T/K	P_h/mmHg	P_h/Pa	P/Pa
1					
2					
3					

【注意事项】

(1)温度计放入水中时，注意不要接触水槽的底面或侧面。

(2)注意实验时控制水温的变化范围，不能太高或太低，不能使水银柱从右侧管中冒出或进入左侧管的水平部分。

【思考与讨论】

(1)在本实验中，将温度计和烧瓶放入水中后，为什么总要等待3 min?

(2)仔细研究本实验测得的气体温度和压强，能猜出存在什么规律吗?

实验5　多用电表的使用

多用电表也称万用电表、万用表，是一种功能很多的便携式仪表，是物理中常用的仪表之一。一般多用于直流电压、交流电压、直流电流、交流电流和电阻阻值等物理量的测量，也可用于电感、电容、半导体二极管和三极管等元器件的简单测试。

多用电表如实验图5-1所示，分为指针式和数字式两大类，每一只多用电表都配有一对红黑颜色的表笔。

多用电表的外观主要由刻度盘(或液晶显示屏)、面板和表笔三部分组成。刻度盘如实验图5-2所示，盘上有多组刻度线；测量不同的物理量需要读取对应标识符的刻度线；有些刻度线可以供不同的量程共用。

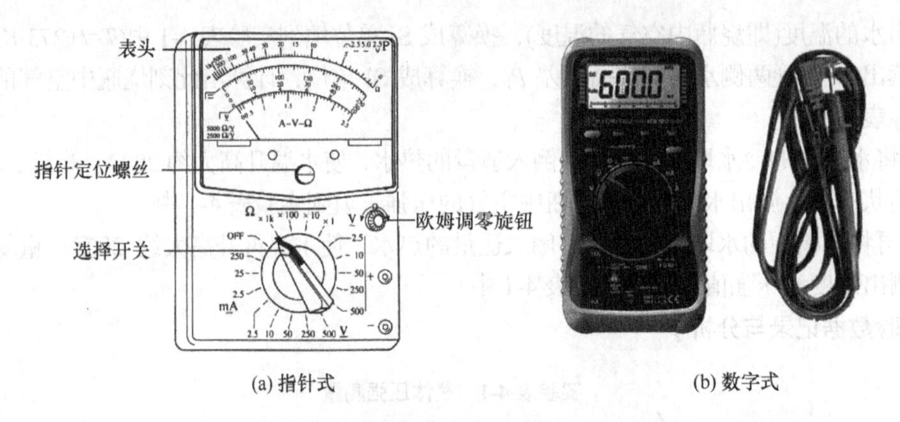

(a) 指针式　　(b) 数字式

实验图 5-1　多用电表

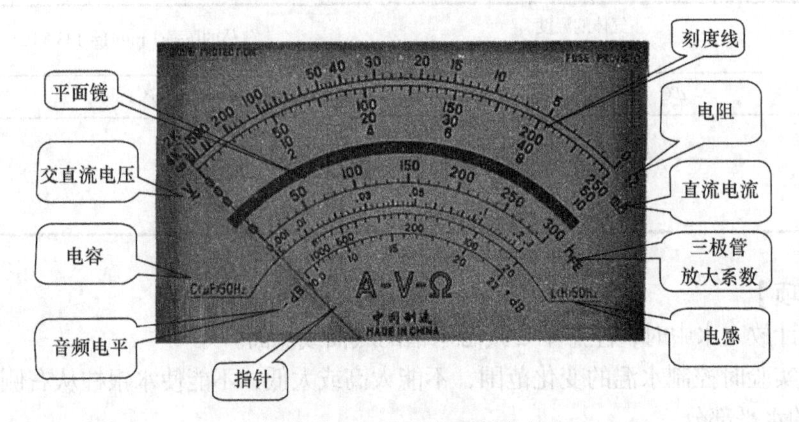

实验图 5-2　多用电表刻度盘

多用电表的面板如实验图 5-3 所示。面板中间部分是选择开关，开关周围是功能区及量程。

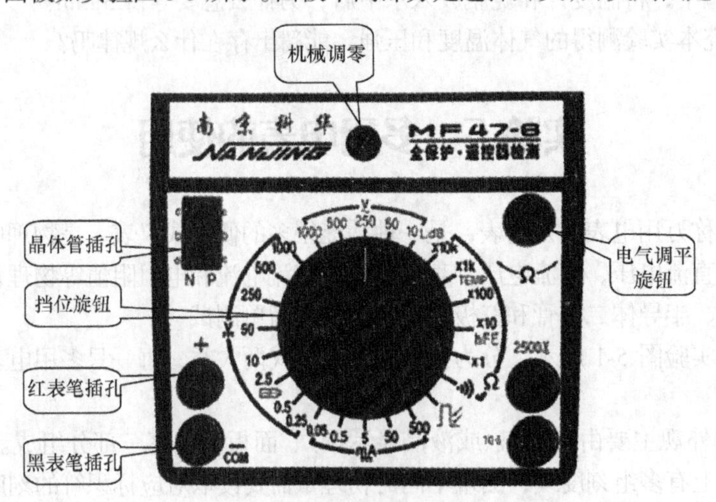

实验图 5-3　多用电表面板

【实验目的】

(1)学习识别常见的电路元器件，了解元器件在电路中的作用。

(2)学习指针式多用电表的基本使用方法。

【实验仪器】

指针式多用电表一只，1.5 V 干电池两节，电池盒一个，小灯泡及灯座各一个，开关、二极管、大容量电容器各一个，不同阻值电阻器，导线若干。

【实验内容与步骤】

多用电表使用前的准备工作：①首先进行机械调零，调整指针定位螺丝，使指针指在刻度盘左端“0”的位置；②将红表笔、黑表笔分别插入正(+)、负(–)插孔；③估计待测物理量的大小，选择合适的量程；在被测物理量的数值无法正确估计时，应先选用较大的量程试测，如不合适，再逐步减挡。

(一) 直流电压的测量

如实验图 5-4 所示，用直流电源对小灯泡正常供电。

将多用电表的选择开关旋至直流电压挡，选择的量程应该大于小灯泡两端电压的估计值。用多用电表的两支表笔分别接触小灯泡两端的接线柱，注意红表笔接触点的电势应该比黑表笔高。待指针稳定后，根据刻度盘上所选量程的直流电压刻度读数，该读数就是小灯泡两端的电压。

测量千伏级的高电压时，红表笔有专用插孔，要注意调换。

(二) 直流电流的测量

如实验图 5-5 所示，用直流电源对小灯泡正常供电。

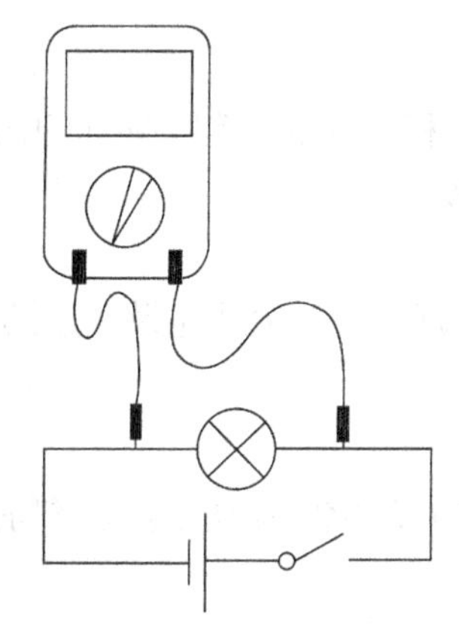

实验图 5-4　多用电表测直流电压

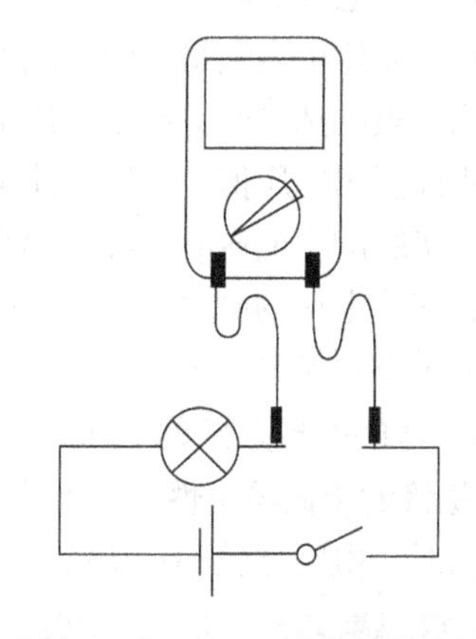

实验图 5-5　多用电表测直流电流

断开电源开关，把小灯泡的一个接线柱上的导线卸开，把多用电表串联接入电路中；将电表的选择开关旋至直流电流挡，选择的量程应该大于流过小灯泡电流的估计值。注意电流应该从红表笔流入电表。

闭合开关，待指针稳定后，根据表盘上相应量程的直流电流刻度读数，该读数就是流过小灯泡的电流。

测量安培级的大电流时，红表笔有专用插孔，要注意调换。

(三) 电阻的测量

多用电表的“0 Ω”刻度线在刻度盘右边，刻度顺序从右到左，如实验图 5-2 所示(多用电表刻度盘图)。

使用多用电表测量电阻之前，应先进行欧姆调零。方法是：将红黑表笔短接，调节欧姆调零旋钮，使指针指到“0 Ω”上；测量过程中，每转换一次电阻挡倍率，都需要重新做一次欧姆调零。

估计待测电阻的阻值大小，选择合适的电阻挡倍率，使读数时指针落在刻度盘中间的1/3~2/3区域，以减少系统误差。如果不能正确估计待测电阻的阻值大小，可以先用某个中等倍率的电阻挡位试测，然后根据读数大小选择合适的倍率。

按照实验图5-6所示的正确测量方法进行测量，待指针稳定后，正确读出电阻值。

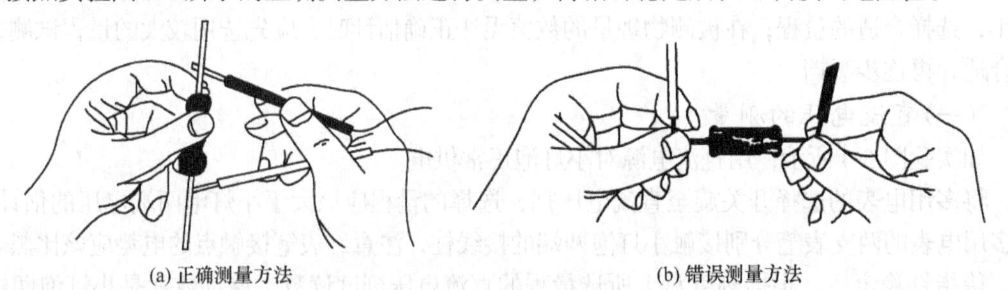

(a) 正确测量方法　　(b) 错误测量方法

实验图 5-6　多用电表测电阻

注意：在电路中测量电阻时，应使被测电阻与电源脱离，不能带电测量；被测电阻不能有并联支路；不要用手接触表笔的导电部分，以免影响测量结果。

(四) 交流电压的测量

用指针式多用电表测量工频交流电源电压(220 V)。

将多用电表的选择开关旋至交流电压挡，选择合适的量程，测量交流电源插座中的220 V电压，并正确读出电压值。一般交流电网电压允许误差±10%。

测量千伏级的高电压时，红表笔有专用插孔。

注意：交流电压的测量必须在老师的指导下进行；测试前务必检查表笔及其连接线有无漏电情况；双手不要触碰表笔金属部分，以防触电！

(五) 二极管正负极的判断

1. 二极管的单向导电性　二极管是一种半导体元件，如实验图5-7所示。它的特点是电流从正极流入时，电阻比较小；从负极流入时，电阻比较大。

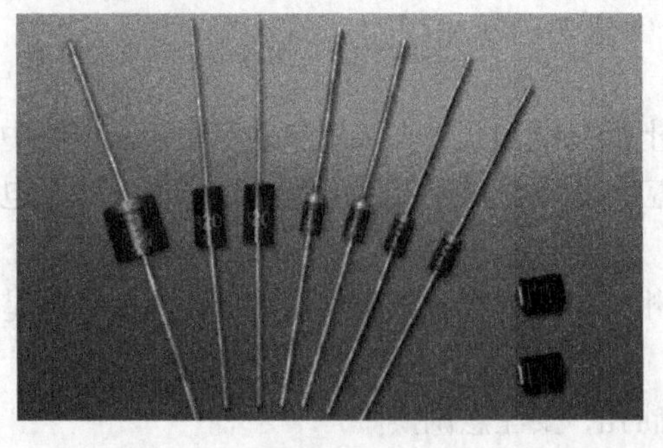

(a) 二极管

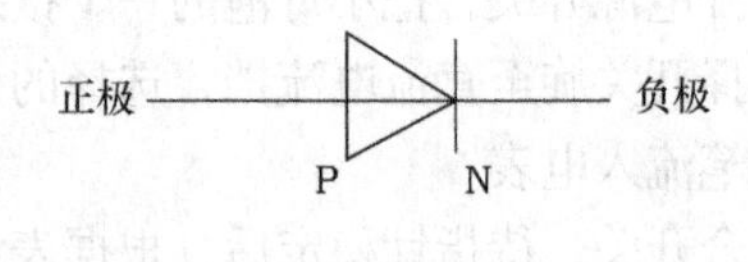

(b) 二极管的符号

实验图 5-7　半导体二极管及符号

2. 欧姆表中的电流方向 多用电表做欧姆表使用时，电表内部的电源接通，电流从欧姆表的黑表笔流出，经过被测元件，从红表笔流入。

3. 二极管极性的判别 将多用电表的选择开关置于 $R\times1k$（或 $R\times100$）挡，然后进行欧姆调零。

用红表笔接触二极管的一个电极，黑表笔接触二极管的另一个电极，待指针稳定后，正确读出电阻值，然后交换表笔重新测量一次，如实验图 5-8 所示，记录两次的测量结果。

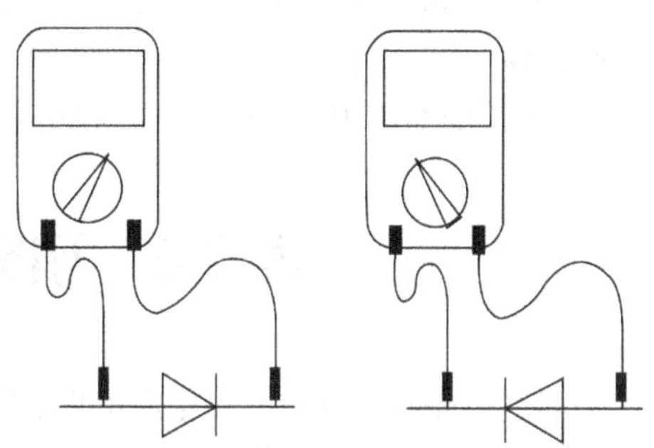

实验图 5-8 二极管极性的判别

如果二极管的性能良好，两次测量的电阻值必定一大一小。选取其中阻值较小的一次测量作为参考：与多用电表黑表笔接触的电极为二极管的正极，与红表笔接触的电极为二极管的负极。（也可以选取阻值较大的一次测量作为参考，结果相反。）

（六）电容器好坏的判断

1. 判断依据 利用多用电表可以判断电容器的好坏，依据是多用电表做欧姆表使用时，相当于有内阻的直流电源，可以对电容器进行充电。

当用多用电表的红黑表笔分别接触电容器的两个电极时，电容器被充电。开始时充电电流比较大，随着时间的推移，电容器两端电压逐渐升高，充电电流逐渐减少，最后趋近于零。

2. 判断方法 如实验图 5-9 所示，将多用电表的选择开关置于 $R\times1k$（或 $R\times100$）挡，两支表笔分别接触被测电容器的两个电极，观察电表指针的变化情况：

实验图 5-9 电容器的测试

如果在电路刚接通的瞬间，电表指针向右偏转较大的角度，然后慢慢向左返回，最后停在某一位置，说明电容器的性能较好。停留位置越接近左边零刻度线，电容器性能越好；停留位置离左边零刻度线越远，电容器漏电越严重。

如果电路接通瞬间，电表指针很快摆到右边零刻度线，或者接近右边零刻度线后不动了，可以判断该电容漏电严重或被击穿。

如果表笔跟电容器的两个极连接，表针根本不动，说明电容器内部断路，不能使用。

注意：每次测试电容器前，需用导线把其两极短路放电，然后再继续进行测试；电解电容器有正负极性之分，在电路中使用时，正极比负极电位高。由于多用电表黑表笔接表内电池正极，故用黑表笔接触电解电容正极，红表笔接触其负极时，漏电电流较小，反之漏电电流较大。

（七）实验数据处理

请同学们自己设计表格，记录数据。实验结束后，分析表格中的数据，写出实验报告。

如果测量结果要求比较精确，需对同一物理量连续测量 3 次，并求出 3 次测量结果的平均值，作为最终的测量结果。

（八）使用多用电表注意事项

(1)多用电表在使用的过程中，不能用手去接触表笔的金属部分。这样一方面可以保证测量的准确，另一方面也可以保证人身安全。

(2)用多用电表测量某一物理量时，不能在测量的同时换挡；如需换挡，应先断开表笔，换挡后再继续进行测量。在测量高电压或大电流时，更应注意，否则会毁坏电表。

(3)多用电表使用完毕，应拔出表笔，把选择开关旋转到“OFF”位置，或旋转至交流电压最高挡位。

(4)长期不使用多用电表，应将电表内部的电池取出，以免电池腐蚀表内其他器件。

实验 6 研究串联电路和并联电路

串联电路和并联电路是电路的两种最基本的连接方式。本实验通过对串联电路和并联电路的研究，加深对两种电路的理解，并熟悉简单电路的连接方法。

【实验目的】

(1)认识常用电路元件的符号，了解电路各组成部分的作用。

(2)学习连接简单的串联电路和并联电路。

(3)学习正确使用电压表和电流表。

【实验仪器】

1.5 V 干电池两节，电池盒一个，直流电流表、直流电压表各一只，不同规格的小灯泡两个，灯座两个，开关、导线若干。

【实验内容与步骤】

（一）串联电路的研究

(1)按实验图 6-1 所示的电路图连接好电路。

(2)检查电路连接无误后，闭合开关，两只小灯泡 L_1、L_2 应该均匀地燃亮。

(3)把电流表串联接在电路中的 *A* 点，如实验图 6-2 所示，接通电路后，正确读出电流表的示数，并将读数记录在实验表 6-1 中。

分别把电流表串联接在电路中的 *B* 点、*C* 点，重复上述过程，并把测量结果记录在实验表 6-1 中。

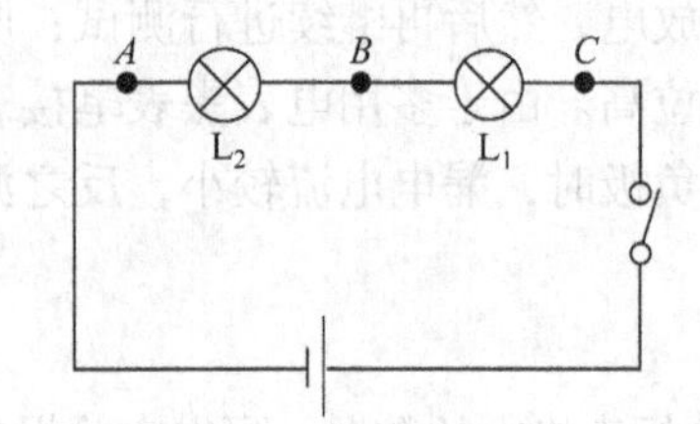

实验图 6-1 小灯泡串联电路

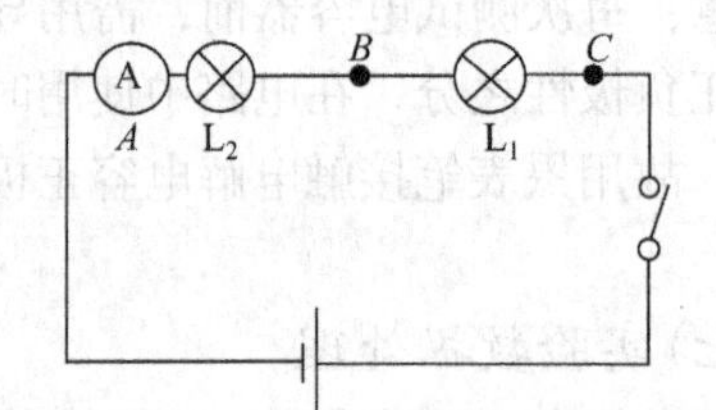

实验图 6-2 用电流表测 *A* 点电流

实验表 6-1　用电流表测量串联电路中电流

电流表的位置	电流表的示数/A
A 点	
B 点	
C 点	

(4) 如实验图 6-3 所示，将伏特表依次并联于 *BC* 之间、*AB* 之间和 *AC* 之间，接通电路后，正确读出三种情况下伏特表的示数，并将读数记录在实验表 6-2 中。

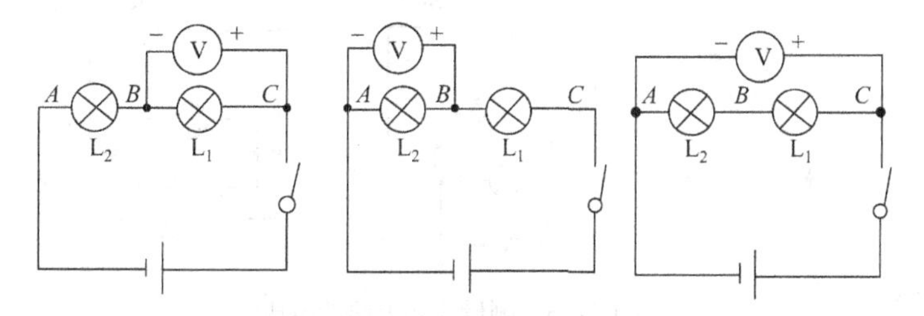

实验图 6-3　测量串联电路电压

实验表 6-2　用电压表测量串联小灯泡两端电压

电压表的位置	电压表的示数/V
B、*C* 两点间	
A、*B* 两点间	
A、*C* 两点间	

(5) 数据处理。分析实验表 6-1 和实验表 6-2 中的数据，验证串联电路的基本特点。

（二）并联电路的研究

(1) 按实验图 6-4 所示的电路图连接好电路。

(2) 检查电路连接无误后，闭合开关，两只小灯泡 L_1、L_2 应该均匀地燃亮。

(3) 把电流表串联接在电路中的 *A* 点，如实验图 6-5 所示，接通电路后，正确读出三种情况下电流表的示数，并将读数记录在实验表 6-3 中。

分别把电流表串联接在电路中的 *B* 点、*C* 点，重复上述过程，并把测量结果记录在实验表 6-3 中。

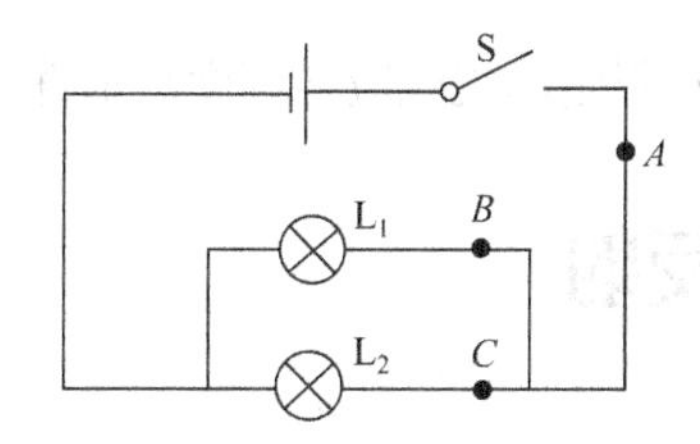

实验图 6-4　小灯泡并联电路

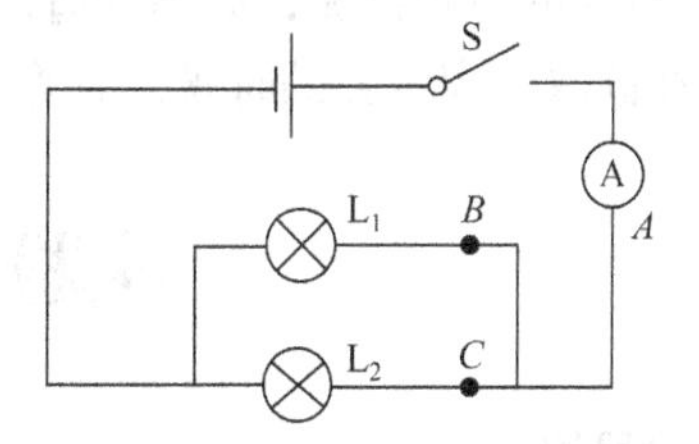

实验图 6-5　用电流表测 *A* 点电流

实验表 6-3 用电流表测量并联电路中电流

电流表的位置	电流表的示数/A
A 点	
B 点	
C 点	

(4) 如实验图 6-6 所示，将伏特表依次与小灯泡 L_1 并联、与 L_2 并联、与 L_1、L_2 并联，接通电路后，正确读出三种情况下伏特表的示数，并将读数记录在实验表 6-4 中。

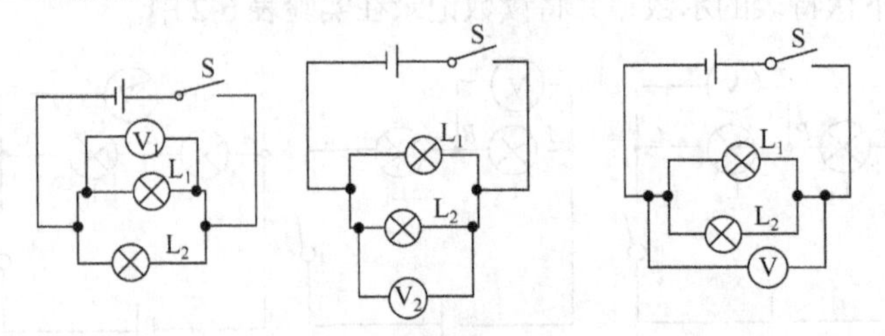

实验图 6-6 测量并联电路的电压

实验表 6-4 用电压表测量并联小灯泡两端电压

电压表的位置	电压表的示数/V
与 L_1 并联	
与 L_2 并联	
与 L_1、L_2 并联	

(5) 数据处理。分析实验表 6-3 和实验表 6-4 中的数据，验证并联电路的基本特点。依据实验数据和得到的结论，写出实验报告。

【注意事项】

(1) 在连接电路过程中，应使开关处于开启状态；检查电路连接无误后，方可闭合开关。

(2) 直流电压表和直流电流表使用前，首先进行调零，方法是：调整指针定位螺丝，使指针指在刻度盘左边“0”的位置；

(3) 直流电压表和直流电流表的接线柱有“+”“–”之分；连接电路时，“+”接线柱应接电源正极，“–”接线柱应接电源负极。

(4) 估计待测物理量的大小，选择合适的电表量程；在被测物理量的数值无法正确估计时，应先选用较大的量程试测，如不合适，再逐步减挡。

(5) 在读取电表示数的时候，应等待指针稳定后再读；眼睛的视线应与刻度盘垂直。

实验 7 光的全反射

【实验目的】

(1) 用半圆柱形玻璃砖分析光的全反射的条件。

(2)用全反射棱镜观察光的全反射现象。

(3)体会光的全反射的应用。

【实验仪器】

半圆柱形玻璃砖、全反射棱镜(2个)、激光灯、直尺、量角器、白纸(若干)

【实验原理与实验步骤】

当光从光密介质射向光疏介质，并且入射角大于某一角度时，会发生全反射现象。

一、临界角的测量

(1)将一张白纸平铺在桌面上，在上面画一条横线，表示两种介质的分界面。再垂直于横线画一条虚线，表示法线。

(2)把半圆柱形玻璃砖放在白纸上，使其平面与纸上的横线对齐。通过直尺测量，使圆心处于法线上，并将该点表示为O，如实验图7-1所示。

(3)使激光灯发出一束光，穿过玻璃砖射到圆心O上。改变入射角的大小，找到发生全反射现象的临界角的位置，用笔在纸上作一标记点P，如实验图7-2所示。

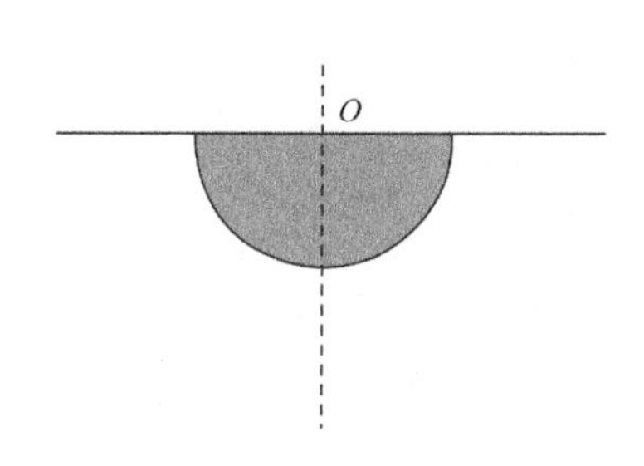

实验图7-1　临界角实验装置

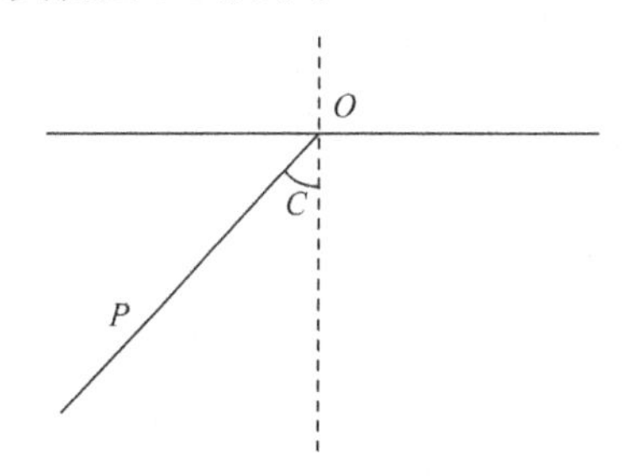

实验图7-2　临界角位置

(4)将半圆柱形玻璃砖取下，在白纸上将P点与O点连接，该直线与法线的夹角即临界角C，用量角器测量临界角C的大小，将数据填到实验表7-1中。

(5)换上新的白纸，重复前面的步骤，再做两次，将数据填到实验表7-1中，计算误差。

(6)数据记录与分析。

实验表7-1　光在玻璃砖与空气的交界面上发生全反射的临界角

序次	$C/(°)$	$\Delta C/(°)$	$\delta C/\%$
1			
2			
3			
平均值			

二、设计光路

(1)将全反射棱镜摆成如实验图7-3所示的光路，用激光灯将光从左下端射入，观察、验证光是否能从右上端射出。

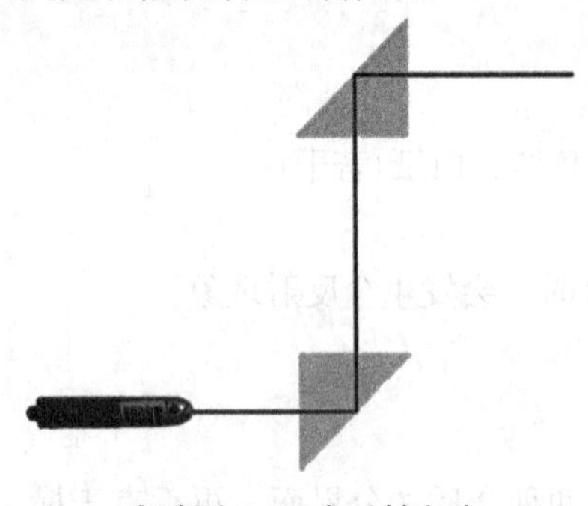

实验图 7-3　全反射光路

(2)将光从右上端射入，观察、验证光是否能从左下端射出。

(3)再设计几个类似的光路，验证能否实现光的传递。

【注意事项】

(1)用手拾取半圆柱形玻璃砖时，应触碰其上下半圆形平面，不能触碰其侧面；

(2)用激光灯照射玻璃砖时，应尽量对准其圆心位置；

(3)在实验过程中，注意不能使玻璃砖和白纸的位置发生相对移动。

【思考题】

1. 通过实验步骤二的操作，可以发现光路具有________性。

2. 画出你设计的可以实现光传递的光路图。

参考文献

段超英, 牛金生. 2006. 技术物理. 北京: 高等教育出版社
宫玉珍. 2014. 物理. 北京: 机械工业出版社
胡炳元, 文春帆. 2014. 物理. 第2版. 北京: 高等教育出版社
李约瑟. 1996. 中国科学技术史. 北京: 科学出版社
廖伯琴. 2011. 物理. 第4版. 济南: 山东科学技术出版社
刘克哲, 张承琚. 2012. 物理学. 第3版. 北京: 高等教育出版社
孟章书. 2017. 物理学. 第2版. 北京: 科学出版社
邱勇进, 王卫, 王大伟. 2014. 物理. 北京: 北京师范大学出版社
尚志平. 2010. 物理(通用类). 北京: 人民教育出版社
王金雨. 2012. 物理. 第5版. 北京: 中国劳动社会保障出版社
文春帆, 张明明. 2017. 物理. 北京: 高等教育出版社
吴柳. 2009. 大学物理学. 北京: 北京交通大学出版社
张大昌, 彭前程, 张维善. 2010. 物理. 第3版. 北京: 人民教育出版社
赵笑畏. 2008. 电工与电子技术. 第2版. 北京: 人民卫生出版社
赵运兵, 胡新颜. 2012. 物理. 北京: 高等教育出版社

附　录

附录1　国际单位制

国际单位制是1960年第十一届国际计量大会通过的，其国际简称为SI。在国际单位制中，将单位分成三类：**基本单位、辅助单位和导出单位**。

1. SI的基本单位

量的名称	单位名称	单位符号	
		中文	国际
长度	米	米	m
质量	千克(公斤)	千克(公斤)	kg
时间	秒	秒	s
电流	安培	安	A
热力学温度	开尔文	开	K
物质的量	摩尔	摩	mol
发光强度	坎德拉	坎	cd

2. SI的辅助单位

量的名称	单位名称	单位符号	
		中文	国际
平面角	弧度	弧度	rad
立体角	球面度	球面度	sr

3. SI中具有专门名称的导出单位

量的名称	单位名称	单位符号		用国际制基本单位表示的关系式
		中文	国际	
频率	赫兹	赫	Hz	s^{-1}
力	牛顿	牛	N	$m \cdot kg \cdot s^{-2}$
压强	帕斯卡	帕	Pa	$m^{-1} \cdot kg \cdot s^{-2}$

续表

量的名称	单位名称	单位符号		用国际制基本单位表示的关系式
		中文	国际	
能、功、热量	焦耳	焦	J	$m^2 \cdot kg \cdot s^{-2}$
功率	瓦特	瓦	W	$m^2 \cdot kg \cdot s^{-3}$
电量、电荷	库仑	库	C	$A \cdot s$
电势、电压	伏特	伏	V	$m^3 \cdot kg \cdot s^{-3} \cdot A^{-1}$
电容	法拉	法	F	$m^{-2} \cdot kg^{-1} \cdot s^4 \cdot A^2$
电阻	欧姆	欧	Ω	$m^2 \cdot kg \cdot s^{-3} \cdot A^{-2}$
电导	西门子	西	S	$m^{-2} \cdot kg^{-1} \cdot s^3 \cdot A^2$
磁通量	韦伯	韦	Wb	$m^2 \cdot kg \cdot s^{-2} \cdot A^{-1}$
磁感应强度	特斯拉	特	T	$kg \cdot s^{-2} \cdot A^{-1}$
电感	亨利	亨	H	$m^2 \cdot kg \cdot s^{-2} \cdot A^{-2}$
光通量	流明	流	lm	$cd \cdot sr$
光照度	勒克斯	勒	lx	$m^{-2} \cdot cd \cdot sr$
放射性强度	贝可勒尔	贝可	Bq	s^{-1}
吸收剂量	戈瑞	戈	Gy	$m^2 \cdot s^{-2}$
黏度系数	帕斯卡秒	帕·秒	Pa · s	$m^{-1} \cdot kg \cdot s^{-2}$
力矩	牛顿米	牛·米	N · m	$m^2 \cdot kg \cdot s^{-2}$
表面张力	牛顿每米	牛/米	N/m	$kg \cdot s^{-2}$
能量密度	焦耳每立方米	焦/米 ^{3}	J/m ^{3}	$m^{-1} \cdot kg \cdot s^{-2}$
电场强度	伏特每米	伏/米	V/m	$m \cdot kg \cdot s^{-3} \cdot A^{-1}$
介电常数	法拉每米	法/米	F/m	$m^{-3} \cdot kg^{-1} \cdot s^4 \cdot A^2$

附录 2　常用物理常数

物理量	常数
万有引力恒量	G=6.672×10^{-11} N · m^2 · kg^{-1}
重力加速度	g=9.80665 m · s^{-2}
真空中光速	C=2.99792458×10^8 m · s^{-1}
真空中介电常数	ε_0=8.854177818×10^{-12} C · N^{-1} · m^{-2}
阿伏伽德罗常数	N_0=6.022045×10^{23} mol^{-1}
普适气体常数	R=8.31441 J · mol^{-1} · K^{-1}
玻尔兹曼常数	K=1.380662×10^{-23}J · K^{-1}
绝对零度	0K=−273.15℃

续表

物理量	常数
理想气体 1 mol 分子体积	V_0=22.41383×10^{-3} $m^3 \cdot mol^{-1}$
标准大气压	P_0=1.013×10^5 Pa
电子电量	e=1.602189×10^{-19} C
电子静止质量	m_e=9.109534×10^{-31} kg
质子静止质量	m_p=1.6726×10^{-27} kg
中子静止质量	m_n=1.6749×10^{-27} kg
原子质量单位	u=1.6605655×10^{-27} kg
普朗克常量	h=6.626176×10^{-34} J · s
玻尔第一轨道半径	γ_0=0.529×10^{-10} m
静电力恒量	k=8.987776×10^9 $N \cdot m^2 \cdot C^{-2}$
电子伏特	1 eV=1.60×10^{-19} J

附录 3　构成十进制倍数或分数的词头名称和国际符号

倍数或分数	词头名称	国际符号
10^{24}	尧[它]	Y
10^{21}	泽[它]	Z
10^{18}	艾[可萨]	E
10^{15}	拍[它]	P
10^{12}	太[拉]	T
10^9	吉[咖]	G
10^6	兆	M
10^3	千	k
10^2	百	h
10^1	十	da
10^{-1}	分	d
10^{-2}	厘	c
10^{-3}	毫	m
10^{-6}	微	μ
10^{-9}	纳[诺]	n
10^{-12}	皮[可]	p
10^{-15}	飞[母托]	f
10^{-18}	阿[托]	a
10^{-21}	仄[普托]	z
10^{-24}	幺[科托]	y

附录4　希腊字母表

大写	小写	汉语读音	大写	小写	汉语读音
Α	α	阿尔法	Ν	ν	纽
Β	β	贝塔	Ξ	ξ	克西
Γ	γ	伽马	Ο	ο	奥密克戎
Δ	δ	德耳塔	Π	π	派
Ε	ε	艾普西隆	Ρ	ρ	洛
Ζ	ζ	截塔	Σ	σ	西格马
Η	η	艾塔	Τ	τ	陶
Θ	θ	西塔	Υ	υ	宇普西隆
Ι	ι	约塔	Φ	φ	斐
Κ	κ	卡帕	Χ	χ	喜
Λ	λ	兰布达	Ψ	ψ	普西
Μ	μ	米尤	Ω	ω	奥墨伽

教学基本要求

一、课程性质和课程任务

物理学是一门基础的自然科学，主要研究物质的基本结构、物质间的相互作用、物质运动的一般规律，是其他自然科学和当代技术发展的重要基础。本课程体现了物理学自身及其与文化、经济和社会互动发展的时代性要求，适应五年制高等职业教育学生的实际水平。

二、课程教学目标

（一）知识目标

⑴在九年制义务教育的基础上，使学生进一步学习和掌握本课程的基础知识，了解物质结构、相互作用和运动的一些基本概念和规律，了解物理的基本观点和思想方法。

⑵认识物理学在所学专业领域里的作用，能将相关的物理知识运用到所学专业，解释本专业学习与生产过程中涉及的物理现象；理解并掌握与专业相关的基本规律，为学习专业理论奠定必要的基础。

⑶了解物理学的发展历程，了解物理对科学技术、社会经济发展的促进作用，关注科学技术的主要成就和发展趋势。

（二）能力目标

⑴认识物理实验在物理中的地位和作用，学会物理实验的一些基本操作技能，会使用基本的实验仪器，能利用物理仪器检测生活和工厂中一些实际问题所涉及的物理量，有一定的实验操作能力。

⑵能有意识地将物理知识与所学专业相结合，能够利用物理知识，发现专业学习、生产过程中存在的问题，有一定的分析问题的能力。

⑶能计划并调控自己的学习过程，通过自己的努力能解决学习中遇到的一些与物理有关的实际问题，有一定的解决问题的能力。

⑷具有一定的质疑能力，信息收集和处理的能力，合作交流、沟通协调的能力。

（三）情感、态度与价值观目标

⑴能领略自然界的奇妙与和谐，发展对职业学习的好奇心与求知欲，培养五年制高等职业教育学生的职业情感，让学生形成热爱所学职业的情感，乐于动手解决与职业有关的实际问题，能体验自我解决问题的成功与喜悦。

⑵初步了解物理的发展历程和有关科学家的事迹，增强学生职业道德教育和优秀传统文化教育，了解与物理知识有关的职业群的主要成就和发展趋势以及物理学对经济、社会发展的影响。

(3)有主动与他人合作的精神，有将自己的见解与他人交流的愿望，敢于坚持正确观点，勇于修正错误，具有团队精神。

(4)鼓励学生关注国内外科技发展的现状与趋势，尤其是本专业领域内技术的创新与发展，使学生有振兴中华的使命感与责任感，激发学生学习专业知识的兴趣。

(5)为学生相关职业课程学习与综合职业能力培养服务，为学生职业生涯发展和终身学习服务。

三、教学内容和要求

教学内容	教学要求			教学活动参考
	了解	理解	掌握	
第1章　物体的运动				理论讲授 多媒体演示 实例分析 课堂讨论
第1节　质点 位移 速度				
一、质点	√			
二、参照物	√			
三、路程和位移	√			
四、速度和速率		√		
五、矢量和标量		√		
第2节　匀变速直线运动 加速度				
一、匀变速直线运动		√		
二、匀变速直线运动的加速度			√	
第3节　匀变速直线运动规律				
一、速度和时间的关系		√		
二、位移和时间的关系		√		
第4节　自由落体运动				
一、自由落体运动	√			
二、自由落体运动的加速度	√			
三、自由落体运动的规律	√			
第2章　牛顿运动定律				理论讲授 多媒体演示 实例分析 课堂讨论
第1节　力				
一、力的概念	√			
二、力学中的常见力		√		
第2节　力的合成与分解				
一、力的合成			√	
二、力的分解			√	
三、物体的平衡		√		
第3节　牛顿第一定律				
一、惯性		√		
二、牛顿第一定律			√	
第4节　牛顿第二定律				
一、运动物体受力分析		√		
二、牛顿第二定律			√	
第5节　牛顿第三定律				
一、作用力与反作用力		√		
二、牛顿第三定律			√	
三、力学单位制	√			
第6节　超重和失重				
一、超重	√			
二、失重	√			
第3章　机械能				理论讲授 多媒体演示 实例分析 课堂讨论
第1节　功和功率				
一、功		√		
二、功的计算			√	
三、功率		√		
四、功率和速度的关系		√		
第2节　动能　动能定理				
一、动能		√		
二、动能定理			√	
第3节　势能				
一、势能 重力势能			√	
二、弹性势能		√		

续表

教学内容	教学要求			教学活动参考	教学内容	教学要求			教学活动参考
	了解	理解	掌握			了解	理解	掌握	
三、势能和动能的转化			√		二、库仑定律			√	
第4节　机械能守恒定律					第2节　电场				
一、机械能		√			一、电场及其性质		√		
二、机械能守恒定律			√		二、电场强度			√	
第4章　碰撞与动量守恒				理论讲授 多媒体演示 实例分析 课堂讨论	三、电场线		√		
第1节　动量					第3节　电势能与电势				
一、冲量和动量		√			一、电势能	√			
二、动量定理		√			二、电势 电势差		√		
第2节　碰撞与动量守恒					三、匀强电场中场强与电势差的关系	√			
一、碰撞		√			第4节　电容 电容器				
二、动量守恒定律			√		一、电容器	√			
三、反冲运动	√				二、电容		√		
第3节　中国科技发展与火箭					三、电容器的应用	√			
一、中国科技发展	√				第5节　静电技术				
二、火箭	√				一、静电的利用	√			
第5章　热现象及应用				理论讲授 多媒体演示 实例分析 课堂讨论	二、静电的防止	√			
第1节　分子动理论					**第7章　恒定电流**				理论讲授 多媒体演示 实例分析 课堂讨论
一、物质的组成	√				第1节　电路的基本概念				
二、分子热运动		√			一、电路的组成及作用	√			
三、分子间的作用力		√			二、电路的基本物理量			√	
四、分子间存在间隙		√			第2节　导体的电阻				
五、气体的性质 压强	√				一、导体的电阻	√			
第2节　能量守恒定律					二、电阻定律			√	
一、物体的热力学能	√				三、超导现象	√			
二、热力学第一定律		√			第3节　电功和电功率				
三、能量守恒定律			√		一、电功		√		
第3节　能源与社会	√				二、电功率		√		
第4节　热与热机	√				三、焦耳定律			√	
第6章　静电场 静电技术				理论讲授 多媒体演示 实例分析 课堂讨论	四、电功和电热的关系	√			
第1节　真空中的库仑定律					第4节　电阻的连接				
一、电荷及其守恒定律		√			一、电阻的串联			√	

续表

教学内容	教学要求			教学活动参考
	了解	理解	掌握	
二、电阻的并联			√	
三、电阻的混联	√			
第 5 节　欧姆定律				
一、部分电路欧姆定律			√	
二、全电路欧姆定律			√	
第 6 节　安全用电				
一、触电	√			
二、电气火灾	√			
三、安全用电常识	√			
第 8 章　磁场 电磁感应				理论讲授 多媒体演示 实例分析 课堂讨论
第 1 节　磁场				
一、磁场 磁感线		√		
二、磁感应强度 磁通量			√	
三、电流的磁场		√		
第 2 节　磁场对通电导线的作用				
一、安培定律			√	
二、磁电式仪表	√			
第 3 节　法拉第电磁感应定律				
一、电磁感应现象	√			
二、法拉第电磁感应定律		√		
第 4 节　自感 互感				
一、自感		√		
二、互感		√		
第 9 章　光现象及应用				理论讲授 多媒体演示 实例分析 课堂讨论
第 1 节　光的折射 全反射				
一、光的折射定律		√		
二、全反射			√	
三、全反射棱镜	√			
四、光导纤维	√			
第 2 节　透镜成像公式				
一、透镜成像	√			
二、透镜成像公式		√		
三、透镜成像放大率	√			
第 3 节　激光的特性及应用				
一、激光的简介	√			
二、常见激光器的原理	√			
三、激光的特性	√			
四、激光的应用	√			
五、激光技术的发展前景	√			
第 10 章　核能及应用				理论讲授 多媒体演示 实例分析 课堂讨论
第 1 节　原子结构	√			
一、原子的核式结构		√		
二、原子光谱	√			
三、玻尔原子理论		√		
四、原子的能级	√			
五、X 射线	√			
第 2 节　原子核的放射性				
一、原子核的组成		√		
二、放射性同位素的衰变		√		
三、放射性的应用与防护	√			
第 3 节　核能与核技术				
一、核力	√			
二、结合能		√		
三、重核的裂变	√			
四、轻核的聚变	√			
学生实验				理论讲授 多媒体演示 实例分析 课堂讨论
实验误差和有效数字		√		
实验 1　长度的测量			√	
实验 2　测运动物体的速度和加速度			√	
实验 3　牛顿第二定律的研究			√	
实验 4　气体压强的测量			√	
实验 5　多用电表的使用			√	
实验 6　研究串联电路和并联电路			√	
实验 7　光的全反射			√	

四、学时分配建议(128 学时)

教学内容	理论学时	实验学时	小计
第一单元　物体的运动	14	2	16
第二单元　牛顿运动定律	16	1	17
第三单元　机械能	8		8
第四单元　碰撞与动量守恒	8		8
第五单元　热现象及应用	14	1	15
第六单元　静电场 静电技术	14		14
第七单元　恒定电流	16	2	18
第八单元　磁场 电磁感应	12		12
第九单元　光现象及应用	10	1	11
第十单元　核能及应用	9		9
合计	121	7	128

五、教学实施建议

教学过程是体现课程理念、实现课程目标的一种创造过程。结合高等职业教育教学的实际情况，提出以下教学建议。

(一)从课程目标的三个维度来设计教学过程

在知识目标、能力目标、情感态度与价值观目标三个维度上，提出了高等职业教育物理课程的具体目标。高等职业教育的特点，决定了学生对物理知识要求宽而浅，体现了应用性。教师应帮助学生，使他们在学习获取物理知识、解决物理问题、感受职业知识等方面获得具体的成果；让学生得到成功的体验，享受成功的愉悦，激发学习的热情和责任感。

(二)改革教学内容，物理贴近学生生活、联系专业应用、联系社会实际

课程内容面向高等职业教育院校理工类、农医化工幼师类等相关专业的全体学生，在达到基本要求的基础上，根据教学需要，不同专业类型内容有侧重点的差异。对同一职业，考虑到学生的个性差异，也要注意内容的层次性。强调从生活、经验走进物理，从物理走向职业，注重保护学生的探索兴趣。

在教学内容和课程体系上，强调理论的实用性及技术的应用性，在教学环节中特别强化实践性教学。

(三)教学方法建议

以学生职业发展为根本，重视培养学生的综合素质和职业能力，在教学过程中，从学生实际出发，因材施教，充分调动学生对本课程的学习兴趣，采用现场教学、项目教学、案例教学等，创设工作情境，充分利用实物和多媒体等手段辅助教学。融入对学生职业道德和职业意识的培养，使学生掌握学习方法，提高自主学习能力。

参考答案

第1章

知识巩固 1

1. B　2. (1)时刻，(2)时间，(3)时间，(4)时刻、时间　3. 1200，0　4.BC　5. 略

知识巩固 2

1. C　2. (2)　3. 2 s　4. 0.2 m/s^2

知识巩固 3

1. (1) 2 m；(2) 1.5 m，1.5 m/s　2. 7 m　3. 1 m/s

4. 前 4 s 做初速度为零的匀加速直线运动，加速度为 7.5 m/s^2；4～6 s 做匀速直线运动，速度为 30 m/s；6～9 s，做匀减速直线运动，加速度为−10 m/s^2

知识巩固 4

1. 略　2. 位置分别为离下落点 5 m，20 m，45 m；速度分别为 10 m/s，20 m/s，30 m/s　3. BD　4. g=10 m/s^2；10 m/s

自测题

一、填空题

1. (1)地面，(2)地球，(3)车

2. 变化快慢　加速度　初速度　加速　加速度　初速度　减速

二、选择题

1. C　2. C　3. A　4. B.　5. B　6. D　7. ABD　8. AC　9. BD　10. AD　11. BCD

三、计算题

1. 15 m/s　2. 20 m　3. (1) 4 s，(2) 15 m，(3) 20 m

4. (1) 0.75 m/s^2，(2) −0.5 m/s^2，(3) 2.25 m

第2章

知识巩固 1

一、填空题

1. 大小　方向　作用点　2. 质量　$G=mg$　9.8、竖直向下　3. 弹性形变　4. 伸长或缩短

的长度　$F=kx$　伸长或缩短的长度　劲度系数　5. 滑动摩擦力　6. 垂直作用力　$f=\mu F_N$
7. 增大

二、选择题(单选)

1. D　2. C　3. B　4. B　5. D

知识巩固 2

一、填空题

1. 两个力　对角线　2. 500 N　100 N　3. 合力为零　4. 6　北

二、选择题(单选)

1. C　2. C　3. B

知识巩固 3

一、填空题

1. 保持原来的匀速直线运动状态或静止状态的性质
2. 总保持匀速直线运动状态或静止
3. 保持静止　保持原来的运动状态

二、判断题

1. ×　2. ×　3. ×　4. √　5. ×　6. √

知识巩固 4

一、填空题

1. 外力大小　质量　相同　$F=ma$
2. 质量为 1 kg 物体产生 1 m/s^2 的加速度的力
3. 牛顿(N)　千克(kg)　米/秒^2(m/s^2)
4. 100 m/s^2

二、选择题

1. D　2. D　3. ABD

知识巩固 5

一、填空题

1. 相互的　作用力与反作用力　2. 大小相等、方向相反　3. 力　质量　加速度，牛顿(N)　千克(kg)　米/秒^2(m/s^2)

二、选择题

1. B 2. BD 3. D

自测题

一、填空题

1. 向上 向下 2. 弹簧伸长(或缩短)单位长度时的弹力为400 N 0.25 3. 100 N 4.使物体发生形变 使物体运动状态发生改变 5. 两个力 静止或做匀速直线运动 6. 质量 运动状态

二、选择题(单选)

1. C 2. B 3. B 4. D 5. C 6. D

三、作图题

1. 略 2. 略

四、计算题

1. 0.5 m/s^2 2. $\frac{4}{3}mg$ (N) 3. (1) 100 N, (2) 200 N 4. (1) 2.4 m/s^2, (2) 120 m

第3章

知识巩固1

一、填空题

1. 力 力的方向上的位移 2. 500 3. 0 4. 8 5. 60 6. 甲 乙

二、选择题(单选)

1. A 2. A 3. D 4. A 5. D

三、简答题

略

四、计算题

1. (1) 3.96×10^7 J; (2) 6.6×10^3 N 2. 0.037 m/s 3. (1) 600 J; (2) 120 W

知识巩固2

一、填空题

1. (1) 4, (2) 2, (3) 2, (4) 0.5

2. 100　3000　3. 从 30 m/s 增加到 40 m/s　4. 2　5. 50　0　50　50

二、选择题(单选)

1. D　2. C　3. A　4. B

三、简答题

1. 略　2. 略

四、计算题

1. 4.48×10^9 J　2. 40 m

知识巩固 3

一、填空题

1. 增大　减小　2. 增大　增大　3. 减小　增大

二、选择题(单选)

1. C　2. C　3. D

三、简答题

1. 略　2. 略

知识巩固 4

一、填空题

1. 4.9×10^6　2. 20　3. 2000　2000

二、选择题

1. C　2. D　3. D　4. BD　5. D

三、计算题

1. $\frac{v^2}{2g}$　$\frac{v^2}{4g}$　2. (1) 1500J；(2) 1500J，0

自测题

一、填空题

1. 反比　2. 增大　减小　3. 384.16J　384.16W　4. 1∶1

二、选择题(单选)

1. D　2. A　3. B　4. D　5. D

三、计算题

1. 17.3 J　2. 400 J，900 J　3. 0.6 m

第4章

知识巩固 1

一、填空题

1. $P=mv$　2. 动量变化量　$Ft=mv_2-mv_1$　3. 减小　增大　4. 末动量　初动量　平行四边形定则

二、选择题(单选)

1. D　2. B、D　3. D　4. C　5. A　6. B

知识巩固 2

一、填空题

1. 非弹性碰撞　短　大　不变或减小　2. 矢量和为零　$m_1v_1+m_2v_2=m_1v_1'+m_2v_2'$
3. 宏观　低速物体　微观　高速物体　4. 作用力　反作用力　5. 喷出气流

二、选择题

1. C　2. B　3. AD　4. B　5. B

知识巩固 3

1. 略　2. 略

自测题

一、选择题

1. BC　2. C　3. D　4. AC　5. B　6. D　7. C　8. C　9. AB　10. C

二、填空题

1. –180 N · m　–450 N　初速度方向的反方向　2. –3 mv　3 mv　3. 1∶2　1∶1
4. –10 kg · m/s　40 N · s　初速度方向的反方向　5. 1.5 m/s　7 kg · m/s

三、计算题

1. (1) 100 N · s；(2) 100 kg · m/s；(3) 1000 J　2. 0.2 m/s

第5章

知识巩固 1

一、填空题

1. 引力　2. 小于　间隙　3. 运动　变暖　4. $T=t+273.15$　5. 760　1.013×10^5

二、选择题(单选)

1. B　2. D　3. B　4. C　5. B

知识巩固 2

一、填空题

1. 热力学能　内能　2. 做功　热传递　3. $\Delta U=Q+W$

4. 能量既不会凭空产生，也不能凭空消失，它只能从一种形式转化为另一种形式，或者从一个物体转移到另一个物体，在转化和转移过程中，能量的总和不变

二、计算题

1. 气体对外界做功 0.5×105 J　2. 300 J

知识巩固 3

一、选择题(单选)

1. C　2. C　3. B　4. D　5. B

二、简答题

1. 略　2. 略　3. 略

知识巩固 4

1. 略　2. 略

自测题

一、填空题

1. 分子动能　2. 增大　减小　3. 不守恒　守恒　4. 扩散　高　5. 间隙

6. (1)物质是由大量分子组成的；(2)分子永不停息地做无规则热运动；(3)分子之间存在着相互作用的引力和斥力；(4)分子间存在间隙

二、选择题(单选)

1. A　2. D　3. C　4. B　5. C　6. A　7. C　8. A　9. D　10. D

三、简答题

1. 略　2. 略　3. 略　4. 略　5. 略

第6章

知识巩固 1

一、填空题

1. 正　负　2. 被创造　被消灭　保持不变　3. 1.60×10^{-19} C

4. 正比　反比　$k\frac{Q_1Q_2}{r^2}$　$9.0\times10^9 N\cdot m^2/C^2$

二、选择题

1. AD　2. D

三、计算题

8.2×10^{-8} N

知识巩固 2

一、填空题

1. 电场　2. 电场力　电荷量　3. 正电荷　4. 假想　方向　切线　5. 相等　相同

二、选择题(单选)

1. B　2. A

三、计算题

(1)负电荷；(2) 3.3×10^{-15} C

知识巩固 3

一、填空题

1. 运动路径　初末位置　2. 零势能　3. 减小量　$W_{AB}=E_{pA}-E_{pB}$
4. 电势能　电荷量　5. 不做功　6. 电势差　电压
7. $E=\frac{U}{d}$

二、选择题

1. AC　2. C　3. C

三、计算题

$\varphi_C=-54\ V$；$\varphi_D=-6\ V$；$U_{CD}=-48\ V$

知识巩固 4

一、填空题

1. 绝缘　2. 电荷　失去电荷　3. 电荷量　电压　F
4. $C=\frac{\varepsilon S}{4\pi kd}$　5. 击穿　正常

二、选择题

1. D　2. AC

三、计算题

1. 2×10^{-12} F

自测题

一、填空题

1. 正电荷　负电荷　2. 摩擦起电　感应起电　3. 多少　库仑　库

4. $F=k\frac{Q_1Q_2}{r^2}$　真空　点电荷　5. 电场力　电荷量　$E=\frac{F}{q}$

6. 假想　方向　切线　7. 减小量　$W_{AB}=E_{pA}-E_{pB}$

8. 电势差　电压　9. 电场强度　电场线　10. 电荷量　电压　$\frac{Q}{U}$

11. 击穿　12. 静电除尘　静电复印　静电喷涂

二、选择题(单选)

1. B　2. A　3. B　4. C　5. C　6. D

三、计算题

1. 1.25×10^{11}
2. (1) C 点电势最高，A 点次之，B 点电势最低
   (2) $U_{AB}=75, U_{BC}=-200\text{V}, U_{AC}=-125\text{V}$
   (3) 1.875×10^{-7} J

第7章

知识巩固1

1. 电源　负载　中间环节　实现电能的传输和转换　实现信号的处理　2. 正电荷　相反　3. 正电荷　4 电动势　电压　5. B　6. 1.875×10^{21} 个

知识巩固2

1. 阻碍　Ω　欧姆　2. 电阻率　长度　横截面积　3. C　4. CD　5. 4∶9

知识巩固3

1. 机械能　光能　热能　2. A　3. 2700 J　4. 4.55 A　250 W　5. 32.4 度
6. 25.2 W，0.115 A，15125 J

知识巩固 4

1. B　2. 70　5. 71　3. 小　小　大　大　4. 串联一个 36 Ω 的电阻　5. 略

知识巩固 5

1. 36　2. 2.0　4　3. $\frac{1}{4}$　4. I=10 A, U=95 V　5. D

知识巩固 6

1. 单线触电　双线触电　跨步电压触电　2. 通过的电流强度　人体电阻　通电部位　通电时间　电源的频率　触电者的身体素质　3. 略　4. 略　5. 略

自测题

一、填空题

1. 其他形式的能　电能　非静电力做功本领　负极　正极　2. 内电路　外电路　电压　3.错　4. 大　大　5. 100 V　120 V　6. 66.66 Ω　0.6A　7. 是　否　8.1　9.40　10. 220　380　心脏

二、选择题(单选)

1. B　2. D　3. B　4. C　5. B　6. B　7. C　8. D　9. A　10. D

三、计算题

1. 4.9×10^{-7} Ω · m　2. 0.1 A，5 V，0.1 A，25 V
3. 118.3 W，189.3 W　4. 62.5 kW，0.1 kW　5. 4.0 V，3.72 V

第 8 章

知识巩固 1

一、填空题

1. 磁性　2. 磁极　南极　北极　3. 排斥　吸引 4. 磁效应　奥斯特　5. 磁场

二、选择题

1. D　2. B　3. D　4. BD　5. A

三、简答题

略

知识巩固 2

1. 安培力　2. 磁体　通电导体　3. 最大　为零　$BIL\sin\theta$　4. 略　5. 略

知识巩固3

1. 磁通量　感应　2. 磁通量　3. 感应电动势　4. $E=\frac{\Delta\phi}{\Delta t}$　$N\frac{\Delta\phi}{\Delta t}$　5. $E=BLV$ 垂直　切割磁感线　6. 向右　不　向左　向右

知识巩固4

1. 自感电动势　互感电动势　2. 灯管　镇流器　启辉器
3. 互感　变压 变流　4. 升压变压器　降压变压器　5. 正比　反比
6. 略　7. 略

自测题

一、判断题

1.×　2.×　3.×　4.×　5.√　6.√　7.×　8.×

二、选择题(单选)

1.A　2.C　3.A　4.A　5.A　6.C　7.B　8.B　9.A　10.B　11.D　12.D

三、计算题

1.0.04 T　2.25 V　3.(1)0.12 V；(2)0.6 A，N到M　4.(1)增大；(2)0.25 Wb；(3)50 V
5.1.6 V　6.22V

第9章

知识巩固1

1.D　2.A　3.C　4.D　5. 略　6.48.7°

知识巩固2

1.(1)0.08 m，(2)0.5　2. p=30 cm，倒立放大实像，　图略
3.B　4. 大　小　5.C

知识巩固3

1. 梅曼　2. 工作物质　泵浦源　光学谐振腔　3. 方向性好　亮度极高　单色性好　相干性好　4. 略　5. 略　6. 略　7. 略　8. 略

自测题

1.B　2.B　3.BD　4.ACD　5.D
6.ABCD　7.D

第10章

知识巩固1

1. 原子光谱　2. 能级　3.C　4.C　5.A

知识巩固 2

1. 天然放射性元素　2. 同位素　3. 衰变　4. C　5. D　6. B　7. 略

知识巩固 3

1. 质量亏损　2. 结合能　3. 核聚变　4. C　5. A　6. B　7. 略

自测题

一、填空题

1. 碳 14　2. 越快　3. 贯穿本领、荧光效应、光化学效应、电离作用、生物效应　4. ①有高速运动的电子流；②有适当的障碍物来阻止电子的运动，把电子的一部分动能转变为 X 射线的能量。　5. 核裂变

二、选择题(单选)

1. D　2. A　3. A　4. C　5. B

三、简答题

1. 略　2. 略